专利文献德汉翻译探究

葛囡囡◎著

知识产权出版社
全国百佳图书出版单位
—北京—

图书在版编目（CIP）数据

专利文献德汉翻译探究/葛囡囡著．—北京：知识产权出版社，2021.6
ISBN 978-7-5130-7551-0

Ⅰ.①专… Ⅱ.①葛… Ⅲ.①专利文献—德语—翻译 Ⅳ.①G306.4

中国版本图书馆 CIP 数据核字（2021）第108220号

内容提要

作为一项跨学科的研究，本书尝试从篇章语用学的视角，基于动态篇章观理解和解读翻译过程，构建了翻译过程中的“篇章—人—世界”的三元关系。本书还依托于国内首个自建的专利文献德汉单向平行语料库，从词、句及篇章三个层面探究专利文献译语篇章的规律性特征，并将其上升为对翻译共性的讨论。最后，本书基于所探讨的翻译共性和自建语料库，分别提出了指导专利文献德汉翻译实践的宏观翻译策略和微观层面的专利文献翻译建议。

责任编辑：张水华　韩　冰　　**责任校对**：王　岩
封面设计：回归线（北京）文化传媒有限公司　　**责任印制**：孙婷婷

专利文献德汉翻译探究

葛囡囡　著

出版发行：	知识产权出版社有限责任公司	**网　　址**：	http：//www.ipph.cn
社　　址：	北京市海淀区气象路50号院	**邮　　编**：	100081
责编电话：	010-82000860转8389	**责编邮箱**：	46816202@qq.com
发行电话：	010-82000860转8101/8102	**发行传真**：	010-82000893/82005070/82000270
印　　刷：	北京九州迅驰传媒文化有限公司	**经　　销**：	各大网上书店、新华书店及相关专业书店
开　　本：	720mm×1000mm　1/16	**印　　张**：	18.5
版　　次：	2021年6月第1版	**印　　次**：	2021年6月第1次印刷
字　　数：	290千字	**定　　价**：	89.00元

ISBN 978-7-5130-7551-0

序　言

囡囡的新书马上就要付梓了，我内心十分高兴。

在传统的译学研究中，质性研究作为主要的研究方法被广泛应用；但随着技术的发展，眼动追踪、键盘记录、语料库等新方法为我们在翻译领域中进行实证研究开辟了新的可能性。

囡囡自建了含有100篇德语专利文献及其汉语译文的“专利文献德汉单向平行语料库”，其规模达到60万字/词，并在此基础上对中德专利文献翻译中的规律性问题进行探讨，这一工作在德汉翻译研究中具有独特的开创性意义。

我深知这一工作的不易。这本书是囡囡在研究方法上勇于探索的体现，它凝聚着一位年轻研究者的全部心血。

囡囡这一代研究者对新技术、新方法有着更高的开放度，这为从跨学科、多视角审视翻译这一现象提供了良好的基础。期待囡囡的新书能够为更多的德汉翻译研究者及实践者带来启发。

王建斌

2021年7月3日于海淀万柳

前　言

本书源于我2017年完结的博士论文《语料库支持下的专利文献德汉翻译探究———项篇章语用学视角下的翻译研究》，是一项从篇章语用学视角，基于自建的专利文献德汉单向平行语料库对专利文献德汉翻译开展的研究。

这一选题首先来自于我的个人经历和研究兴趣。2009—2013年，我供职于国家知识产权局专利检索咨询中心翻译处，与不同技术领域的专利文献德汉翻译打交道。工作过程中，我一直在思考，专利文献翻译，特别是德汉翻译是否有可遵循的翻译模式，以便为专利翻译领域的从业者、研究者和学生的翻译实践或研究提供便利。于是，在我重返校园攻读博士学位时，专利文献翻译便成为我的首选研究选题。不过，研究理论、研究模式和研究方法的选择和确定却是在相当长一段时间之后，这其中既有偶然，又有必然。

语料库语言学在我国兴起于20世纪70年代，90年代后发展迅速，各类语料库如雨后春笋般涌现，较为突出的便是学习者语料库和平行语料库，且多与英语相关。在这样的背景下，我的导师钱敏汝教授建议我自建语料库并通过语料库语言学的方法研究翻译问题。我忐忑地接受了这个建议，独立创建了专利文献德汉单向平行语料库。该语料库是中国德语界第一个德汉平行语料库，此前没有任何先例可供模仿，建库期间遭遇各类技术难题，如德语和汉语字符无法同时被检索软件兼容等，所幸这些难关在不少中国、德国专家的帮助下得以攻克；建库的任务由我一人独立承担，时间和精力有限，因此最终建成的语料库仅收录了约60万字/词的德语和汉语的平行语料。虽然这一语料库无法与动辄容量达几百万字/词或几千万字/词的语料库相提并论，但“窥一斑而知全豹”，这种借助于真实语料探讨翻译问题的研究路径，确实为我的研究带来了不少新鲜的研究结论和研究启示。

“工欲善其事，必先利其器。”自建的语料库是翻译研究的数据准备，但同时还需要合适的研究理论和研究范式。在相当长的时间里，我都是一边观察语料和尝试从不同维度分析语料，一边漫无目的地阅读文献，直到有一天重新拾起曾经读过但当时并不知所以然的《语料库翻译学探索》，猛然间发现了“翻译共性”这一语料库翻译研究领域的重要概念。就这样，前期基于语料库展开的各类分析最终都汇总到同一个整体性的研究问题，即专利文献德汉翻译的翻译共性上。研究框架也随之清晰。

此外，我也在思考翻译共性产生的原因，因此研究并未局限于微观，而是尝试从微观走向宏观，从单纯的翻译研究走向社会文化。为此，我在篇章语用学的框架下建构了“翻译过程中的人←世界→篇章的三元关系”模型，并将翻译视作一种有目的的、跨文化的人类交际活动。本书最后也分别从人、世界和篇章三个角度解释了专利文献德汉翻译的翻译共性产生的原因。

以上是我在理论框架、研究范式和具体实践等方面所做的尝试，也是撰写博士论文时的心路历程。综上，这项研究突破传统的翻译研究方法，在量性和质性结合、描写和解释结合的原则指导下回答以下三个研究问题：

第一，基于专利文献德汉单向平行语料库和参考汉语类比语料库，专利文献德汉翻译在词汇、句法和篇章结构层面上呈现哪些具体的规律性特征？

第二，这些规律性特征能否上升为翻译共性？它们彼此之间是否冲突？这些翻译共性产生的原因是什么？如何从篇章语用学的视角解释翻译共性的成因？

第三，基于本研究可以提出怎样的指导专利翻译实践的建议？

这三个研究问题贯彻始终，其中第一个问题基于对语料库的分析，目的是提炼出专利文献德汉翻译的规律性特征，第二个问题是对第一个问题的深化和升华，第三个问题是对翻译实践的关注。

本书的前三章依次介绍了本书的概况、理论基础和语料库建设，第

4～6 章分别回答了三个研究问题。本书的学术贡献和创新尝试主要包括以下几个方面：

第一，从篇章语用学视角，基于动态篇章观认识和理解翻译，并根据钱敏汝教授提出的篇章和人与世界的三元互动关系创建了“翻译过程中的人←世界→篇章的三元关系”模型，并在此模型内探究专利文献翻译共性的成因，这是对篇章语用学的继承和发展，是理论和应用上的贡献和创新。

第二，首次尝试建成了专利文献德汉单向平行语料库以及辅助性的专利文献汉语类比语料库，这些语料库不仅可以用于本研究，还可以作为实际的语言材料而用作专利翻译实践的参考，这既是在应用上的成果和贡献，也是德汉翻译领域的开拓性尝试。

第三，放弃了传统的规范性研究范式，转而采用“描写式”，抛弃了个人经验总结式的研究方法，转而追求更为科学、客观和严谨的研究方法。具体来说，利用语料库方法，在篇章语用学的框架内，从词汇、句法和篇章结构三个层面较为全面和系统地描述了专利文献译语篇章的规律性特征，并从对这些规律性特征的分析上升到对翻译共性的探讨，这是本研究的独特着眼点。

第四，基于翻译共性和德汉单向平行语料库分别提出了指导专利文献德汉翻译实践的宏观翻译策略建议和微观层面的专利文献翻译建议，这既是实践意义，也是对现有专利翻译研究的拓展。

遗憾的是，由于视野和能力有限，本书还有诸多不足：单向平行语料库的研究价值远不如双向平行语料库，若能建设专利文献德汉/汉德双向平行语料库，那么不论是理论方面还是翻译实践方面，都能得出更多有价值的研究结论和研究启示；自建的语料库为专用语料库，仅服务于专利文献德汉翻译研究，但无法考察德汉/汉德翻译的总体特点和翻译语言特征，希望未来能够有机会建设包括不同篇章类别的大型德汉/汉德通用平行语料库。同时，我撰写博士论文时经验不足，一直是摸着石头过河，以至于内容多有赘述，但为了确保内容的完整性，本书总体上未做删减。如给读者阅读造成困扰，敬请谅解。

本书得以顺利成稿，要感谢很多人的大力支持和鼓励。首先感谢我的导师钱敏汝教授，感谢她在学术上的高瞻远瞩和与时俱进对我产生了潜移默化的影响，感谢她的高标准、严要求，让我不断提高对自己的要求，成为更好的自己。随着年龄的增长和科研意识的增强，我越来越能体会她的良苦用心。还要特别感谢钱敏汝教授让我作为联系人加入到教育部“普通高中德语课程标准研制”项目中，这段近距离接触中国最前沿教育改革的经历既让我结识了中国日耳曼学界顶级的专家和学者，也使得中学德语教育成为我可能的科研方向。感谢答辩委员对我的论文提出了宝贵的意见，感谢朱建华教授、刘齐生教授、王建斌教授、綦甲福教授和姚燕教授。

感谢北京外国语大学德语系对我的培养。求学十余年，我的老师们治学严谨、宽容耐心，他们始终是我的榜样，我也希望自己能将这些品质延续下去，传递给我的学生。感谢我的博士同学李小龙、靳昇、霍颖楠、邓二红、秦龙在我读书期间的陪伴和鼓励。

最后，我要感谢我的家人。感谢父母的养育之恩和无私的爱。感谢我的爱人，每当我做出重大的人生决策时，他总是坚定不移地支持我，毫无怨言地配合我，是我的避风港和加油站。感谢我的女儿，在我开始撰写博士论文时，她来到我的生命中，陪我度过了异国工作和求学的时光，在我论文的最后冲刺阶段，她降生到这个五彩斑斓的世界，安安静静陪伴我写作。她是我的小天使，是我不畏困难、坚持不懈的最大动力，我也希望自己能成为一个让她骄傲的妈妈。

同时感谢知识产权出版社的张水华、韩冰两位编辑，她们的敬业精神、专业态度和水平，让我在此书成稿和修改过程中受益匪浅，我也庆幸自己有机会在这样一家出版社出版我人生的第一部专著。

潮平两岸阔，风正一帆悬。唯愿凭此书抛砖引玉，邀更多同道中人关注语料库翻译研究、专利文献德汉翻译研究。

葛囡囡
2021 年 6 月 28 日
于北京家中

目　录

1 绪 论

1.1 选题缘由

在全球化和信息化的时代背景下，专利文献在跨文化科学技术交流和传播中扮演着重要的角色。专利文献集两大功能于一身：既能为科研工作者、企业和社会大众提供最先进的科学技术信息，又能为发明申请提供法律保护。专利文献记录了绝大部分最先进的科学技术信息。据世界知识产权组织（WIPO）称：世界上 90% ~95% 的发明能在专利文献中查到，并且很多发明只能在专利文献中查到。可以说，专利文献几乎记载了人类取得的每一个新技术成功，是最具权威性的世界技术百科全书，是本领域技术人员最重要的信息来源之一（庄一方，2008）。德国不仅是欧洲经济的发动机，而且是传统的科学技术创新大国，因此德国的专利文献是巨大的科技知识宝库。虽然通过欧洲专利局的 Espacenet 数据库检索和查询德语专利文献时，使用者有时可以获取该数据库系统免费提供的机器翻译的译文，或者基于欧洲专利局和美国 Google 公司的合作，每个有专利翻译需求的自由人都可以通过欧洲专利局的网页“大致推断该专利或与专利有关文件的内容”，从而判断该文件对其是否有价值，但欧洲专利局仍然特别强调，“这种翻译工具无法提供具有法律效力的翻译，在必要情况下还是需要依靠高水平的专利译员”（Maksymiw，2014）。也就是说，虽然机器翻译技术的发展日新月异，但翻译质量仍然可能在一定程度上影响使用者的阅读和应用，人工翻译始终不可或缺。与此同时，《中华人民共和国专利法实施细则》（2010 修订）（下文简称《专利法实施细则》）第 3 条规定，专利申请文件应该使用汉语，外国人在中国的专利申请自然要译成汉语。这就意味着，如果德国的专利申请求取在中国的法律保护，就必须翻译成汉语。翻译质量的好坏也直接影响到该专利申请在中国的法律前景，因为按照《中华人民共和国专利法》（下文简称《专利法》）第二十六条的规定：说明书应当对发明或者实用新型作出清楚、完整的说明，以所属技术领域的技术人员能够实现为准；必要的时候，应当有附图。摘要应当简要说明发明或者实用新型的技术要点。权利要求书应当以说明书为依据，清楚、简要地限定要求专利保护的范围。此外，专利审查、复审、无效和侵权判定等各种过程都必须以汉语文本为基础，所以哪怕是微小的翻译疏忽都可能造成对申请人或专利权人乃至公众利益的损害（庄一方，2008）。2019 年，德国在华专利申请量位居第三，仅次于日本和美国，并且凭借 1.6 万件的发明专利申请量继续在欧洲保持在华专利申请保护第一的地位。所有这些都从数量和质量上对专利文献的德汉翻译提出了更高的要求。

然而，国内外对专利翻译的研究总体上不多。截至 2020 年 11 月底，中国知网（CNKI）的“中国期刊全文数据库”可检索到 109❶ 篇与“专利翻译”有关的论文，其中论文的数目自 2012 年起明显增多，2014—2020 年的年均数量甚至超过了 11 篇，其中 2017 年最多，有 15 篇，这些数字说明专利翻译越来越受到研究者的关注。这 109 篇相关研究包括了 51 篇期刊论文和 58 篇硕士论文，而所有硕士论文都于 2012 年后撰写，自 2014 年起数量激增，撰写者也大多集中在几所安排有相关实习的院校，如西安外国语大学、河北大学。这些数字显示，除专利行业外，越来越多的院校开始注意到专利翻译及相关翻译研究，专利翻译行业也迎来了更多的新生力量。这些对于专利翻译而言都是好的趋势，然而当前的研究仍然存在一定的局限性。例如，这 109 篇论文的内容主要集中在两个方面：实践报告和翻译策略与技巧，如图 1 – 1 所示。

---

❶ 本书是在作者的博士论文《语料库支持下的专利文献德汉翻译探究——一项语用学视角下的翻译研究》基础上修订完成的，该论文已在 CNKI 上公开。本书在此并未统计该论文，因此此处统计的 CNKI 上可查询的相关论文共有 109 篇。

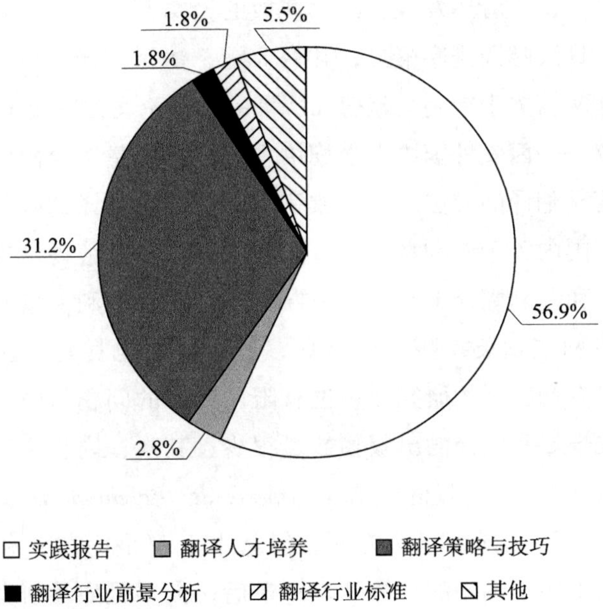

图1-1 “专利翻译”相关论文的内容分布

由图1-1可见，实践报告所占比重最大，有62篇，占56.9%，但实践报告往往仅围绕数量有限的文本，学术价值有待商榷；紧随其后的是翻译策略与技巧，这类论文对专利翻译实践有一定的指导价值，但大多理论基础薄弱，即便有些论文涉及翻译理论，例如交际翻译理论、功能主义目的论、Newmark的翻译理论及Nida的对等理论，然而理论和实践的结合并不十分紧密。此外，这类研究中只有一篇是基于平行语料库对中英文专利摘要的衔接词进行了量化分析，其他论文采用的都是质性研究的方法，缺少数据的支持，因此这样的研究结果在质性和量性并重的今天来看会显得科学性不足，说服力不够。总的来说，这些都属于传统的规范性翻译研究，注重翻译原则、标准、方法与技巧，实际上已包含了价值判断，虽然能指导实践，但整个研究无法通过经验来科学认识，而通过这种研究方法得出的结论也只能是翻译标准的一元论。此外，很多翻译策略或翻译技巧的研究局限于某个个案或某个技术领域，而与专利翻译整体大局无关，又或者局限于单一层面，如词汇、语法结构、术语的处理，但忽视了专利文献作为一类篇章的整体性，因此这类研究的结论缺少普遍适用的价值。根据检索到的论文，笔者还发现，绝大多数的论文都是关于专利文献的英汉或汉英翻译，日汉翻译排序第二，共有 8 篇，法汉翻译 1 篇，德汉翻译也仅有 2 篇。这两篇关于专利文献德汉翻译的硕士论文都完成于 2016 年，出自同一个单位——西安外国语大学德语系，内容都是结合翻译实践简要分析专利文献德汉翻译的方法。这一数字与专利德汉翻译的数量需求完全不匹配。另外，国内关于专利翻译的著作屈指可数，最值得一提的是由从事多年专利审查和专利翻译工作的庄一方所撰写的《专利文献的英汉翻译》，该书称得上专利文献英汉翻译的宝典，然而该书也存在上述局限性。同样，德国关于专利翻译的研究数量也有限，存在的问题与国内研究大致相同。首先，关于专利翻译的出版物数量很少；其次，内容往往涉及翻译的某个方面，如 2014 年出版的论文集 *Aspekte der Patentübersetzung*（*Sammelband*）概述了专利翻译的很多方面，但基本上都是简述专利翻译的重要性，或介绍技术要素翻译的具体策略；最后，大多是质性研究，基于个别案例提出翻译策略，如 Polenz 于 2010 年发表的论文 *Das japanische Patentdokument：linguistische Analyse und sichere Translation* 就是从篇章分析的角度探讨了专利文献的翻译方法。

总的来说，不论中国还是德国，专利翻译得到的关注越来越多，而当前的研究仍然有可供开发和扩展的空间，特别是应从新的理论和方法视角出发关注专利文献篇章的翻译。因此，本书尝试采用理论和应用相结合的研究方法及设计方案，融入新的视角，基于真实可靠的语料，探究专利文献篇章德汉翻译的规律性特征，并以此指导翻译实践，这样本研究才有可能对专利翻译及类似的实用文体翻译研究做出更多的理论和实践贡献。

本书关注的专利文献是以篇章形式呈现的，因此探究专利文献德汉翻译离不开篇章语言学。篇章语言学是自结构主义语言学和转换生成语言学之后新兴起的一个语言学分支，是一门以篇章为研究对象的语言学理论和方法。近年来，篇章语言学和语用学两大领域取得了实质性发展并融合形成了篇章语用学。在国内，钱敏汝首先提出了“篇章语用学”这一概念，主张动态的篇章观和多层面、多维度的篇章描写模式。这一动态篇章观还包括对于篇章与人和世界之间关系的探究，具体来说，人、篇章和世界三者原则上能够组成分别以人、篇章和世界为中心的三种三元关系（钱敏汝，2001）。专利文献翻译实际上也是一个动态的过程，人、篇章和世界都在此发挥作用并相互影响。因此从这种动态的三元关系出发，多层面、多维度地分析专利文献的翻译以及解释各种翻译现象产生的原因是可行和有意义的。

语料库语言学兴起于20世纪中后期，是一个新兴的语言研究领域，一种新的探询语言本质的哲学方法，也是“计算机文化”这一新时代语言学发展的一个重要里程碑，标志着“后现代语言学时期”的开始（卢磊，2006）。这种基于大量语言素材并结合“语言望远镜”技术手段的语言学研究方法可谓是“计算机时代的田野调查”（许家金，2014）。与此同时，专利文献本身与语料库（或数据库）密不可分。世界知识产权组织、欧洲专利局、中国专利局以及世界上任何一个国家的专利局都建有作为专利审查数据基础的专利文献数据库，这些数据库收录的正是被公开的专利文献全文。从这个角度来说，研究专利文献翻译不应脱离所谓的数据库或语料库。因此，本书采用语料库语言学的研究方法，自建专利文献德汉平行语料库作为实证研究的数据基础而自建语料库完全可被视作世界知识产权组织、欧洲专利局或中国专利局专利文献数据库（或语料库）的子库。

既然本书是结合平行语料库开展的翻译研究，那么就离不开语料库翻译学的理论支持与指导。语料库翻译学是一种新的翻译研究范式，突破了传统的目的语文本与源语文本❶“对等”的桎梏，把真实的翻译语料作为研究基础，因为它坚持认为翻译语言不是派生的、次标准的语言，而是一种真实的语言，翻译文本记录的是真实的交际事件，同其他任何文本一样

---

❶ 目前［德］Ausgangssprache/［英］source language 和［德］Zielsprache/［英］target language，［德］Ausgangstext/［英］source text 和［德］Zieltext/［英］target text 这两对术语有几种翻译，如“源语”和“目的语”、“译出语”和“译入语”，以及“源语文本”和“目的语文本”、“译出语文本”和“译入语文本”等。每种术语均有其强调的重点，自有可取之处。本书选取了“源语”和“目的语”、“源语词汇”和“目的语词汇”、“源语语句”和“目的语语句”，以及“源语篇章”和“目的语篇章”这样的对应表达，在突出强调原文及与其对应的翻译时倾向于使用“源语篇章”和“译语篇章”、“源语文本”和“译语文本”（“文本”仅用于结合语料库的研究过程和研究小结中）这样的对应表达。另外，在基于类比语料库表达时选用“翻译文本”（［德］Übersetzter Text/［英］translated text）和“原创文本”（［德］Nichtübersetzter Text/［英］non translated text）这一对等术语，在列举实例时选用了通俗易懂的“原文”和“译文”的说法。但引文一般保留原作者使用的术语。

在目的语文化体系中发挥着文化参与和构建的作用（胡开宝，2011）。在研究方法上，它往往以概率和统计为手段，将量性研究和质性研究、语内对比和语际对比相结合（王克非，2012a）。在研究结果上，语料库翻译学不是提出针对翻译个案的结论，而是通过对大量实际存在的翻译语料和具有对应或类比关系的双语语料进行观察和数据分析后，提出关于翻译本质和翻译现象的理论假设，或论证有关假设（胡开宝，2011）。然而，不论是语料库语言学还是语料库翻译学，最后始终需要通过语言学理论、社会学理论、文化学理论、翻译学理论等对结果或成因进行合理的阐释。因此，语料库语言学、语料库翻译学和篇章语用学可结合应用。

国际上，语料库语言学和语料库翻译学研究开展得如火如荼；在国内，语料库语言学的研究方法在英语领域已广泛展开，我国德语领域基于语料库的研究也已起步并取得了一些研究成果，但基于语料库的翻译研究对于我国德语领域而言仍是新生事物。本书尝试将篇章语用学、语料库语言学以及语料库翻译学结合，选取德语专利文献及其汉语译文自建专利文献德汉单向平行语料库，对专利文献德汉翻译进行探究，并将着重研究以下几个问题：

1）在篇章语用学的框架内，基于专利文献德汉单向平行语料库和参考汉语类比语料库，专利文献德汉翻译在词汇、句法和篇章结构层面上呈现哪些具体的规律性特征？

2）这些规律性特征能否上升为翻译共性？它们彼此之间是否冲突？如果是，这些翻译共性产生的原因是什么？如何从篇章语用学的视角解释翻译共性的成因？

3）基于本研究可以提出怎样的指导专利翻译实践的建议？

在上述三个问题中，第一个问题是本研究的基础问题，主要目的是以真实的语料为基础，用科学的数据进行说明，并提出可能的假设；第二个问题是前一个问题的深化和探索，也是本研究的关键问题，目的是在篇章语用学的框架下分析前文已发现的规律性特征能否上升为翻译共性及其成因；第三个问题是以实践为导向，因为探究翻译共性并非本研究的最终目的，基于本研究提出对专利文献翻译实践有指导价值的建议才是本研究的现实意义。

1.2 研究对象的界定

本研究选择专利文献的德语原文及其汉语译文作为研究对象，在篇章语用学的框架内探究专利文献的译语篇章（即汉语译文）在词汇、句法和篇章结构层面上表现出的、相对于源语篇章（即德语原文）的规律性特征。

首先，“专利文献”这一概念有广义和狭义之分。广义的专利文献（[德] Patentdokument，[英] patent documentation）是“包含已经申请或被确认为发现、发明、实用新型和工业品外观设计的研究、设计、开发和试验结果的有关资料，以及保护发明人、专利所有人及工业品外观设计和实用新型注册证书持有人权利的有关资料的已出版或未出版的文件（或其摘要）的总称”（庄一方，2008）。也就是说，所有与专利申请相关的文献都可被称作广义的专利文献。狭义的专利文献指的是“专利申请文件”❶（[德] Patentanmeldung，[英] patent application），原则上包括请求书、说明书、权利要求书、摘要和附图五个部分。然而，请求书是申请人及其代理人所提交的程式化文件，附图由图形组成，不适合转换为语料库研究所必需的 txt 文本格式，并且附图中的文字也已出现在专利申请文件的其他部分，因此本书所研究的专利文献是狭义的专利文献，并且只包括说明书、权利要求书和摘要三个部分。如果从语言学，特别是从篇章语用学的角度来看专利文献，它的定义应该既突出其语言学特征，又强调它在本研究中与语料库的关系，因此本书中的“专利文献”是“一种以专利申请为基本

❶ 这里的专利文献根据专利权的客体不同分为发明专利的专利申请文件、实用新型的专利申请文件和外观设计的专利申请文件。其中外观设计是指对产品的形状、图案或者其结合以及色彩与形状、图案相结合所做出的富有美感并适于工业上应用的新设计。因此外观设计的申请文件以图为主，不在本研究范围之内。本书收集的语料主要是发明和实用新型的申请文件，并且多数为发明的专利申请文件。另外，《专利法》第二十六条规定，申请发明或者实用新型专利的，应当提交请求书、说明书及其摘要和权利要求书等文件。

目的的、可比较的篇章类别❶，包括可用于数据处理的说明书、权利要求书和摘要”。

其次，为探究译语篇章与源语篇章相比所呈现的规律性特征，本研究自建了“专利文献德汉单向平行语料库”作为数据基础，它收录的语料正是本书所定义的专利文献的德语原文（即源语文本）及相应的汉语译文（即译语文本）。本书之所以收录德汉双语的语料，是因为本研究与传统语言学以及翻译研究的内省法和诱导式研究方法不同，它依赖真实语料；同时，本研究与传统规范性翻译研究也不同，它脱胎于描写性翻译研究，采用语料库方法对自然出现的源语文本及其译语文本进行统计、比较和分析，探究两种语言之间转换的过程、特征和规律。换言之，本书的研究对象不是单纯的源语篇章（即德语原文）或译语篇章（即汉语译文），而是两者的结合，源语篇章和译语篇章被置于同等重要的地位。这一点也体现在本研究所创建的“翻译过程中人←世界→篇章的关系”模型上。此外，本研究还自建了一个“专利文献汉语类比语料库”作为研究辅助，这样就可以验证基于平行语料库得出的结论，或者能够为译语文本对于源语文本中特定语言现象的处理方式寻找依据。

本研究的研究对象是专利文献的源语篇章和译语篇章，研究过程是基于语料库探究专利文献译语篇章相对于源语篇章的规律性特征以及这些规律性特征能否上升为翻译共性。在此基础上，本研究还将结合“翻译过程中人←世界→篇章的关系”模型，分别从人、世界和篇章三个角度探析翻

❶ 一直以来，语言学界对于Textsorte、Texttyp、Textmuster和Textklasse等相关概念界定和区分并不统一。Isenberg认为，Textsorte是篇章现象的较模糊的称谓，可以通过篇章的某些特征得到描写，但这些特征并不适用于所有篇章，而且对于能否和怎样纳入到篇章类型学的理论框架来说并不重要；而Texttyp是篇章的理论上的名称，可以在篇章类型学的框架内得到描写和界定。Heinemann的观点则是，Textsorte是语言学家调查研究的具体的篇章种类，而Textmuster是生产和理解篇章时的心理图示（[德] Schema）。Nussbaumer则是将Textsorte理解为实际存在于纸端的篇章，而Textmuster是存在于人们头脑中的篇章。钱敏汝总结了近年来发表论著中普遍达成的共识：篇章类别（[德] Textsorte）和篇章种类（[德] Textklasse）反映的是日常生活中对篇章的区分，是人类社会的成员根据自己的社会生活经验对篇章进行直观区别之后得到的结果，并且这些结果已经通过专门术语符号化，这些术语凝聚了一个人类社会中关于某个篇章类别的知识。篇章类型（[德] Texttyp）被理解为对篇章进行科学分类的理论性范畴，与某一种篇章的具体呈现形式相关。人类作为任何一个社会群体的成员都必然拥有篇章类别知识或篇章总体知识的知识，但不一定拥有篇章类型的知识。本书认同钱敏汝的观点，也就是Textsorte译作篇章类别，Texttyp译作篇章类型。

译共性的成因。在该模型中，翻译过程所关联的“人”包括源语篇章生产者、译者和译语篇章接受者，而译者是翻译过程的核心人物，同时因受制于篇幅，本书将主要探讨译者作为“人”对于翻译共性的影响。同样，该模型中的“世界”也是一个难以界定的大概念，本书从“法律法规”“文化知识”“思维方式”三个方面阐释“世界”与翻译共性的关系。

1.3 语料的选择

本研究所依据的小型专利文献德汉单向平行语料库为自建的语料库，其中所有语料均为真实语料（见图 1－2 和图 1－3，以 paratext_038 为例），来自欧洲专利局的 Espacenet 数据库和中国国家知识产权局中国专利公布公告网站，公布和下载时间在 2010—2015 年。也就是说，本语料库中的所有语料均为公开的专利文献，因为译文已公开，因此是经审定的或已被中国国家知识产权局公开的、合格的、符合相关专利法规规定的可用译文。所以说，本语料库中的语料是为本领域专业人员认可的、具有法律效力的、可用的专利文献。

图 1－2 本研究平行语料库原始德语语料（部分）

注：本语料下载地址：https：//worldwide. espacenet. com/publicationDetails/originalDocument? FT = D&date = 20130131&DB = EPODOC&locale = en _ EP&CC = DE&NR = 102011052187A1&KC = A1&ND =4（最后访问时间：2017 －02 －10）。

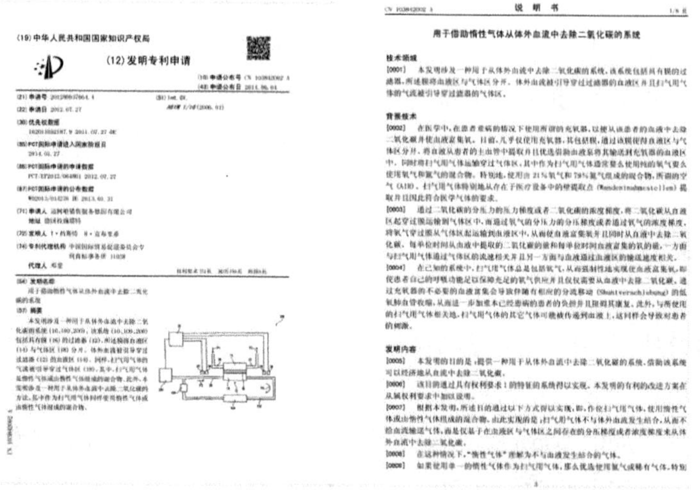
(19) 中华人民共和国国家知识产权局

(12) 发明专利申请

说 明 书

用于借助惰性气体从体外血流中去除二氧化碳的系统

技术领域

背景技术

发明内容

图1-3 本研究平行语料库原始汉语语料（部分）

注：本语料下载地址：https：//worldwide. espacenet. com/publicationDetails/originalDocument? FT = D&date = 20140604&DB = EPODOC&locale = en_EP&CC = CN&NR = 103842002A&KC = A&ND = 4（最后访问时间：2017-02-10）。

专利文献是法律篇章和技术篇章的集合，兼具两者的语言特点。然而，专利文献与一般的法律篇章不同，它描述的对象不是人与人、人与社会或人与国家之间的相互关系，而是针对种类繁多的物或技术方法，是通过对技术方案的描述来确定一个专利法意义上的保护范围（庄一方，2008）。因此专利文献中含有大量的技术术语，其中包括大量的新技术，而这些新技术名词几乎无法在各类翻译词典中找到对应的译文。专利文献覆盖的技术范围相当广，以至很少有译者能够不分领域地译出来自各个技术领域的文献。只有对某一个或某几个技术领域非常了解，译者才能正确表达出源语篇章所要表达的技术内容，才有可能译出或生产出与源语篇章的内容相“对等”的译文，甚至不惜利用所学创造新词。在这种情况下，很难从技术角度出发研究所有技术领域的专利文献翻译。同时，作为一项语言学研究，本研究倾向于挖掘不同技术领域专利文献翻译的共性特征。综上，本书不研究具体某个技术领域专利文献的语言表达及翻译情况，而研究不同技术领域专利文献所共有的语言表达及其翻译情况。也就是说，本研究是跨技术领域的，它聚焦于专利文献篇章的法律特征。因此，为搜集到专利文献篇章所具有的典型的语言特征及翻译语言特征，本研究尽可能选取不同技术领域的专利申请文件❶。

专利文献的数据库过于庞大，所以笔者只能选择随机抽样的方式。同时，未经挑选的大量原始语料可能导致语料库内容参差不齐、水平不一，不利于后期的加工处理，为避免这一情况，笔者在选择语料时考虑了单篇语料的篇幅、格式等影响因素。最后，笔者随机抽样选取了 100 篇德语专利文献及与其对应的 100 篇汉语译文，经篇幅剪裁和结构统一后，每篇德语语料为 1500 ~ 5000 字/词，汉语语料为 1500 ~ 6000 字/词，德语语料构成德语子库，共约 23 万字/词，对应的汉语语料构成汉语子库，共约 34 万字/词。本研究平行语料库的具体内容详见附录 1，建库步骤参见本书 3.2.1 小节。

在本研究中，笔者还自建了“专利文献汉语类比语料库”，该类比语料库包括汉语翻译子库（即本研究平行语料库的汉语子库）和汉语原创子库，其中翻译子库规模约 34 万字/词，原创子库规模约 25 万字/词。本研究类比语料库的具体内容详见附录 2，建库步骤参见本书 3.2.2 小节。

1.4 研究现状

本研究结合篇章语用学、语料库语言学和语料库翻译学的理论和方法构建起本书框架，本部分逐一对上述理论和方法在国内外的发展情况进行了回顾和介绍。

1.4.1 篇章语用学的研究现状

本书的理论基础之一是篇章语用学，它的形成离不开篇章语言学。

---

❶ 按照世界知识产权组织第 8 版的《国际专利分类表》（IPC 分类），本研究平行语料库所选取的语料覆盖了所有大类，即 A 部（人类生活必需）、B 部（作业、运输）、C 部（化学、冶金）、D 部（纺织、造纸）、E 部（固定建筑物）、F 部（机械工程）、G 部（物理）和 H 部（电学）。说明本书尽可能选取了不同技术领域的专利文献。详情参见附录 1。

篇章语言学产生于20世纪60年代的欧美，在70年代逐渐形成，它的出现为整个语言学界开启了一个新的研究层面——篇章（胡壮麟，1994；Brinker，1997；钱敏汝，2001；黄国文、王宗炎，2002）。虽然荷兰语言学家Van Dijk鉴于篇章语言学跨学科的性质曾努力将它提升到“话语科学”的高度，但篇章语言学一般还是被视作语言学的一个分支。所谓的“篇章语言学”，是以篇章为研究对象的语言学理论和方法，同时又称篇章分析、话语分析或话语语言学（钱敏汝，2001）。在篇章语言学的发展过程中，德国语言学家始终引领着研究发展的趋势。Weinrich（1967）最早提出篇章语言学（[德] Textlinguistik）这一概念，他同时指出任何语言学研究都要以篇章语言学为描写框架。自此，篇章语言学在德国兴起。随后，德国语言学家Hartmann（1971）也强调了篇章的重要性，他认为篇章可以是所有与语言有关的现象，是“原本的语言符号”，语言只能通过篇章呈现，从而突破了自索绪尔以来结构主义对符号的认识。随后，篇章研究还经历了从篇章语法到篇章语用、从句间关系到整体篇章结构、从篇章的核心到人的认知核心的变化。认知理论被引入后，篇章研究已重新回归到语言研究的哲学本源；篇章语言学发展迅速，其研究范围也早已超越了语言研究的界限，如今又不得不面对新媒体的挑战（刘齐生，2005）。

我国学者很早就开始接触篇章语言学，黄国文（1997）、刘辰诞（1999）、黄国文和王宗炎（2002）等先后向国内介绍了篇章语言学，并开展了相关研究。与此同时，我国的日耳曼语言学界依托德国篇章语言学的理论基础，从不同视角对篇章语言学的发展做出自己的贡献。倪仁福、华崇德等（1995）将篇章语言学的理论用于教学实践，编写了我国第一套较为完整的、基于篇章语言学理论的《德语写作教程》。

钱敏汝（2001）在其著作《篇章语用学概论》中从整体上把握了篇章语言学与语用学相互结合的发展趋势，并对两门学科的交叉部分进行了全方位的剖析，并且提出了十分具有前瞻性的动态篇章观，即“篇章作为人类语言的一切使用形式，是一种有结构、有意图的符号编码和解码的创造活动”。这一动态篇章观正是篇章语用学的核心。她还从动态篇章观出发，探讨了人、篇章、世界之间的相互关系。此外，刘齐生（2005）介绍了德国篇章语用学的源起与发展，并论及德国篇章语言学理论在中国的接受情况。来炯（2007）将德语报刊评论作为研究对象探讨了篇章理解的相关问题。汤春艳（2010）关注语用视角下的篇章类型研究，对比分析了中德两国的招聘广告。其他相关研究还有：Zhao（2008）不但讨论了多模态篇章的理论问题并提出了分析模型，并且从文化性和交际学的角度探讨了中、德文化风格的研究方法。赵劲、汤春艳（2012）将“文化性”看作篇章的重要特征加以考察，指出篇章的“文化性”贯穿于篇章的各大基本特性之中，是“篇章性”的重要显现。陈琦（2013）提出，来自社会学领域的互动体裁理论提出了动态的篇章分析模式和操作方法，为德国当代篇章研究提供了社会学理据。

通过以上梳理不难发现，德国篇章语言学理论对我国日耳曼语言学研究者影响甚大，篇章语用学逐渐成为我国日耳曼语言学研究的重要视角，具体的研究由理论转向实践，同时也将我国语言学领域的研究工作提高到了一个新的高度。但鲜有研究者立足于篇章语言学或篇章语用学来探讨翻译问题。

1.4.2 语料库语言学的研究现状

语料库语言学是从20世纪60年代开始发展的一门新兴学科，迄今已经有50多年的历史。语料库在发展的初期，只进行词的一般分析，如词频统计等，后来增加了词的语法属性标注。直到现在，人们越来越重视对语料库做不同层次的标注，如语音、构词、句法、语义，甚至篇章等层面的标注。伴随着语料库技术手段的进步，与语料库相关的各类研究不断涌现，开拓了语言学研究的新视野。

早在20世纪，国外就已开始建设语料库，如20世纪60~70年代世界上最先建立的Brown Corpus和LOB语料库（[英] The Lancaster-Oslo/Bergen Corpus）就囊括了100万词次。到20世纪90年代，很多规模超过1亿词次的语料库已用于语言学研究。第一个可机读的大规模语料库是伯明翰语料库（[英] Collins Birmingham University，COBUILD），另外具有代表性的还有朗文语料库（[英] The Longman Corpus Network，LCN）、英国国家语料库（[英] The Britisch National Corpus，BNC）等。这一阶段的语料库规模大，通常都能达到数以亿计的词次（黄昌宁、李涓子，2007）。

受到英语语料库迅猛发展的影响，德国也陆续建立了各种各样的语料库，如德国语言研究所语料库（［德］IDS-Korpus）❶、歌德语料库（［德］Goethe-Korpus）、波恩报纸语料库（［德］Bonner Zeitungskorpus）等。除此之外，柏林洪堡大学与柏林自由大学共同合作建设了德国最大的德国学习者语料库 Falko（［德］ein fehlerannotiertes Lernerkorpus），该语料库促进德语学习者语料库研究的发展。值得一提的是，DWDS-Kernkorpus❷不仅包括书面语，还包括口语的子库；弗莱堡的 Videokorpus zur Aphasie❸不仅包括音频和视频，还包括转写和标注。当然，除这些语料库外，还有其他由研究者个人建立的语料库。不过以上介绍的语料库均为单一语言语料库。另外，Scherer（2006），Lemnitzer 和 Zinsmeister（2010），Perkuhn、Keibel 和 Kupietz（2012）先后从不同角度介绍了语料库语言学的基础知识。德国海德堡大学的 Felder（2012）主编的论文集 *Korpuspragmatik：Thematische Korpora als Basis diskurslinguistischer Analysen* 从理论和实践的角度介绍了语料库语用学，提出将语料库语言学的方法应用到话语分析中，根据语境理论结合语料库的分析和统计方法在篇章网络中理解词汇的含义。

在国外语料库语言学研究的影响下，国内也建立了许多语料库，如北京语言文化大学建立的《汉语频率词典》项目专用语料库、20 世纪 80 ~ 90 年代建成的广州石油大学石油英语语料库（GPEC）、上海交通大学科技英语语料库（JDEST）、广东外语外贸大学和上海交通大学合作建设的中国英语学习者语料库（CLEC）、南京大学建设的中国学生英语口笔语语料库（SWECCL）、上海交通大学建设的大学英语学习者口语语料库（COL-SEC）、香港科技大学建设的香港科技大学学习者语料库（［英］HKUST

---

❶ 该语料库以超过 290 亿词（截至 2016 年 3 月 31 日）的规模成为世界上规模最大的以语言研究为目的的近现代德语书面文本电子语料库。该语料库创建于 1964 年，其规模持续扩大。该语料库中收录的都是完整文本，包括文学类、科技类和科普类文本，同时还有大量的报纸文本以及其他类型的文本。用户可通过邮件注册，得到确认后即可进入和使用该语料库。

❷ 该语料库全称为“Das Wortauskunftssystem zur deutschen Sprache in Geschichte und Gegenwart”，共计 1 亿词，是口笔语参照语料库，有词汇、词性、句法层面的标注。该语料库的建库标准与 BNC 类似，即所有篇章都是完整的，并且尽可能地涵盖不同的篇章类型和变体。

❸ 该语料库只可在弗莱堡使用，主要用于研究医学上的失语症现象。

Lerner Corpus）等。与此同时，刘霞、许家金、刘磊（2014）在对 CSSCI 数据库进行检索后发现，国内与语料库有关的语言学论文发表数量自 1998 年起不断增多；1998—2013 年，我国外语界语料库语言学的发展沿着两条主线展开，即基于学习者语料库的中介语研究和基于双语语料库的翻译及对比研究；从时间上看，起初以学习者语料库研究为主，而双语语料库的研究后起直追；最近几年，国内语料库语言学研究出现了跨学科、跨地域的特点，多与文献计量学、社会语言学等结合。

相较而言，国内的德语语料库建设起步较晚，其主要标志是北京外国语大学德语系的钱敏汝于 2008 年主持建设的“中国大学生德语中介语语料库”，这是我国第一个针对德语学习者语言建设的语料库。经过十余年的发展，国内德语界基于语料库的研究文献已有十余篇❶，如齐冬冬（2001）在博士论文《中国德语专业大学生论证型篇章中的连贯关系——一项基于语料库的对比研究》中使用修辞结构理论对中国德语学习者和母语者的论证型篇章进行了对比研究；刘磊（2014，2016）在其博士论文及专著《中国德语专业大学生作文中的篇章衔接与连贯——一项基于语料库与潜伏语义分析的研究》中通过比较中国德语学习者语料库中的 PGG❷ 作文子库和其自建的德语母语者语料库中的作文分析两者作文中的衔接与连贯情况；陈鹤（2014）的博士论文《中国德语学习者篇章写作中的词汇错误分析——一项基于语料库与三语习得的研究》从错误分析的角度对参加全国德语专业八级考试的中国德语专业高年级大学生作文进行研究，并讨论了研究结果对德语水平测试和德语教学研究的启示。当前国内的日耳曼语言学在德语语料库建设及相关研究方面取得了一定成果，但国内德语界大多建设单语的学习者语料库或媒体语料库，从事中介语研究或话语分析，鲜有德汉平行语料库和基于平行语料库的翻译研究。

---

❶ 本书在此仅参考且计算了博士论文及专著的数量。

❷ PGG 是指全国高等学校德语专业四级考试，其德语全称是 Prüfung für das Germanistik-Grundstudium。

1.4.3 双语语料库和语料库翻译学的研究现状

如前文所述，我国语料库语言学基本上朝着两个方向发展，即基于学习者语料库的中介语研究和基于双语语料库的翻译及对比研究。本小节将简要介绍国内外双语语料库的建设情况。

20 世纪 90 年代，世界上第一个双语语料库在加拿大建成；1998 年，哈尔滨工业大学建成容量 3 万句对的英汉双语语料库。由此可见，国内外双语语料库开始建设的时间相差不多，但国外基于双语库展开的研究起步更早，因为国内建设双语语料库的最初目的主要是自然语言处理而非语言学研究（王克非、黄立波，2012）。加拿大议会会议记录英－法平行语料库（［英］ the Canadian Hansard Corpus）、德语－英语文学文本平行语料库（［英］ German-English Parallel Corpus of Literary Translation，GEPCOLT）、英语－挪威语平行语料库（［英］ English-Norwegian Parallel Corpus，ENPC）、欧洲议会口译语料库（［英］ The European Parliament Interpreting Corpus，EPIC） 等八大双语库都已达到较大规模，伴随双语语料库而来的语料库翻译学也给翻译学研究带来了新的视角和新的课题。然而也存在一些弱点，例如基于这些语料库开展的研究切入点不够，专门语料库的研制与应用滞后，应用研究和相关技术开发不足（王克非、黄立波，2012）。

在双语平行语料库的对象语言上，一开始是侧重于英语，从欧洲开始研制英语与其亲属语言之间的平行语料库。20 世纪 90 年代初期，所建平行语料库的语种主要局限在英语与欧洲以内的一些语言之间；到了中期，语种逐渐扩展，慢慢涵盖了世界上所有主要语言。例如，欧洲人类语言技术研究网络（ELSNET）1994 年发布的欧洲语料库规范多语种语料库 1 期（ECI/MCI） 包括了 27 种语言，以欧洲语言为主，但也包括了汉语、日语和马来语（王克非，2012b）。从涉及的汉语的情况看，国内建设的英汉或汉英平行语料库有很多，如中科院软件研究所承担的国家 863 项目——研制大规模汉英对应语料库，北京大学计算语言学研究所开发的主要用于新闻的、机器辅助翻译类的双语平行语料库，其中规模最大并且产出成果最多的是北京外国语大学中国外语教育研究中心研制的大型通用英汉/汉英语料库。随着语言研究的不断深入，建立专用平行语料库已成为语料库语言学进一步发展的迫切需要。近年来，我国建设了不少专用语平行语料库。

随着双语语料库的兴建，新的课题不断被提出和探讨，特别是在平行语料库基础上开展的翻译研究成果颇丰。仅以北京外国语大学大型英汉/汉英对应语料库为例，在该库的基础上开展了许多研究，例如秦洪武、王克非（2004）基于该语料库，以“so…that”句式的汉语对应结构为例分析了翻译语言的特点；黄立波（2008）利用该库探讨了英汉翻译中人称代词主语和逻辑连接词的显化问题。燕山大学研制的《红楼梦》中英文语料库也值得关注，它是一个一本多译的翻译语料库，支持研究者多角度地对三个英译本的翻译技巧运用、文体设计、语言选择、文化内容等方面开展翻译研究（王克非，2012a)。胡开宝（2015）利用所研制的莎士比亚汉译语料库探讨了莎剧汉译本中的翻译共性和语言特征及其动因，还研究了莎剧汉译本中人际意义的再现与建构以及莎剧汉译的策略与技巧。戴光荣（2013）则从另一角度出发，基于汉语可比语料库分析了汉语译文与汉语母语中的词汇搭配模式，发现了汉语译文中的词汇搭配模式在很大程度上受到源语透过效应的影响。李艳、冯华丽（2020）回顾了1999—2018年我国语料库翻译学的相关研究，发现研究内容主要包括语料库翻译学理论及评介、语料库建设与应用、翻译共性、译者风格以及语料库在口译与教学中的应用等，总体上取得了丰硕的成果。与此同时，非英语的平行语料库也开始建设，已建设有小型的日汉、俄汉平行语料库，北京外国语大学也有研究者着手建设意汉/汉意双向平行语料库。

与英汉/汉英平行语料库及基于语料库的翻译研究相比，德汉双语语料库及基于语料库的翻译研究仍寥寥无几。仅有葛囡囡（2017）为本研究所创建的专利文献德汉平行语料库以及李小龙（2017，2020）自建的卫礼贤的《论语》德译本的平行语料库，二者也分别基于平行语料库从不同视角进行了翻译研究。综观以上研究现状，不难看出：以翻译研究为目的的德汉平行语料库建设及相关研究有待进一步开发和拓展。

1.5 研究方法

本研究采用了语料库语言学的研究方法，使用平行语料库软件ParaConc对自建的专利文献德汉平行语料库进行检索和统计，并参考专利文献汉语原创语料库，探究专利文献德汉翻译的规律性特征。语料库所收录的语言数据是对实际使用语言的记录，这使得翻译研究的客观性大大提高，而实证过程的可观察性和可重复性也增加了翻译研究的科学程度（黄立波，2007）。总的来说，这一研究方法有三个特点。

（1）双语平行语料库与单语类比语料库相结合的对比模式

基于语料库的翻译共性研究通常有两种对比模式：译语中译文文本与原创文本的语内类比模式和原语文本与译文文本的语际对比模式（黄立波，2007）。早在语料库产生之前，关于翻译共性的研究就已开始。语料库时期的翻译共性研究最初采用第一种模式，但Kenny（2005）认为这种模式的缺陷是忽略了源语与目的语之间的对应关系，因此应将平行语料库的模式重新引入翻译共性的研究中；她还特别指出，平行语料库的引入并不意味着要回到源语文本及其译文二元对立的老问题上，而是要探究如何将两种模式更好地结合起来。尽管翻译研究可从理论和实践两个角度来开展，但针对翻译这种交际活动，其研究始终不应离开翻译实践，然而任何脱离源语文本及其译语文本关系的研究对于翻译实践的指导都很有限。与此同时，如果仅依据平行语料库开展实证研究，很多翻译现象就无法解释，很多研究假设也无法得到验证，因此需要类比语料库的加入。本研究所用语料包括德语原文、汉语译文/汉语翻译文本、汉语原创文本❶，其中德语原文和汉语译文为平行关系，汉语翻译文本与汉语原创文本为类比关系，而汉语译文和汉语翻译文本只是同一文本在不同场景下的不同说法，详情如图1-4所示。

---

❶ 为突出构成语料库的文本类型，在此使用了通俗易懂的“德语原文”“汉语译文”“翻译文本”和“原创文本”的表达。本书在强调不同研究理论和研究视角时采用不同的术语表达。

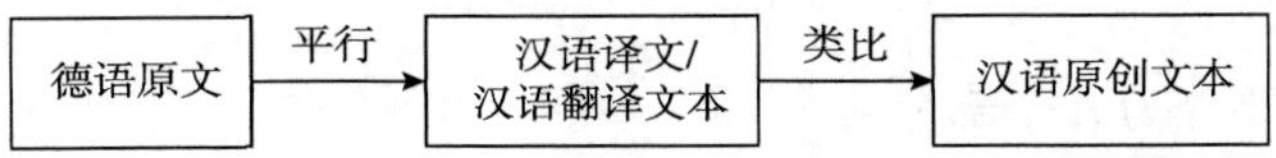

图 1-4 双语单向平行与单语类比相结合的对比模式

（2）量性与质性分析相结合的原则

本研究所运用的语料库语言学研究方法，其最大特点在于实证方法和原则，使用归纳与演绎的方法探究翻译现象，这种研究方法在客观上可以促进理论研究、实证研究与应用研究之间的对话（黄立波，2007）。对语料的数据采集和统计是量性研究，然而对统计结果的描写、分析和解释则离不开质性研究的因素。另外，整个研究框架的设计、研究对象的确定、语料的选取也离不开质性研究的方法。不可否认，大规模数据和定量研究方法的引入使得翻译研究的视角发生变化，本研究不再关注个案、原文与译文的“对等”关系、翻译质量的优劣，而是将专利文献的翻译视作整体来研究，将翻译作为客观的现象进行描写。数据和量性研究也只是本研究的一部分，本研究必须关注数据以外的因素，从不同角度解读数据。在此还需要指出，语料库支持下的量性研究的客观性不应夸大，在语料库的设计以及各种研究数据的背后仍然是人的直觉和判断（Tymoczko，1998）。

（3）描写与解释相结合的原则

语料库翻译学的目标是从描写出发，解释和预测各种翻译现象。描写针对各种翻译现象，解释则围绕翻译现象之所以存在的原因，既可以从语言内部或跨语言的角度，也可以从语言外部，如从认知心理学、社会学、交际学等角度出发。本研究首先确定研究对象和描写角度，在此基础上，从篇章语用学的视角对描写的数据进行解释。

1.6 本书结构

本书是在篇章语用学、语料库语言学和语料库翻译学的理论框架下，基于自建的专利文献德汉单向平行语料库，并借助专利文献汉语类比语料库，对专利文献德汉翻译进行探讨，以发现和分析专利文献德汉翻译中可能存在的翻译共性，并探索其成因，最后基于本研究提出专利文献德汉翻译的策略建议。

本书主要分为九个部分：

第一部分是绪论。首先介绍了本研究的选题缘由，界定了研究对象，并且提出拟回答的问题；其次从篇章语用学、语料库语言学和语料库翻译学三个角度出发，对国内外的研究现状进行了梳理；之后概括性地介绍了本研究拟采用的研究方法；最后介绍了全书的结构。

第二部分是理论框架。首先是篇章语用学的理论，介绍了篇章语用学及其动态篇章观、篇章语用学视角下篇章与人和世界的三元互动关系，并且提出要在篇章语用学的框架内认识和理解“翻译”并构建了“翻译过程中的人←世界→篇章的三元关系”模型。其次是对语料库语言学以及语料库的简要说明，主要探讨了语料库语言学的哲学基础、研究方法和学科定位；另外还特别概述了语料库的定义、分类以及用于语言对比和翻译研究的语料库类型。最后是语料库翻译学，先是概述了语料库翻译学的基本理念和定义、范式理据与发展历程，然后围绕本研究的关键概念“翻译共性”进行了阐述。以上三个理论共同搭建了本研究的理论框架，是本研究的三大理论支柱。

第三部分是实证研究的准备。主要介绍了本研究所用的语料库软件和语料库。首先简述了本研究主要使用的计算机软件 AntConc 和 ParaConc；然后介绍了本研究主要依据的专利文献德汉平行语料库的创建过程，其中包括语料的选取、预处理、切分、汉语分词、对齐以及保存等步骤，这是本研究实证研究的基础。此外还介绍了在本研究中起辅助作用的专利文献汉语类比语料库和参照语料库。

第四部分是实证研究。实证研究旨在篇章语用学的框架下，基于专利文献德汉平行语料库，从词汇、句法和篇章结构三个层面多层面、多维度地分析专利文献德汉翻译的翻译语言特征，必要时还需参考本研究类比语料库。

第五部分是第四部分实证研究的延续和深化。围绕前一部分实证研究中提出的规律性特征，首先探讨这些特征能否上升为翻译共性以及专利文献德汉翻译的这些翻译共性是否矛盾；然后回到本研究的出发点，再从篇章语用学出发定义翻译，并结合专利文献的翻译详细阐释“翻译过程中的人←世界→篇章的三元关系”模型；继而依次从世界、篇章和人三个角度分析上述翻译共性的成因。

第六部分是实践。基于前文提出的翻译共性和自建德汉平行语料库，分别提出指导专利文献德汉翻译实践的宏观层面的翻译策略以及微观层面的具体翻译建议。

第七部分是结束语。主要尝试在前文的基础上回答绪论中提出的三大问题；此外，还对本研究的价值、局限性以及未来研究的展望进行了阐述。

第八部分和第九部分分别是参考文献和附录。

2 基本概念和理论基础

篇章语用学、语料库语言学及语料库翻译学共同构成本研究的理论基础（见图 2－1）。

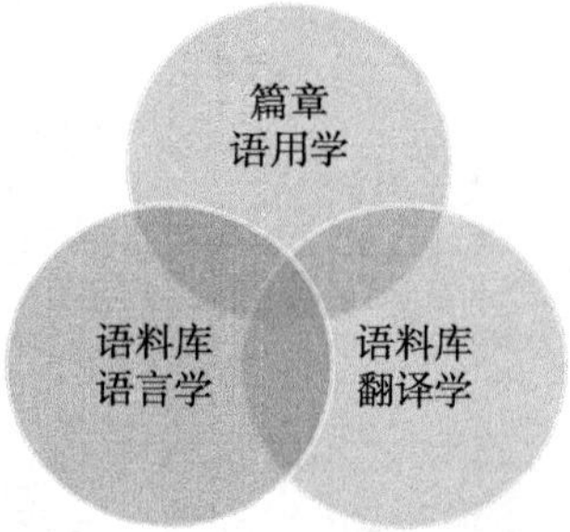

图 2－1　本书的理论框架

本章依次阐释下列内容：

1）篇章语用学及其动态篇章观、篇章语用学视角下篇章与人和世界的三元互动关系、篇章语用学视角下的翻译及本研究所创建的“翻译过程中的人←世界→篇章的三元关系”模型。

2）语料库语言学的兴起、发展和应用以及语料库的定义和分类。

3）语料库翻译学及该理论框架内的翻译共性。

2.1　篇章语用学

篇章语言学为语言学的发展和研究注入了新的活力，提供了新的视角。语言学研究不再拘泥于句法层面，而是从篇章这个整体出发重新审视各种研究问题。篇章可以与诸多相关专业领域结合，因为任何学科的探讨和传授都通过语言来实现，而篇章是真正记录、归纳和传递各种知识的真正媒介，篇章是各个学科、各个领域的主要载体形式（钱敏汝，2001）。在专利领域，专利文献作为一种专用篇章类别发挥着为发明申请提供法律保护以及为科研工作者、企业和社会大众提供最先进的科学技术信息的功用。伴随着篇章语言学的发展，篇章语言学和语用学结合，形成了篇章语用学及动态篇章观，由此人们可以从新的视角探究篇章及与篇章相关的其他问题，这其中也包括翻译问题。本研究的出发点和落脚点正是篇章语用学框架内的动态篇章观以及篇章与人和世界之间的三元互动关系。本书基于动态篇章观重新认识和理解了“翻译”，进而尝试构建了贯穿实证研究全过程的“翻译过程中的人←世界→篇章的三元关系”模型。除此之外，该模型还将用于阐释专利文献德汉翻译的翻译共性的成因。综上，本节的内容还包括“翻译过程中的人←世界→篇章的三元关系”模型的来源和形成。

2.1.1 篇章定义

篇章语言学是继结构主义语言学和转换生成语法后新兴起的一个语言学分支，产生于20世纪60年代，它的出现为整个语言学界开启了一个新的研究层面——篇章。与其他语言学理论体系不同，篇章语言学没有统一的理论体系，它只是以所研究的对象来定义，所以篇章语言学就是以篇章为研究对象的语言学理论和方法，又称为篇章分析、话语分析或话语语言学。篇章既是篇章语言学的出发点，也是目的地，它超越了传统的孤立的单句框架，将视野扩展到实际交际中连贯的言语的广阔境界，已属于宏观语言学范畴（钱敏汝，2001）。

语言学家们关于“篇章”的定义始终未达成共识，各自从不同视角出发看待篇章，而他们对于篇章的认识往往受到当时知识的限制，同时也伴随着其他学科的兴起和发展进行了跨学科的组合。美国语言学家 Harris（1952）年发表的《话语分析》（［英］*Discourse Analysis*）一文中首次使用了“话语”这一术语，他还在该文章中将话语与“篇章”（［德］Text）这一术语互用。此外他还提出，语言并不仅通过词或句子体现，还通过有内在联系的篇章体现。他是现代语言学首个尝试在篇章层面上研究语言现象的语言学家，也是第一个把篇章确定为语言学研究的主要对象的语言学家（钱敏汝，2001）。Weinrich（1967）首先提出了篇章语言学（[德] Textlinguistik）这一概念，指出任何语言学研究都要以篇章语言学为描写框架（黄国文，1997）。篇章语言学的发展经历了语法取向、语义取向、语用取向、认知取向等阶段，语言学家们不断突破思维的禁锢，提出具有突破性和开创性的观点。最初，人们将篇章的结构作为主要的衡量要素，此时篇章即为“超/跨句单位”（[德] satzübergreifende/transphrastische Einheit）（Heinemann and Viehweger，1991；Gansel and Jürgens，2002）。Harweg（1968）的替代链理论是篇章语法的代表，他将篇章定义为一个通过持续的替代方式连为一体的语言单位的序列。同位素理论奠基人 Greimas 把篇章理解为由同在一个篇章内的词汇单位之各种语义特征的兼容性构成的系（Sowinski，1983；Heinemann，2000；Linke，Nussbaumer，and Portmann，2004）。还有一些语言学家曾经关注篇章命题（[德] Text-Thema），例如 Brinker（1973）把篇章定义为由命题组成的集（[德] Menge von Propositionen），该命题集在由主题构成的篇章基础（[德] Thematische Textbasis）之上通过各种逻辑语义关系构筑而成。但篇章语言学并非仅仅致力于描述篇章结构，它逐渐将篇章的语用功能和交际功能纳入到研究范畴，从而克服了将篇章视为静止语言单位的缺陷。Motsch 提出了“篇章是范围更广泛的人类活动的工具”的观点，这一观点说明篇章研究不再把独立的语言符号系统作为分析研究的基础，而是开始研究社会性交际过程中的语言功能，篇章继而被视为功能单位（Heinemann and Viehweger，1991；唐进伦，2013）。无论以形式还是功能来定义篇章都过于片面化和绝对化，无法对篇章进行全面的概括和理解。德国语言学家 Hartmann（1971）提出的观点极具突破性，他认为篇章可以是所有与语言有关的现象，因为篇章是真正以交际或者社会形式体现的语言现象，是“原本的语言符号”，语言只能通过篇章呈现。20 世纪 80 年代，篇章语言学领域发生了“认知转向”，人们越来越趋向于从心理学角度解释语用过程。De Beaugrande 和 Dressler 于 1981 年提出了一种认知语言学的篇章描写模式，因此篇章也被理解为“一系列相互交错的操作程序的结果，是交际的表现形式”（[德] kommunikative Okkurenz)，还归纳出篇章性（[德] Textualität）的七大标准，即衔接、连贯、意图性、可接受性、信息性、场景性和互文性，也就是通过篇章进行交际的七个基本原则。如果其中一个标准没有达到，那么这个篇章就不适合交际。这一篇章定义在当时得到了广泛的认可，是篇章语言学认知转向的里程碑；但是它也具有历史局限性，即对篇章性这七条标准的分析并不具有动态性和系统性，它们之间内在的相互关联也未得到重视。因此 Heinemann 和 Viehweger（1991）提出了动态篇章观，突破了以往静态描写篇章的模式，认为“篇章本身是没有任何意义和功能的，而总是相对于互动行为的背景，相对于生产和接受篇章的行为参与人才具有了意义和功能”。这种动态篇章分析模式不仅考察篇章内部各要素，而且考察篇章外部的社会交际场景；它将篇章视为一种活动的结果，而非过程，因此与本研究所提及的动态篇章观有所不同。

国内诸多语言学家既吸收了国外关于篇章的理论和认识，又在认识的基础上有所创新，甚至还借鉴了中国先哲在篇章方面的独特之见，融入了中国篇章学的思想和方法，对篇章语言学的发展做出新的贡献。钱敏汝（2001）将荀子的“心之象道”说、刘勰的“肇自太极”说、宋濂的“天生地载”说等中国文章学的文道观融入篇章语言学，并且进一步向前推动了篇章语言学，将其与语用学结合，还在该框架内提出了多层面、多维度的动态篇章观。基于动态篇章观，钱敏汝（2001）在《篇章语用学概论》中如此定义“篇章”：篇章作为人类语言的一切使用形式，是一种有结构、有意图的符号编码和解码创造活动。这一定义首先肯定了篇章是语言所有的使用形式，但不是静止的语言，而是动态的言语交际的呈现形式，是用语言进行的活动；篇章不是一种活动的结果，而是活动本身，只有在篇章引发一个交际活动时，篇章中的语言符号才被赋予意义；篇章这一活动包括篇章生产和篇章理解两个部分，无论篇章生产还是篇章理解都是创造性的活动，因此篇章生产和篇章理解不仅是自然过程，而且是一种有意图、有策略、有选择的程序；篇章的类型最终由它的交际功能决定，所以篇章类型体现了从事一种或多种交际活动的特征和过程；篇章是一种具有社会性质的互动行为，这种社会性既有微观又有宏观。由此可知，动态篇章观是篇章语言学和语用学结合两个领域交叉融合的产物，篇章不再被视为语言活动的结果，它作为动态的活动需要被置于人类活动的总体框架下描写。值得一提的是，篇章语用学及动态篇章观具有一定的前瞻性，它是在语言学发展过程中“认知转向”的影响下形成的，其中的很多理念和认知科学，甚至与第三代认知科学有交叉之处。另外，篇章语用学一直向前发展，始终与最前沿的语言学研究理论或研究范式结合，产生了丰硕的研究成果。例如，篇章语言学影响到专用语❶（［德］Fachsprache）研究，特别是为专用篇章❷研究的全面开展奠定了理论基础，以至在专用篇章研究的范畴内产生了“专业的篇章语言学”（［德］Fach-Textlinguistik）和“专业篇章的语言学”（［德］Fachtext-Linguistik）（朱建华，1991）。伴随着计算机技术的发展，篇章语用学又与语料库语言学结合产生了诸多新的研究成果，刘磊（2014，2016）在《中国德语专业大学生作文中的篇章衔接与连贯——一项基于语料库与潜伏语义分析的研究》中提到了人在语料库设计和研究中的重要意义。在第三代认知科学的影响下，篇章语用学与神经认知语言学研究也有不少重合之处，神经认知语言学的研究范围涉及言语形成、言语理解和言语交际的神经心理及理解和阐释语言与言语的神经基础，探讨语言使用的神经机制与过程的性质（齐振海，2014）。

本书采用篇章语用学视角下的篇章定义，基于动态篇章观看待人和篇章及世界的三元互动关系，同时也通过动态篇章观来认识翻译和解释翻译现象。

2.1.2　动态篇章观

本书将篇章语用学视角下的动态篇章观作为研究的出发点和落脚点。根据动态篇章观，篇章不但是动态的言语交际的呈现形式，而且是语言进行的一种交际活动，它不是一种活动的结果，其自身就是一种活动（钱敏

---

❶ 专用语与术语是两个相近的概念，但严格来说，专用语不同于术语。“术语”是“表达一定专业知识概念领域的词或词组”，而德国学者和国内日耳曼学者通常更倾向使用的“专用语”所包括的范围更广，从词汇到篇章都可以纳入“专用语”研究的范畴。因此也可以说，“术语”基本上相当于“专用词汇”。参见钱敏汝、梁镛，1990，第35－40页；孟令霞，2011，第28页。

❷ “专用篇章”也称“专业篇章”。

汝，2001)。作为一种活动的篇章，包括篇章生产和篇章理解两个基本部分，它也将篇章生产者和篇章接受者联系起来。从另一个角度来看，篇章同时连接着人的两种活动，即内部的精神活动和外部的交际活动。篇章的生产和接受都需要交际者拥有一定的社会经验，因此篇章自身也是一种社会交际。具体来说，篇章生产是一种交际活动，一种有意识的创造活动，同时还是针对人的互动性活动。篇章生产者在生产篇章时并不是简单地复制已有的、储存在记忆中的话语，而是在激活已有的语言知识、百科知识和互动知识的前提下进行组织和创造活动，激活知识并非简单地从记忆系统中调取知识，而是大脑思维系统地进行活动的过程。与篇章生产一样，篇章理解并不仅仅是将语言信息传输到人的大脑认知部分，也不仅仅是对所传递的篇章内容进行解码或再构建的过程。篇章接受者在阐释一个篇章时首先需要对行为场景和对方交际者建立一个认知模型，然后给自己描绘一个有关对方的画面。这其中可能包括篇章接受者对自己与对方交际者社会关系的判断、对该篇章所属篇章类型的断定等。篇章接受者在对交际、认知、场景和社会关系等影响因素充分认识的基础上对接收到的篇章做出系统阐释。总的来说，篇章在引发一个交际活动时，实现篇章意义和功能必须通过篇章生产者和篇章接受者相互作用，而最终有决定性影响的是篇章接受者理解过程中的再构建。不可否认，不同篇章接受者因其个体的差异对于同一篇章的理解必定不会完全相同，但所有篇章接受者在理解篇章时还是会有相同的部分，这也可被视为篇章生产者的原义。另外，动态篇章观不否定篇章的社会性。处于特定情境中的个人由于外部或内部的动机，为实现特定目标而生产篇章时，已经在通过篇章与他人交际，因此篇章必定是一种具有社会性的交际互动行动，这是篇章微观的社会性。除此之外，篇章还具有宏观的社会性，是指篇章作为一个语言活动总是上属更高层次或更大范围的人类活动领域，这一点同时还表现在篇章与各专业领域的交叉联系中。也就是说，任何科学和专业领域都离不开篇章，它们也同时形成本领域专用篇章的定型模式。

2.1.3 篇章语用学视角下篇章与人和世界的三元互动关系

篇章语用学主要目的是探讨篇章、人和世界之间的关系，是钱敏汝（2001）借鉴西方语境中篇章语用学的思想，在中国学术语境中构建起的开放型、动态型框架。该框架详细探讨了篇章与人和世界的关系，最终形成了三个不同中心、不同观察视角的篇章与人和世界的三元互动关系。

（1）以人为中心：篇章←人→世界

在图2－2中，人处于篇章←人→世界互动关系的中心地位。在这一关系中，篇章作为语言使用的一种形式，只有通过人的使用才能成为不同于语言的言语/话语，只有在引发一个交际活动时，篇章的语言符号才能成为意义的形式载体。人观察客观世界，客观世界也同时反映于人的精神世界；人对客观世界和精神世界的认识都以篇章形式呈现，同时篇章也反作用于人对精神世界的塑造。客观世界在篇章中显现，而篇章也可能改变客观世界。

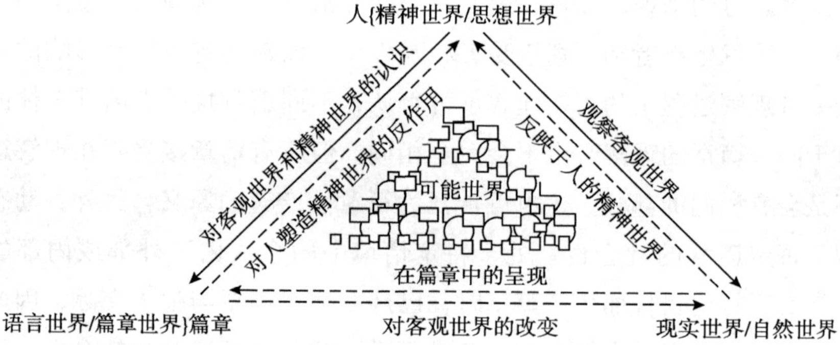

图2－2 人作为中心的篇章←人→世界的关系（钱敏汝，2001）

注：①本图中的“人”包括但不限于“精神世界/思想世界”。图2－3中意义相同。

②本图中的“篇章”表现为“篇章世界”，在篇章语用学中，“篇章世界”即“语言世界”。图2－3中意义相同。

（2）以篇章为中心：人←篇章→世界

图2－3显示的是以篇章为中心的人←篇章→世界的三元关系，它与图2－2并不冲突，只是换了一个观察视角。如果没有篇章，语言只能作

为静止的语言系统保留于词典或语法中，而无法进入人类活动的领域，因而篇章的意图性（[德] Intentionalität）——作为行为主体的人的目标——无法实现，各种世界也无法随之建设。篇章承载着连接人与世界的媒介功能，因此篇章作为人的交际活动的呈现方式，在此居于中心地位。人——篇章生产者，为传播知识或实现计划中的规定目标，也就是为实现其意图，构建一个语法衔接和语义连贯的篇章；一个语言符号连续体只有在具有意图性这一基本特征时，才可能成为一个篇章，也才能履行它的交际功能。意图性也决定着篇章的结构、内容和范围。反之，篇章接受者接收到篇章时也需运用记忆中存储的知识，推断篇章意图；另外，还可以结合自己的意图尝试理解篇章。客观世界是人的意图形成的来源，人同时也通过非言语行为作用于客观世界。篇章以言语行为的方式影响客观世界，而客观世界构成了篇章存在的场景因素并影响篇章。如果没有场景相关性（[德] Situationsbezogenheit），就没有篇章，因为篇章的意义和使用取决于场景（[德] Situation）。

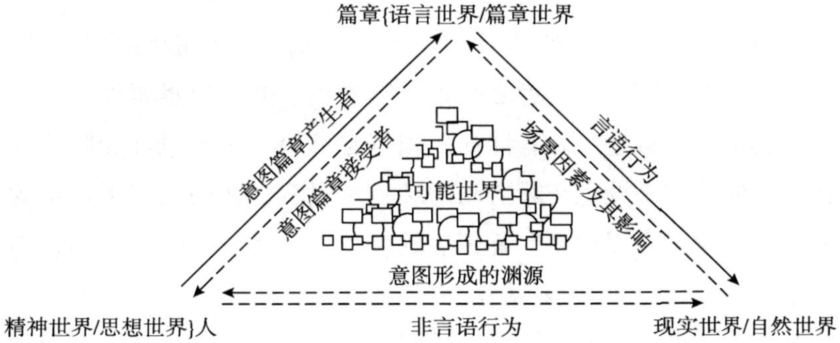

图 2－3　篇章作为中心的人←篇章→世界的关系（钱敏汝，2001）

（3）以世界为中心：人←世界→篇章

图 2－4 呈现的是以世界为中心的人←世界→篇章的三元关系。从篇章语用学的角度来看，世界在此可有两种理解：其一，如果“世界”被理解为精神世界，那么客观世界就只有被人认识才存在，这也就意味着承认了以人为中心的三元关系；其二，人为了存在于客观世界才拥有和使用语言，所以世界承载了人和篇章，这样世界就变成了背景，为人和篇章提供了时间和空间两个维度。更准确地说，图 2－4 中的世界是作为背景出现的。

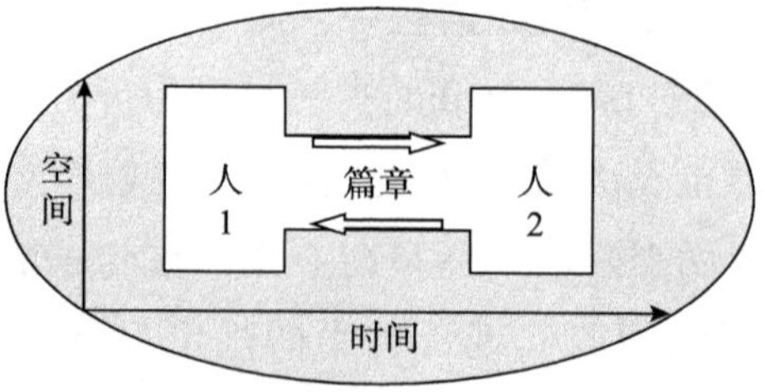

图2-4 世界作为中心的人←世界→篇章的关系（钱敏汝，2001）

在时间和空间维度构成的世界背景下，互动关系包括了三个层面：篇章生产者与篇章之间、篇章接受者与篇章之间、篇章生产者和篇章接受者之间的互动关系。首先，篇章生产者与篇章之间的互动过程是符号编码创造活动，即篇章生产者有策略地激活大脑中的知识向篇章接受者传递自己意图的创造过程。其次，篇章接受者和篇章之间的互动过程是符号解码创造活动。篇章接受者对于篇章的理解是一种有建设性和持续性的活动，是篇章接受者有策略地激活和运用已有知识来对篇章做出系统阐释的过程。在这一过程中，不同篇章接受者大脑中的知识资源不同，运用的途径和构建过程不同，最终所建立的篇章结构和篇章信息也可能因此而不同。最后，篇章生产者和篇章接受者之间也是互动的，并且以篇章作为媒介。篇章生产过程中，篇章生产者有计划地根据自己对交际场景和交际伙伴，即篇章接受者的认知来设定交际活动的结构和过程，从而确定了篇章的内容和结构，并期望得到篇章接受者相应的反馈。在篇章理解过程中，篇章接受者对于交际场景和对方交际者，即篇章生产者的认知是理解篇章的前提，同时又将对篇章生产者的认知过程和结果尽力当作新知识来汲取。在这一互动关系中，在提供时间和空间维度的世界背景下，篇章生产者和篇章之间、篇章接受者和篇章之间以及篇章生产者和篇章接受者之间的关系都是互动的。

2.1.4 篇章语用学视角下的翻译

“翻译”并非一个新的概念，但却始终很难界定。根据《现代汉语词典（2012年增补本）》的定义，翻译包括如下三层含义：一是指把一种语言文字的意义用另一种语言文字表述出来（也指方言与民族共同语、方言与方言、古代汉语与现代汉语之间用另一种文字表述出来）；二是指把代表语言文字的符号或数码用语言文字表述出来；三是指做翻译的人（中国社会科学院语言研究所词典编辑室，2012）。Munday（2001）也认为，翻译一词具有多层含义，它既可以指总的研究领域（[英] general subject field），也可以指翻译的产品（[英] product）（已经译出的文本），或翻译的过程（[英] process）（生产译本的行为）。Jackbson（1959）在其论文《论翻译的语言观》（[英] *On Linguistic Aspects of Translation*）中从另一视角出发将翻译分为三个类型：语言翻译、语际翻译和符际翻译，其中语际翻译是严格意义上的翻译，即用一种语言中的符号解释另一种语言中的符号（转引自卞建华，2008）。以上说法的共同之处是将翻译和语言符号的转换结合在一起，通常所指的“翻译”是语际翻译过程。

人们对于翻译的认知影响着翻译理论的发展变化，翻译理论也反过来影响着人们对“翻译”一词的理解。第二次世界大战后，随着科学技术、现代语言学和翻译活动本身的蓬勃发展以及机器翻译的兴起，翻译更是逐渐被视作一门可与其他学科比较交叉又自成体系的科学，其中语言学派翻译理论独占鳌头，其影响一直延续到今天。Nida 和 Taber（1969）强调“对等”对于翻译的重要意义，只是将“对等”理解为“动态对等”。尽管 20 世纪 70 年代以来，随着语言学的语用转向，翻译的单位也由词、短语转移到篇章，但基本的语言学框架没有变，传统的、以对等为基础的语言学途径始终侧重于原文，原文的特征也必须在译文中得以保留。然而，翻译不仅涉及两种文字，更涉及两种文化，例如 Bassnet 和 Lefevere 就提出了翻译研究的文化转向，将研究重点转向了翻译活动所涉及的诸多社会和文化因素（转引自王克非，2012a）。此外，德国功能主义翻译目的论的奠基人 Vermeer（2000）批判过分注重语言表层结构的“对等”，将翻译重新定义为“有目的的、跨文化的人类交际活动”，但他还是认为原文是翻译的基础，翻译指令策动翻译过程的开始，翻译目的决定翻译策略，翻译是文本创作活动。随着认知科学的发展，翻译认知研究范式兴起，研究者也开始探讨翻译过程中译者头脑里的“黑匣子”。由此可见，因为不同流派研究“翻译”的角度不同，研究重点不同，所以对“翻译”的认识和定义也随之不同。

本书从篇章语用学的视角理解“翻译”，同时也借鉴了德国功能主义翻译目的论的代表性观点。在本书中，翻译是将一种语言的信息和符号代码转换为另一种语言的信息和符号代码的、有目的的、跨文化的人类交际活动，在这一过程中，语言符号常以篇章形式呈现。首先，这一定义明确了翻译的对象是语言符号，或者更确切地说，翻译的对象是篇章，因此可将所有完整形式的翻译概括为篇章翻译。其次，这一定义特别指出，翻译不应仅仅被视为简单的语言信息和代码转换活动，而是应该基于动态篇章观看待翻译，将翻译视作一个动态的过程。再次，篇章是一种交际活动，那么以篇章为对象的翻译也是一种人类交际活动，正如 Vermeer（1996）论述人类行动目的性时所指出，翻译作为一种人类交际的行动，必然也有其目的，所以翻译是一种有目的的人类交际活动。最后，（语际）翻译涉及两种语言，也就必然涉及语言背后的文化。文化是一个民族或人类群体的常规化价值观念、思维方式和行为规范（钱敏汝，2005）。不同的民族或人类群体拥有不同的文化。既然翻译是一种人类交际活动，关系到两种文化之间的转换，因此翻译还是一项跨文化行动。

本书围绕这一篇章语用学视角下的“翻译”定义，将翻译这一交际活动置于篇章与人和世界的三元互动关系中。由于以世界为中心的人←世界→篇章的三元关系突出了组成篇章整个交际活动的篇章生产和篇章理解两个部分，同时明确区分了篇章生产者和接受者，因此本书试图将这一模型（见图 2 – 4）作为基础。另外还参照了 Nord（1991）提出的翻译过程（［德］Translationsvorgang）模型（见图 2 – 5），最终构建出“翻译过程中的人←世界→篇章的三元关系”模型，如图 2 – 6 所示。

本书构建的“翻译过程中的人←世界→篇章的三元关系”模型虽然基于世界作为中心的人←世界→篇章的三元关系以及 Nord 提出的翻译过程模型，但又与这两个模型有所不同。

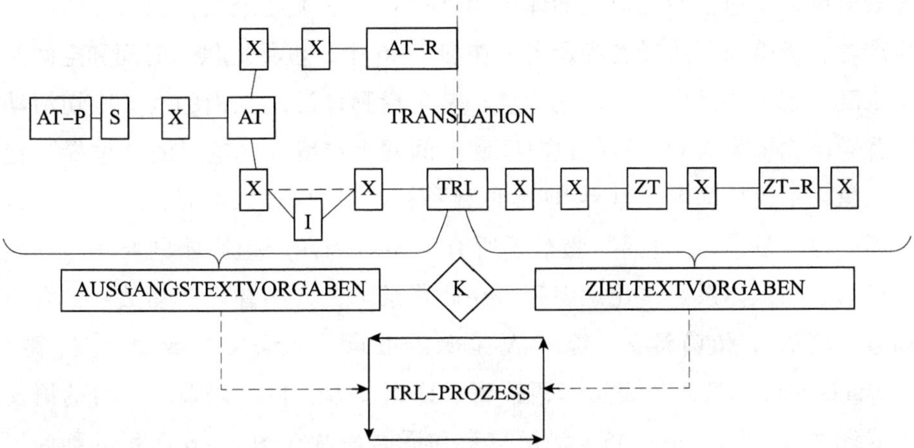

图 2-5　Nord 的“翻译过程”模型（Nord，1991）

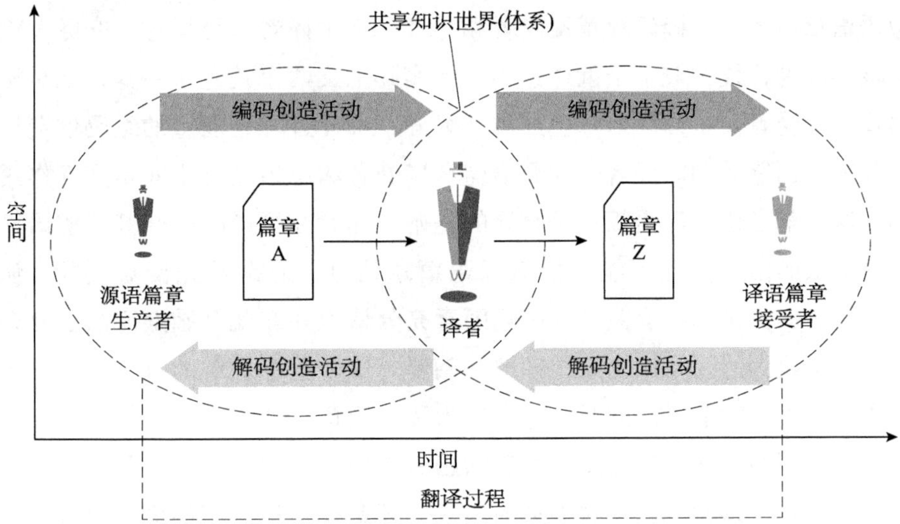

图 2-6　“翻译过程中的人←世界→篇章的三元关系”模型

注：在图中，译者的形象相对特殊。首先，译者与源语篇章生产者和译语篇章接受者不同，呈现深浅两色，这是制图时为了突出译者既是源语篇章接受者又是译语篇章生产者的双重身份。另外，译者的形象被绘制得大于源语篇章生产者和译语篇章接受者，由此突出译者在翻译过程中的关键作用。

本模型与以世界为中心的人←世界→篇章的三元关系的不同之处在于，翻译作为有目的的、跨文化的人类交际过程，它所关联的篇章既包括源语篇章，又包括与之对应的译语篇章；它关联了三个人，包括源语篇章生产者、译语篇章接受者和译者。在图2－6中，世界提供了时间和空间两个维度，它不再是中心，而是背景，是包括翻译活动在内的人类一切活动的背景。除了为人和篇章提供时间和空间两个维度外，这里的“世界”包罗万象，不仅分为客观世界/现实世界和精神世界/思想世界，还包括语言世界，也就是说，“世界”囊括了所有可能对翻译产生影响的要素，如共享场景、知识体系、文化意识等。在此背景下，人的翻译活动关系到两个篇章：篇章 A 和篇章 Z。篇章 A 是源语篇章、源语文本或原文（［德］Ausgangstext），篇章 Z 表示译语篇章、译语文本、目的语篇章、目的语文本或译文（［德］Zieltext）。源语篇章和译语篇章在图 2－6 所示的翻译过程中被置于同等重要的地位，这也和语料库翻译学的研究范式有异曲同工之处。翻译活动不同于一般的篇章生产和篇章理解活动，它涉及三个人：源语篇章生产者、译语篇章接受者和译者。其中译者是翻译这一交际过程的核心人物，统领着整个翻译过程，他实际上集两个角色于一身，既是源语篇章接受者又是译语篇章生产者。另外，翻译过程是双重的编码创造活动和解码创造活动。译者作为源语篇章接受者和源语篇章之间是交互作用的。这也就是说，源语篇章是翻译的基础，译者在翻译时必须基于源语篇章所提供的信息，但不能仅依靠源语篇章信息，而是首先要对交际、认知、场景、文化和社会关系等影响因素充分认识并在此基础上激活已有知识，对接收到的篇章做出系统理解和阐释。这个篇章理解的过程是下一步译语篇章生产的前提。此时，译者作为译语篇章生产者和译语篇章之间也是交互作用的。译者在此过程中激活已有知识，特别是对于某些篇章类别而言，译者可以激活已存储下来的某一个篇章类别最典型的措辞范式，如最具典型特点的词汇单位和句法结构，这些组成了交际者在词汇搭配方面的专门知识，即哪些搭配可行和高频出现，甚至某些词语搭配可被视为篇章类型的指示标记，还有一些具有原型类型特点的措辞范式可被看作段落或章节结构的标记。所有这些都有助于译者作为译语篇章生产者快速、准确地完成译语篇章的构建。不可否认，同一语言中任何一个篇章都不可能与其他篇章完全相同，即使同一生产者为了同一个目标，在类似性程度极高的场景条件下，不同时间生产出来的篇章在措辞上也不可能完全一模一样。换句话说，面对同一个源语篇章，不同译者在理解该源语篇章后生产出来的译语篇章可能有所不同，这往往和译者的个体差异有关，这里的个体差异包括了译者的已有知识。但积累和存储某一篇章类型的原型性措辞范式有助于篇章生产者和篇章理解者在生产和理解该篇章前激活这些知识，从而更好地完成交际任务，这也就不难解释为何同一类别的源语篇章通过翻译而被生产出的译语篇章总有相同之处。

本模型与 Nord 提出的"翻译过程"模型的不同之处在于，翻译这一交际过程开始于源语篇章生产者，终结于译语篇章接受者。虽然译者翻译时面对的是源语篇章，但在实际的翻译过程中，为确保达到所谓的"忠实"或"对等"，译者有必要根据源语篇章推测源语篇章生产者的意图，这样才能更好地从事翻译活动，更快速和准确地生产出译语篇章，因此翻译过程的起点需要追溯到源语篇章生产者。

综上所述，在本书所构建的"翻译过程中的人←世界→篇章的三元关系"模型中，翻译这个活动与人（源语篇章生产者、身兼源语篇章接受者和译语篇章生产者双重身份的译者、译语篇章接受者）、包罗万象的世界（包括语言、文化等）、篇章（源语篇章和译语篇章）都有关系，其中译者是翻译过程的核心，统领整个翻译过程，与此同时，人、世界、篇章也相互影响。也就是说，篇章与人和世界的互动关系影响到翻译的全过程，体现在翻译过程和翻译结果上，因此有必要从这个角度认识专利文献的翻译。

2.2 语料库语言学和语料库

语料库语言学是20世纪50年代后期发展起来的新兴科学，被称作结构主义语言学派和功能主义语言学派"两阵对垒的天平上"的一个"举足轻重的砝码"（顾曰国，1998）。尽管学术界对于语料库语言学的学科地位始终存在争议，但语料库语言学的优势无可否认：机读性、实证性、代表性、交互性及基于概率，同时语料库语言学可以实现经验和理性的结合、量性研究和质性研究的结合、归纳和演绎的结合以及自上而下和自下而上的结合。本书采用了语料库语言学的研究方法，基于真实语料开展实证研究，这样既提高了研究的客观性，又因为实证研究的可观察性和可重复性也增加了研究的科学程度。然而，本书的实证研究并非单纯地依靠语料库，而是遵循量性研究和质性研究相结合、描写和解释相结合的原则，并始终参照本书构建的“翻译过程中的人←世界→篇章的三元关系”模型，因此实证研究是篇章语用学和语料库语言学的基本理念的融合。

本节分别简述了“语料库语言学”和“语料库”的相关知识，还特别指出了专利文献德汉翻译的研究需要依赖哪种类型的语料库。

2.2.1 语料库语言学

2.2.1.1 语料库语言学的定义

语料库语言学（[德] Korpuslinguistik）是当今语言学科中飙升最快的学科之一（梁茂成、李文中、许家金，2010）。1967 年，世界上第一个能够机读的语料库，即美国 Brown 大学的 100 万词现代美国英语语料库建成。如今，语料库语言学已发展成为集语言学、计算机科学、认知语言学和应用语言学等知识于一体的一个新的学科流派，它在各个交叉领域蓬勃发展，已成为语言学界耳熟能详的名词。

虽然语料库语言学研究已经历了不短的历史，但还没有一个公认的定义。以下引述四个见诸书本的定义。

1）以现实生活中人们运用语言的实例为基础进行语言研究，称为语料库语言学（McEnery and Wilson，1996）。

2）以语料为语言描写的起点，或以语料为验证有关语言假说的方法，称为语料库语言学（Crystal，1991）。

3）语料库语言学是一门 20 世纪 80 年代才崭露头角的新的分支学科。它研究机器可读的自然语言文本的采集、存储、检索、统计、语法标注、句法语义分析以及具有上述功能的语料库在语言定量分析、词典编纂、作品风格分析、自然语言理解和机器翻译等领域中的应用（余国良，2009）。

4）语料库语言学是对自然语言及其构成要素和结构的描述，以及在对语料库中真实文本进行分析的基础上所建立的理论。语料库语言学是一种科学活动，它必须遵循科学的原则且满足科学的要求。基于语料库的语言描写能够实现不同的目的，例如语言教学、语言资料汇编、词典编纂和机器语言处理（Lemnitzer and Zinsmeister，2010）。

上述四个定义都肯定了“语料库语言学”作为一个学科的名称，它与“语法学”或“语义学”不同，不属于语言自身某个侧面的研究，而是以语料库为基础研究自然语言的真实使用。但四个定义各有侧重，第一个定义强调语料库语言学的研究基础是语言的实例，即语料来源于真实的语言使用（[德] Sprachgebrauch）；第二个定义则列举了语料库语言学的两个基本研究方法，它也将语料库语言学视为一种方法；第三个定义详细介绍了语料库语言学所涉及的技术处理过程和应用领域；第四个定义不仅指出语料库语言学的研究基础是自然语言的真实使用，即真实文本，而且提出在分析的基础上建立理论，并且说明了语料库语言学可以服务于不同的科学研究目的。

由此可见，语料库语言学的定义始终强调自然语言的真实使用，研究语言在现实使用中的特点和规律，这和理论语言学的研究大有不同。为此，下文简要介绍几乎贯穿于语言学发展史全过程的两大哲学思潮，即理性主义（[德] Rationalismus）和经验主义（[德] Empirismus），以上两者分别是理论语言学研究和语料库语言学研究的哲学基础。

2.2.1.2 理性主义和经验主义

自 Saussure（1967）提出“语言和言语”概念二分法（[德] Dichotomie）后，这一理念就一直影响着语言学的发展以及语言学内部的不同流派。Saussure 认为，语言（[德] Sprache）和言语活动（[德] menschliche Rede）不同，语言是言语活动的一个确定的并且重要的部分。语言既是言语技能的社会产物，又是社会集团为了使个人有可能行使这种机能所使用的一套必要的规约。言语活动的研究则包括两个部分：一部分是主要的，以实质上是社会的、不依赖个人的语言为研究对象；另一部分是次要的，它以言语活动的个人部分，即言语作为研究对象。Saussure 认为语言是语言学的研究对象，同时也肯定了语言和语言学之间相互依存的关系。尽管 Saussure 并未排斥对言语的研究，但他所处时代的技术水平无法为语言学家观察和收集大量言语资料提供便利条件（梁茂成，2010）。

美国结构主义语言学家 Bloomfield（1926）也在 20 世纪 20 年代提出了言语社团（[德] Sprachgemeinschaft）的观点，即一个言语社团中可能说出的话语的总和，就是该言语社团的语言（[德] Sprache，[英] language）。但以 Chomsky 为首的转换生成语法学派对此提出质疑，他们以笛卡尔的理想主义思想为基础，认为一切语言知识都来源于理性，语言实质上指的是“理想的语言使用者”的内在能力，因此不可能通过分析外在的言语事实而获得（梁茂成，2010）。基于此，Chomsky 认为，人与生俱来就有一种习得语言的能力，要区分语言能力（[德] Kompetenz）和语言行为（[德] Performanz），而语言学家的任务是要凭借语言学家自身的直觉（[英] intuition）和内省（[英] introspection）来构建能够生成语言的语法，而不是去研究大量杂乱无章的语言事实等行为数据。然而，理性主义倡导的基于规则的方法（[英] rule-based approach）只能用于阐释那些研究者精心挑选或设计的、支离破碎的语言片段，却忽视了真实的语言素材（梁茂成、李文中、许家金，2010）。另外，Chomsky 的理论的另一个明显弱点是，虽然语料库是有限的，但比起某个人的语言直觉来无疑为研究者提供了更多有效的线索去寻求语言的本质（顾曰国，1998）。不得不承认，当时在美国大行其道的、以理性主义为基础的 Chomsky 的语言学在一定程度上限制了实证主义的语料库语言学的发展。

与理性主义相对立的另一种哲学思想是经验主义。激进的经验主义者声称只有观察和感觉才是一切知识的来源，但过分贬低甚至否定理性认识的作用。理性主义和经验主义在语言学发展过程中各有高潮和低谷，就研究方法而言，前者推行自上而下的方法，而后者则推崇自下而上的方法。

从某种意义上说，语料库语言学是以实证和统计为主要手段的经验主义研究方法的复苏。其实，即使在理性主义占主导的时代，还是有一批语言学家致力于语言调查和描写，追寻语言的“足迹”，即使用中的语言，正如 Wittgenstein 所说，“词语的意义在于语言运用之中”（[德] Die Bedeutung eines Wortes ist sein Gebrauch in der Sprache）（Perkuhn，Keibel，and Kupietz，2012）。早在 20 世纪之初，Mathesius 和 Firth 就在不懈地进行“语言”的调查。随着技术向前发展以及人们对语言认识的提高，语言调查的规模越来越大，并且和计算机技术结合，先后建成了一个又一个大型计算机语料库，终于在20世纪形成了语言学界的又一次伟大革命——语料库语言学。Thomas 和 Short（1996）曾断言语料库已经成为主流，Cermák 更加明确地说：语言学领域里最高、最合理的期待似乎都和语料库相关，我们很难找到语言学的哪个分支学科不能从语料库中获得这样或那样的益处（转引自梁茂成、李文中、许家金，2010）。Teubert（2005）也评价说：语料库已经被几乎所有语言学研究者看作默认的数据源。任何内省在未得到语料库验证的情况下都不可能获得人们的信任。语料库已经成为几乎所有语言研究的关键。

不过，对理性主义和经验主义两者中的任何一方持全盘肯定或否定的态度都过于极端。它们各有合理的一面，不应完全对立。第一，任何语言学理论若得不到言语事实的验证、对言语事实没有解释能力，必将失去其真正的价值；第二，语言（或语言能力）和言语（语言行为）并非不可调和，语言学的研究对象应该既包括语言又包括言语，语言学不只是语言的语言学，也不只是言语的语言学，而是语言和言语的语言学；第三，完全不依赖内省的唯事实方法或者完全脱离语言事实的内省法都具有天生的局限性；第四，统计方法并非语言学研究的目的，而是定性分析的起点，而且，统计分析往往需要建立在一些初步认识的基础之上。在此背景下，理性主义和经验主义日益融合，现当代的经验主义语言观汲取理性主义合理的方面，一方面注重在方法上观察和收集语言材料并将这些真实语料作为分析的基础数据，进一步对其归纳总结；另一方面也不排斥语言学家的内省和直觉。语料库语言学恰好是两种哲学思想和语言研究方法的结合，它绝不是单纯的经验主义研究方法，而只是试图尽可能地将主观的分析步骤推后，在每个研究过程中都尽可能长时间地观察真实语料，从而才在最后的步骤中做出最恰当的主观解释，这些主观的分析步骤也应该由此是基础的、透明的（Perkuhn，Keibel，and Kupietz，2012）。因此，语料库语言学被预言将成为新时期语言研究的主流方法（梁茂成，2010）。

2.2.1.3 语料库语言学的研究方法

语料库语言学依赖真实语料，即自然数据，因此语料库语言学从本质上说是实证性的，其语言观是经验主义的语言观。在语料库语言学的阵营中，各个学者根据对语料库的依赖程度区分不同的研究方法。Lemnitzer 和 Zinsmeister（2010）区分基于语料库的研究方法（[德] Korpusbasierte Ansätze）和语料库支持的方法（[德] Korpusgestützte Ansätze）。梁茂成、李文中、许家金（2010）将研究方法大致分为三种：语料库指导的方法（[英] corpus-informed approach）、基于语料库的方法（[英] corpus-based approach）和语料库驱动的方法（[英] corpus-driven approach）。第一种方法主要针对教学材料的编写，而第二种和第三种语言研究方法最为语言学学者所熟知、关注和采用。

基于语料库的研究方法是假设验证法（[英] hypothesis-testing），即研究者根据以往的语言研究成果或语言认识，提出假设，然后通过语料库来证实或证伪。通过这种研究，一些传统的概念和理论被进一步验证或者延伸。而这种基于语料库的研究方法以概率为基础（梁茂成、李文中、许家金，2010）。在这一研究过程中，研究者处于十分重要的地位。

语料库驱动的方法则是探索/描述法（[英] exploratory/descriptive）。通过这种方法进行语言研究时，研究者事先没有任何假设，而是通过对语料库的所有例证进行无穷尽地分析和归类，得出有关这种语言使用的假设或者结论，因此语料库驱动的研究方法的基本程序是“观察—假设—归纳—理论整合”（梁茂成、李文中、许家金，2010）。在这种研究方法中，语料库处于绝对的主导地位。

语料库驱动的研究方法和基于语料库的研究方法在一些问题上存在较大分歧，如研究目的、研究是否设定假设以及使用干净文本还是标注文本。尤其在第三方面，两派学者各执一词。基于语料库的研究方法认为，通过各种自动或人工标注，例如词性标注、句法标注、语用信息标注、错误标注、话语特征标注等，语料库得到“增值”，增加了分析的维度；而以 Sinclair 为代表的一些语料库语言学家极力主张“干净文本原则”，因为他们认为那些用来赋码的框架和分类都是在语料库之外产生的，用这些规定出来的分类码来研究真实的语料，是有一定局限性的（梁茂成、李文中、许家金，2010）。但两种研究方法之间的矛盾并非不可调和，片面理解语料库驱动的方法容易使研究者处于被动的地位，这实际上是不符合当前理性主义和经验主义融合的趋势。语料库驱动的研究方法不排斥语言学家的直觉，只是强调在观察和描写语言的过程中尽可能摆脱已有的语言描写体系和方法，以保证描写的客观性（Tognini-Bonelli，2001）。李文中（2014）指出，“很难想象存在一种纯粹的语料库驱动研究，其在接触语料时，完全摆脱任何理论预设或语言经验，这是因为人的成长本身就是一个范畴化的认知过程。同样，也不存在一种极端的基于语料库方法，仅仅把语料库当作增强信心和把握的工具，完全无视语料库分析的新发现。”濮建忠（2010）也认为，“基于语料库方法和语料库驱动的方法之间并无实质性的区别，两者不该严格区分。”近年来，国内众多语言学者借助于基于语料库的研究方法从事语言学研究，成果喜人。然而，虽然相关的论文或著述是基于语料库的研究方法所撰写，但正如上述学者所说，现实的研究中完全不可能存在极端的基于语料库的方法或语料库驱动的方法。笔者在本研究的前期探索阶段也确实发现，面对浩如烟海的语言数据时，预先在头脑中已形成的假设有时会成为研究的桎梏，一旦抛开理论和假设，依靠语言学者的直觉和已有的语言知识，在观察和描写语言的过程中寻找规律，可能会有更大的收获，甚至还可以通过理论整合形成新的理论或规律。与此同时，单纯依赖语料库和数据的方法不可靠，研究者必须对量化的数据进行解释，必要时还需要借助其他研究手段，因此并不赞同 Lemnitzer 和 Zinsmeister（2010）所主张的基于语料库的量化 - 质性研究方法，因为他们所主张的方法要求绝对排除语料库以外的研究基础，对语言使用的观察是认知的主要来源。在实际操作过程中，研究者若想在研究过程中检索出由特定词汇和语法要素构成的、多变的复杂结构，语料库的查询语言可能无法达到要求，全盘依赖数据和技术的方法未必可行。当然，任何研究都不应单纯地把数据的罗列或者累加作为研究结果，只有综合量的研究和质的分析所得出的结论才可能是科学可靠的。综上所述，本书的整个研究过程是在语料库支持下完成的，是基于语料库的语言研究方法和语料库驱动的语言研究方法的结合，是量的研究和质的分析的结合。

根据 Vogel 的观点，语料库语言学的研究方法还可以区分为语料库支持下的方法（[德] Korpusgestützte Ansätze）和语料库主导的研究方法（[德] Korpusgesteuerte Ansätze）。这两个概念虽然与基于语料库的研究方法、语料库驱动的研究方法相近，但更强调质性分析上的差别。前一个研究方法以质性分析为主，语料库是研究的手段，研究者需要思考并通过对计算机提供的数据进行质性分析，并得出有价值的结论；而后一个分析过程主要由计算机控制，研究者只需从表层上对其进行阐释❶。由此可见，前者凸显了研究者，即人在研究中的主观能动性，而这与篇章语用学又有异曲同工之处，这同样是本书标题的主要来源。

综上所述，本书对专利文献德汉翻译的探究是在语料库支持下开展的，既依赖语料库中的真实语料，凭借语言学者的直觉，又不忽视研究者对数据的描述以及基于数据的质性分析。

2.2.1.4　语料库语言学的学科定位

关于语料库语言学的学科定位始终观点各异。其中一种观点是语料库语言学是一门新兴而独立的语言学分支学科。例如，李文中（2010）从语言学理论、研究方法、相关学术成果和研究体系、应用领域、研究对象等方面肯定语料库语言学的学科地位。潘永樑（2001）认为语料库语言学是以语料库为手段研究语言，是一门独具特色的语言研究学科。但更多的学者认为语料库语言学不能算是独立的学科领域，它只是一种研究方法。语料库语言学以大量精心采集的真实文本为研究素材，主要通过概率统计的方法得出结论，因此从本质上讲是实证的。丁信善（1998）认为语料库语言学不是研究语言自身的某个方面，而是一种以语料库为基础的语言研究方法。此外还有第三种观点，即“语料库语言学不是真正意义上的科学领域，只不过为语言研究提供了一种新的方法论基础，同时它又给语言学的研究提供了新的哲学思路，所以它是介于理论和方法论之间的东西”（余国良，2009）。这一观点在国内有不少支持者，例如梁茂成、李文中、许家金（2010）虽然肯定了语料库语言学作为一门独立的学科，既包括各种基于语料库研究的理论、方法、工具及技术，又包括语料库开发以及语料库在相关学科中的应用研究，但同时他们也认为语料库语言学绝对不是理论上的形而上学，而是一种旨在描述和分析真实语境中的自然语言并试图

❶ 笔者关于这一问题多次通过电子邮件向 Junior Professor Friedemann Vogel 请教，最后坚持了文中看法。

与语言教育建立关联的应用性研究。

人们关于语料库语言学的学科定位存在讨论和分歧，但这只是见仁见智，态度和视角的不同。无论持哪一种观点，人们都不得不承认语料库语言学以其独特的研究视角和可靠的研究方法、研究工具对语言学研究做出了贡献，它甚至从根本上改变了人们对语言的态度和认识。此外，不管语料库语言学作为理论还是方法，它都可以并且一直在与其他学科融合以及推动着语言学研究向前发展。例如，如果以语料库作为基础，从语用学视角探讨和解决语言问题，就已经跨入了语料库语用学的研究范畴。语料库语用学更倾向于研究语言和语境要素之间的联系并涉及行为、社会和认知等维度（Felder，Müller，and Vogel，2012）。语料库的产生和发展也将翻译研究推向新的阶段，语料库语言学和翻译研究的结合衍生出一种新的翻译研究范式——语料库翻译学，这也正是本研究的理论框架之一。

2.2.2 语料库

语料库是开展语料库语言学研究以及开展跨学科研究的基础，是研究不可或缺的一部分。下文将简述语料库定义和类型，特别是可用于语言对比和翻译研究的语料库类型。

2.2.2.1 语料库的定义

语料库（［德］Korpus，［英］corpus）一词来源于拉丁语，本意是body。顾名思义，语料库就是存放材料的仓库或数据库（黄昌宁、李涓子，2007），而语料库语言学中的语料库指的往往是一个“电子文本[1]

[1] 文本是一个有争议的术语。在语料库语言学中，文本常常被理解为代表真实连续话语（口语或笔语）的、以ASC Ⅱ或Unicode呈现的、可以由计算机读取的电子文档（梁茂成、李文中、许家金，2010）。另外，文本对应的德语词是Text，英语词是text，事实上，这两个外语词可以对应两个汉语的术语，即“篇章”和“文本”。这两个术语在语义上没有区别，只是使用范围不同。本书根据汉语的表达习惯如此区分“篇章”和“文本”，例如在阐释与语料库有关的内容时使用“文本”，而在论述篇章语用学等相关内容时使用“篇章”，因此在本书中既有“源语篇章”，又有“源语文本”，前者用于篇章方面的理论阐释，后者则指语料库中的文本。其他概念，例如“译语篇章”和“译语文本”等同样按照这一原则处理。

集”；但一个小型的文本集（[德] Textsammlung）并不是真正意义的语料库，只有按照一定标准采集而来的、能够代表一种语言或某一种语言变体或文类的电子文本集才是真正意义上的语料库（梁茂成、李文中、许家金，2010）。事实上，早在计算机化之前就已存在为词典编纂和语法研究等目的而收集的语料库。在信息化、数字化迅猛发展的今天，语料库也随之被赋予了新的内涵。Leech（1991）认为语料库是一个由大量真实情况下使用的语言信息集成的、专供研究使用的资料库。Lemnitzer 和 Zinsmeister（2010）对语料库的定义如下：“语料库是一种语言或者多种语言书面语和口语表达的集合。语料库中的数据经过了数字化的处理，即储存在计算机里并可以由计算机读取。语料库的组成部分不仅包括语言资料本身，还包括描述这些语言资料的元信息，以及附属于语言资料的语言学标注信息。”根据这一定义，计算机语料库是包括文本全文或至少大部分文本片段的文本集合，具有代表性（[德] repräsentativ），可以通过元信息（[德] Metadaten）进行解读并且进行了语言学标注（[德] linguistisch annotiert），其中计算机可读是语料库与其他语言学数据的汇总之间最主要的区别。语料库收录的文本是实际使用的语言，它不是支离破碎的语言片段，而是具有特定主题、具有某种特征或某种语言运用示例的篇章，因此篇章是搜集语料最核心的要素，这也是语料库语言学和篇章语言学的交叉点。此外，语料库建设者还需要根据与语料所有者协定的使用权限采集篇章全文或片段作为语料库中的文本（Perkuhn，Keibel，and Kupietz，2012）。

2.2.2.2 语料库的分类

语料库种类繁多，国内外研究者为其制定了不同的分类标准。本研究不一一列举不同学者的分类标准，仅借鉴 Lemnitzer 和 Zinsmeister（2010）及梁茂成、李文中、许家金（2010）的分类标准将语料库分类总结，见表 2-1。

表 2－1　语料库分类

维度	分类标准	语料库名称
内容	语言选择	单语语料库 vs. 双语（多语）语料库
	语言媒介	笔语语料库 vs. 口语语料库 vs. 多媒体语料库
	语言关联	参照语料库 vs. 专用语料库
	时间关联	历时语料库 vs. 共时语料库
形式	标注	标注语料库 vs. 非标注语料库
	持久性	监控语料库 vs. 静态语料库
	可使用情况	免费语料库 vs. 收费语料库
	语言变体	本族语语料库 vs. 译语语料库 vs. 学习者语料库

按照表 2－1 的分类标准，本研究自建的“专利文献德汉单向平行语料库”属于双语语料库、笔语语料库、专用语料库、共时语料库、非标注语料库、静态语料库和译语语料库。

2.2.2.3　用于语言对比与翻译研究的语料库类型

语料库类型缤纷复杂，采用不同的分类标准就会有不同的语料库类型。本部分简要论述用于语言对比与翻译研究的语料库类型。

单语与多语语料库是根据一个语料库所包含语言的数量来区分的，单语语料库就是该语料库仅收集单一的语言，而多语语料库则由多种语言语料构成。原则上，两种语料库都可以用作翻译研究。单语语料库通常由两个子语料库构成，其中一个子语料库由母语语料（即原创文本）构成，而另一个子语料库由从该母语翻译过来的译文语料构成，此类语料库多用于语内研究，对于研究译文语言相对于母语语言的语言特征具有重要的意义（肖忠华，2012）。双语语料库包括多个类型，它的研制和研究已逐渐成为语料库语言学研究，尤其是语言对比和翻译研究的一个重点，因为双语语料库为之提供了更为重要的资源。Aijmer 和 Altenberg 就曾表明类比及平行语料库不仅对翻译和语言对比研究特别有用，而且扩展了语言学研究的范围（转引自王克非等，2004）。

1）从语言对比中深入了解所对比的语言可以关注到一些单语语料库研究中容易忽略的问题。

2）通过比较能够揭示语言的共性以及某种语言所特有的、语言类型和文化上的差异。

3）揭示原文与译文、母语和非母语之间的差异。

4）还可以应用于词典编纂、外语教学等领域。

关于多语种语料库的术语，人们多有混淆，但本研究采用大多数研究者的说法。一般来说，属于双语或多语语料库的主要有翻译语料库（［英］translational corpus）、平行语料库❶（或对应语料库）（［德］Parallelkorpus，［英］parallel corpus）和类比语料库（［英］comparable corpus❷）。平行语料库还分为单向对应平行语料库、双向对应平行语料库和多向对应平行语料库，其共同点是源语文本和译语文本可以词级、句级或段级平行对应，这些都对翻译研究非常有用。原则上，对齐的单位越小，可研究的切入点越多。然而在实践中，平行语料库的句级自动对齐在许多语系相近（如印欧语系）的语言对中相对准确率较高，但也并非适用于所有语言对；另外，词级对齐等句级以下的自动对齐技术也很难实际操作。因此突破技术难关是开展平行语料库研究的难点和关键。类比语料库是指由不同语言的文本或同一种语言不同变体的文本所构成的两个或两个以上的语料库，它还可以细分出单语类比库和双语/多语类比库。翻译语料库则是由彼此具有翻译关系的不同语言文本构成的语料库，但不一定具有句级或某种级别上的对应，可能只是篇章上的对应收录，这也是它与平行语料库最大的不同。三种语料库之间的异同见表2－2。

表2－2　双语语料库的异同（Tognini-Bonelli，2001）

语料库类型	有无翻译关系	文本间是否对齐
平行语料库	有	是
翻译语料库	有	否
类比语料库	无	否

❶　平行语料库和对应语料库两个术语经常混淆，有学者（例如王克非）认为两个术语只是说法不同。但也有学者（例如肖忠华）指出，“平行语料库”指包含源语文本及与之平行的译语文本构成的语料库，而“对应语料库”是指通过相似抽样标准和方法收集的不同语言的原创文本所构成的语料库。本书支持前一个观点。

❷　comparable corpus也常被译作“可比语料库”。

研究需要决定语料库的性质和类型，这就是说建设什么样的语料库，主要看研究者想要达到怎样的研究目的。本书参照图 2 – 7 确定本研究需要采用的语料库类型。

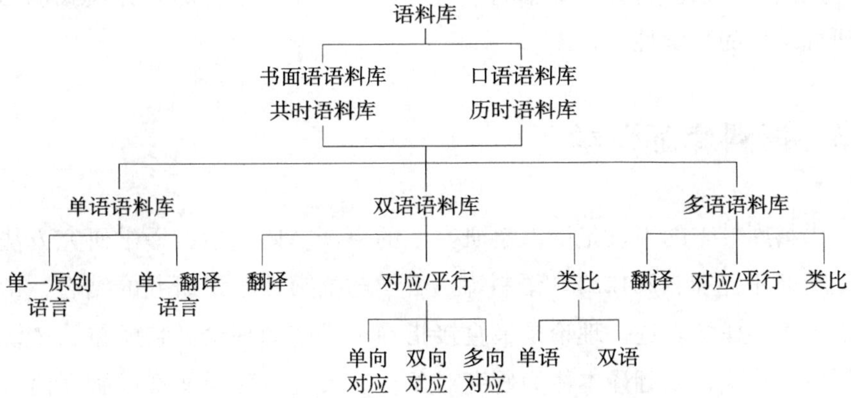

图 2 – 7　语料库的简单分类（王克非，2012a）

一般来说，研究者针对翻译研究往往使用平行语料库或翻译语料库。欲比较源语文本及其译文文本，研究者通常采用双语/多语平行语料库；研究者若意图挖掘翻译语言和同一语言的原创语言之间的异同，则需要创建单语类比语料库。在本研究中，双语平行语料库和单语类比语料库都是必要的，其中双语平行语料库是核心语料库。

另外，从语料覆盖面来分类，语料库还可被划分为通用语料库和专用语料库❶。同样，平行语料库既可以是专用语料库（即只包含一个文本类别或专业领域），也可以是平衡语料库（即库中各类语料按合适的比例收集）。

由于本研究的目的是基于语料库揭示专利文献德译汉的翻译共性以及探究其成因，因此需要建立的是双语单向平行语料库，该语料库应由德语源语文本及其平行对应的汉语译语文本构成；从另一个角度来看，它还是针对专利领域翻译研究的专用语料库。此外，为验证基于平行语料库的统计分析结果，还建立了一个类比语料库，由翻译子库和原创子库构成。这

❶ 专用语料库又称专用型语料库、专门语料库、专门用途语料库。本书关系到专用语研究（[德] Fachsprachenforschung）方面的内容，因此选择专用语料库这一说法。

就意味着，本研究采用的是双语单向平行与单语类比相结合的研究模式，所利用的语料包括德语原文、汉语译文/汉语翻译文本、汉语原创文本，其中德语原文与汉语译文是平行对齐关系，汉语原创文本与汉语翻译文本之间是类比关系。这种双语单向平行与单语类比相结合的研究模式能够确保研究结果的科学性。

2.3 语料库翻译学

语料库带来的不仅是语言学研究上的更新，还包括翻译学研究方法上的更新（王克非，2012a）。语料库语言学与描写性翻译研究的结合，衍生出语料库翻译学。这一理论是最直接指导本研究的理论。它颠覆了传统的翻译研究范式，以翻译本体为研究对象，从大规模翻译文本或翻译语言整体入手，对翻译现象进行描写和解释，探索翻译的本质（王克非、黄立波，2008）。而语料库翻译研究取得的最突出的成功就是对翻译共性的研究（胡显耀，2004）。本研究基于专利文献德汉平行语料库，通过对源语文本及其译语文本的平行检索，分别从词汇、句法和篇章结构层面探讨专利文献德汉翻译的规律性特征以及这些规律性特征能否上升为翻译共性。语料库翻译学的理论及翻译共性假设都是最初设计实证研究的出发点，同时也是研究结论的落脚点之一。本节概括介绍了语料库翻译学的基本理念、定义、范式理据和研究内容，并详细阐释了本研究的核心概念之一——翻译共性。

2.3.1 语料库翻译学概述

2.3.1.1 基本理念和定义

自20世纪下半叶，翻译学作为一门新兴学科取得了迅猛的发展。李德凤认为，翻译学在此期间发生了两次重要的革命：其一是研究导向的变革，翻译学从规范性研究传统转向了描写翻译研究；其二是翻译学研究方法论的革新，即研究者逐渐抛弃个人经验总结式的研究，转而追求研究方法的科学、客观和严谨。而语料库翻译学恰好是两种转变的结合（转引自肖忠华，2012）。肖忠华（2012）指出，基于语料库的翻译研究是一种新的研究范式，它源于两类研究范式的转变，其中第一种转变是翻译研究从“规定性”转变到“描写式”；第二种转变则是从微观走向宏观，可以理解为从语言学走向社会文化，传统理想翻译的观点逐渐被更现实的观点取代，翻译活动被视作跨文化交际行为，译文则是译入语文化的一部分。王克非（2012a）也指出，从翻译本身讲，语料库翻译学有两方面理论发展的支持，其一是语义观转变为情境观，突破了传统的“对等”，如 Tyler 的三原则、Nida 的动态对等以及严复的“信、达、雅”等，翻译被视为一定社会文化情境中语言使用的对等；其二是描写翻译范式打破了原作的主宰地位。以上观点都肯定了语料库翻译学受到了描写翻译研究的影响。据此，翻译研究不再或者说不应按照传统的途径，试图通过规定的方式得出所有翻译都应达到的一般标准，因为这种规范性途径存在过度概括化、以偏概全和理想化的缺陷。翻译研究转向描写翻译研究，即开始侧重于研究译文本身，旨在解决“为什么译者用这种方式翻译”的问题，而不再仅仅讨论“如何翻译”。几个观点也有不同。第一个观点提及的翻译学研究方法论的革新恰好是在语料库语言学的推动下实现的。基于语料库的研究方法有其自身的优点，它能揭示各类语言事实规律（肖忠华，2012）。Johansson（2007）就曾指出：“通过语料库，我们可以观察到先前没有意识到或仅仅隐约觉察到的语言模式。”语料库方法论的加入，使得研究者认识到翻译作为一种交际媒介的实质（Baker，1993）。此外，肖忠华提出第二种研究范式的转变和功能主义翻译目的论有相通之处，肯定了翻译研究应针对真实的语言使用，翻译活动应被视为跨文化交际行为。王克非提出的语义观到情境观的转变也是如此，同样强调了翻译研究应依赖于真实语料，突出了社会文化情景的作用。从这个意义上说，以上观点与篇章语用学的思想并不矛盾，这也是本书语料结合语料库语言学和篇章语用学的原因之一。综上，依托于描写性翻译研究和语料库语言学的语料库翻译学是翻译研究的革新。

Baker（1993）在《语料库语言学和翻译研究：应用与启示》（[英] *Corpus Linguistics and Translation Studies: Implications and Applications*）一文

中首次对基于语料库的翻译研究进行了阐释，这篇论文也标志着语料库翻译学研究正式拉开帷幕。此后，Baker（1996）具体提出了“基于语料库的翻译研究”（[英] corpus-based translation studies）的说法。Tymoczko（1998）进而将该领域的研究命名为“语料库翻译学研究”（[英] corpus translation studies，CTS）。这一研究范式进入中国后得到了迅猛发展，诸多学者对这一概念有所定义，在此列举以下两个较为广泛传播的定义。

1）语料库翻译学是以语料库为基础，以真实的双语语料或翻译语料为研究对象，以数据统计和理论分析为研究方法，依据语言学、文学和文化理论及翻译学理论，系统分析翻译本质、翻译过程和翻译现象等内容的研究（胡开宝，2011）。

2）语料库翻译学是以语言理论和翻译理论为研究指导，以概率和统计为手段，以大规模双语真实语料为对象，采用语内对比和语际对比相结合的方法，对翻译现象进行历时或共时的描写和解释，探索翻译本质的一种翻译学研究方法（王克非、黄立波，2007；王克非，2012a）。

以上两个定义有四个相似之处。第一，两个定义都强调了以真实数据为基础，以真实文本为研究对象，以文本整体作为研究的基本单位，以对比为基本模式；第二，它们都提出了研究方法应包括数据统计，这也就意味着需要采用计算机技术对大规模真实语料进行收集、整理、标注、观察和统计；第三，两个定义同时又肯定了具体的研究需要依托语言学、翻译学等理论，因此语料库翻译学将翻译研究视为一个跨学科的领域；第四，两个定义还都指出，语料库翻译学最终是以探索翻译本质和研究两种语言及其转换的过程、特征、规律为目标。另外，第二个定义明确了语料库翻译学的两种基本对比方法，即语内对比和语际对比，语料库翻译学框架内的研究可根据具体的研究目的选择单语类比语料库或双语及多语平行或类比语料库，不过近年来越来越多的研究是将语内对比和语际对比两者结合，从而更好地服务于翻译和语言对比研究。

语料库翻译学框架内的研究可以是多样的，例如王克非（2012a）提出，语料库翻译学至少涵盖三大理论和应用的研究内容。

1）大范围的翻译调查，包括翻译教学、翻译文体的考察，以及对应词搭配频率等统计数据的检索和分析。

2）自动翻译研究，即将已开展了很长时间并取得了一定成就的机器翻译和语料库翻译有机结合。

3）更广泛、更有效地描写翻译研究，包括翻译规范的研究和翻译普遍特征（或翻译共性）的研究。

本研究旨在语料库翻译学的理论框架下，基于真实语料，结合双语平行语料库和单语类比语料库，利用概率和统计方法开展描写翻译研究，探索专利文献德汉翻译的翻译本质。

2.3.1.2 语料库翻译学的范式理据

当代西方翻译思想主体上更加重视翻译的经验性研究，即翻译本身的研究，重形式、目的、效果、归化、译者与译文，而不寻求译文和原文之间的比较（王克非，2012a）。语料库的出现让翻译研究发生了转向。首先，按照 Baker 的观点，在这一新的视角下，原文地位被削弱，同时以原文为导向的对等概念逐渐让位于以目的语系统为起点的概念。其次，语义观衰落，意义从概念转向情境并进而转向使用，这与语言学发展的方向也大体上契合。另外，在 Toury 提出了规范概念后，翻译研究的首要对象不再是单个的翻译文本，而是转向了连贯的翻译文本语料库（转引自王克非，2012a）。Holmes 等学者在 20 世纪 70 年代就已指出，翻译研究应在观察实例的基础上进行归纳和概括，但描写翻译学过于重视文学翻译，对于在实践中占比重最大的实用文本翻译很难做出解释，同时又未能提出具体可行的解决方案，因此也存在弊端（转引自王克非，2012a）。语料库翻译学在这一翻译研究发展的关键时刻出现，整个翻译研究中的各种论证都在语料库翻译研究中得到了关注（Tymoczko，1998）。因此语料库翻译学是伴随着语言学和翻译学研究的发展，针对研究中可能存在的问题和难题，在计算机技术的推动下应运而生的。

尽管语料库翻译学借鉴了语料库语言学和翻译学其他研究范式的成果，但它并不是这些学说或范式的简单延伸，而是拥有特殊的学科地位和区别性特征。

首先，语料库翻译学不同于语料库语言学。虽然语料库翻译学借鉴了语料库语言学的基本理念和研究方法，使用的工具基本上是依赖于语料库语言学的研究工具和软件，但它又有自己的特点。据王克非所述，主要区别有三：一是所依据的语料库不同，语料库语言学一般依据单语语料库，而语料库翻译学可依靠单语语料库、双语语料库或两种语料库结合；二是语料库翻译学在标注的要求和方法上更加复杂；三是研究对象不同（王克非，2006）。Baker（1996）甚至认为，翻译研究在一定意义上颠覆了语料库语言学，吸引翻译研究者的不是词和句法结构本身，而是抽象的全局观念，是独立于具体语言表象之外又有各种表现形式的显化和简化。也就是说，语料库翻译学不是关注支离破碎的篇章片段，而是关注篇章整体；它研究的目的不是简单描写语言的具体使用，而是挖掘潜藏于语言具体使用之中更深层次的规律性，即便具体的研究可能是通过词、句或语法的研究得以实现。

其次，语料库翻译学不同于翻译研究中传统的语言学范式。一是导向不同，与传统翻译研究中的语言学范式不同，语料库语言学更关注目的语文本，而非源语文本；二是研究重心和语言观不同，语料库翻译学的重心是多个文本的整体研究；三是理论、概念和范畴不同，语料库翻译学依据语料库的技术手段提出了新的翻译理论、翻译概念和翻译范畴等，例如简化、显化及规范化等（王克非，2012a）。

最后，语料库翻译学也不同于翻译研究中在20世纪90年代后兴起的描写范式。语料库方法中最重要的步骤不是数据的简单提取，而是基于数据的理论归纳，数据不能直接产生理论，语料库翻译学的首要目标也不是局部理论，而是揭示翻译的本质，强调翻译文本本身的特质（王克非，2012a）。

综上所述，语料库翻译学是翻译研究的一种新范式，同时也已成为独立的翻译学分支学科（胡开宝，2011）。

2.3.1.3 语料库翻译学的研究内容

自语料库翻译学研究途径开通以来，各国学者开展了形式多样的研究，丰富了理论和实践，使这一研究途径逐渐形成一种新的研究范式；不过它和传统翻译学研究仍然有一些共性，同样研究翻译本质、翻译过程、翻译策略和翻译教学等。下文将简要介绍基于语料库的翻译研究的几个主要切入点，这些也是语料库翻译研究的一部分研究内容。

（1）翻译共性研究

Chesterman（2004a）曾指出：“一门学科只有通过在单个个案之间寻找其相似性并从中加以归纳，才能达到对未来研究或尚未研究个案的预测，从而取得进步。”翻译共性就是语料库翻译学所试图寻找的、潜伏在个案内部的翻译语言的整体特征，因此翻译共性研究对于理解翻译本质，揭示语言转换规律具有十分重要的理论价值（胡开宝，2011）。Baker（1993）提出用语料库研究翻译主要是从翻译文本入手，首先可以从翻译语言普遍特征，即翻译共性入手，翻译共性可以包括显化、消歧和简化、合乎语法性、避免重复、过度凸显目标语语言特征以及某些特征的特定分布。当然，早在前语料库时代就有翻译共性研究，但语料库赋予了它新的活力，语料库时期取得的成果也最为丰富。事实上，关于翻译共性的定义也不统一。翻译共性有时和翻译语言特征重合，另外还要区分源语型共性和目标语型共性，不同研究者根据自己的研究需要从不同视角探讨翻译共性，以概率和统计为手段，尝试从语言之间相互作用在语言层面的表现来探索翻译语言的规律性特征，并尽量从语言内、外对其加以解释，进而使人们对于翻译行为、翻译语言等获得更深层次的认识。从现阶段的研究情况来看，早期人们对翻译共性的研究多是目标语型共性，现在越来越多地集中在源语型共性。从具体的研究内容来看，已提出的翻译共性是多样的，包括隐化、范化、集中化、整齐化、非典型搭配、干扰、独特项等，[1]但研究者们也尝试通过研究发现新的翻译共性，但对翻译共性成因的探讨相对不多。如前文所述，翻译共性的具体研究只能限定在具体的语言对之间，有些只能局限于特定的篇章类别，另外研究所采用的语料库类型也可能不同，这些都导致关于翻译共性的实证研究结果不尽相同，既有对于现有假设的证明，也有质疑，甚至研究结果可能彼此矛盾。吴昂、黄立波（2006）就曾指出，对翻译共性质疑的原因有二：一是对研究对象的界定，二是对各种变量的关注与控制。尽管如此，翻译共性研究已取得的丰硕成

[1] 参见黄立波2014年7月15日在上海交通大学所做的题为《基于语料库的翻译语言特征研究》的讲座讲义。

果以及它对语料库翻译学的重大贡献仍然是任何人都无法抹杀的。

（2）译者风格研究

译者风格（［英］translator' style）研究也是文体研究。Baker（2000）将文体定义为留在文本中的一系列语言及非语言的个性特征，翻译文体包括译者的选材、惯用的具体策略，包括前言、后记、脚注、文中词汇注释等，尤其重要的是个性表达方式，即典型的语言运用习惯。翻译文体研究，或者说译者风格研究并非开始于语料库时期，但语料库翻译研究模式扩大了文体研究的范围。Baker 利用类符 - 形符比、平均句长等对比不同译者的译文并得出结论：既然从理论上识别某个文学译者的文体是可能的，那么就有可能借助此类描写来描绘该译者选择再现的世界，帮助研究者将语言习惯与译者的社会文化处境结合起来。译者风格研究的范围伴随着语料库翻译学的发展逐渐扩展和深化。研究者可探讨译者在词语、句式结构和标点符号应用以及在语篇结构布局等方面的偏好，以及译者特有的语言使用习惯，并且可以从语言、认知和社会文化等角度对译者风格的成因予以阐释（胡开宝，2011）。

（3）翻译规范研究

Toury 曾指出，翻译与其他社会活动一样必然受到规范的制约，因此翻译规范是某一个社会价值观或观念对翻译活动的影响，是译者在特定历史时期所做出的规律性和习惯性选择，因此翻译规范体现了翻译的社会性（转引自胡显耀，2006）。同一历史时期，在同一社会规范的影响下，译者的翻译行为和翻译常表现出趋同的特征，因此从历时的角度研究翻译规范是很有价值的（胡开宝，2011）。胡显耀（2006）从词语和句法的操作规范出发讨论了当代汉语翻译小说规范，指出翻译语言既不同于源语也不同于译语，而是两种语言特征的交替、冲突和妥协，其中翻译规范在译者的语言选择中起到至关重要的作用。尽管语料库方法为翻译规范研究提供了强大的工具和方法论支持，但基于语料库的翻译规范研究相对于翻译共性研究而言相对落后。这也从另一方面说明，基于语料库的翻译规范研究潜力很大。

（4）翻译应用研究

基于双语平行语料库和类比语料库的翻译应用研究包括译者培训和翻

译教学研究、翻译实践研究等。关于翻译教学研究，Bernardini 曾指出，将平行语料库应用于翻译教学可以培养翻译专业学生的翻译“意识”“反射”和“应变”（转引自王克非，2012a），毕竟学生通过平行语料库可以获得对翻译最直观和感性的认识。事实上，无论口译还是笔译，人们都可以利用语料库简化和优化翻译教学以及翻译实践，尤其在实用文本翻译方面，语料库——特别是专用语料库或术语语料库——可为专业人士提供极大的帮助。也有学者指出，可利用网络作为翻译实践中的参照库，在线语料库和翻译记忆系统均可充当平行语料库的角色。在信息技术飞速发展的今天，很多在线翻译平台，如 Google 翻译工具、Babylon Pro、Free Online Language Translator 都给人们的翻译工作带来了便利，然而它们产出的译文质量不高。另外，像 Trados、Transit 这样的翻译记忆软件具有自动记忆和匹配功能，有助于提高翻译效率和翻译质量，但单个译员建设和管理各自语料库的难度很大。因此无论是技术开发还是理论研究，翻译应用研究未来发展的潜力都很大。此外，尽管语料库对于翻译教学和翻译实践有一定的促进作用，但仍然不应过分夸大语料库在翻译实践及其他应用上的作用，尤其针对文学翻译，过于模式化的翻译策略可能抹杀译者的个性和创造性。

语料库翻译学历经约 20 年的发展，已衍生出不同的研究切入点，诞生了不同的研究课题，并不限于以上几个方面。这些研究课题都是从整体上考察大规模语料，基于不同视角，从微观入手描述双语转换的宏观特征，并从语言、认知、社会文化等角度加以解释。可以说，这些研究方法是各种传统翻译研究方法的整合与延续，也是建立新研究范式的尝试；这些研究切入点也是各种传统研究视角的扩展，极大地丰富了语料库翻译学，甚至丰富了翻译学的理论和实践。

2.3.2 翻译共性

翻译共性是语料库翻译学的重要概念之一，也是本书的核心概念，研究的整体设计都是基于翻译共性的一种假设。

2.3.2.1 翻译语言

翻译语言，顾名思义，就是翻译活动中所使用的语言，通常指译文语言。翻译语言可以是狭义的，指具体某一翻译文本中所使用的语言；也可以是广义的，指译自其他语言的所有翻译语言的整体。二者都可以作为翻译语言研究的对象，具体的取舍要看研究者的目的。

然而，翻译语言进入研究者的视野并不久。人们长久以来对翻译文本总是抱有偏见，翻译语言也因此常被冠以含有贬义的“翻译体”或“翻译腔”（[英] translationese）的称谓。Translationese 一词在《翻译学词典》中被具体解释为“通常带有贬义色彩，用来指不自然、难于理解甚至可笑的译语特点”（Shuttleworth and Cowie，1997）。根据 Nida 在《翻译理论与实践》中对这一概念的界定，translationese 是指一种形式上的忠实，结果导致不忠实于原文信息的内容和效果，使译文不符合译文语言的习惯表达（罗晓蓉，2014）。但也有不少学者肯定了翻译语言的价值，例如吕俊、侯向群（2001）在《英汉翻译教程》中虽然将 translationese 译作“翻译腔”，但在评价时相对肯定了译文中“翻译腔”的功劳：所谓的“翻译腔”一方面破坏了译入语的风格，但另一方面也在表达方法的引进、新词语的译介、语言表达形式的改革等方面发挥过不可忽视的历史作用，毕竟语言也是随着时代而发展变化的。因此，translationese 应包含两个层次的意义：一方面，它针对质量差的译文，含有贬义；另一方面，它也可指译文中所体现的客观的翻译语言特征。此外，不少学者提出了其他相对中性的概念。例如 Duff 将其称为第三类语言（[英] the third language），这是从语言学的角度描写翻译语言在词汇、结构、意义和修辞手段上造成理解困难的不合适的表达方式，突出了源语对目的语系统性的影响（转引自柴秀娟，2012）。Toury（1979）提出的 interlanguage 的概念则从应用语言学的角度描述外语能力不完善的状态，这种状态会影响到译者的翻译能力。另外，Frawley 提出的 the third code 是译文篇章所具有独特特征的“第三代码”，这一概念是中立的，并重地考虑了源语和目的语对译文的影响，与此同时还从符号学的高度强调翻译语言及其构筑的篇章世界这一本体研究的关键位置，其理论价值高于实践价值（转引自柴秀娟，2012）。尽管以上概念说法不一，所指范围也不完全对应，但都指向同一个事实，即翻译语言作为一个中性的、客观的概念被越来越多的人关注、肯定和接受。正如秦洪武、王克非（2004）所说，“翻译语言是译语文本受到源语语言对目的语施加影响所致，可以说是两种语言的‘中间地带’，这种处于中间地带的‘语际语’包含了原语的分析特征和目的语语篇的合成特征。”肖忠华、戴光荣（2010）指出，“翻译语言作为一种客观存在的语言变体，既不同于源语，也不同于目标语原文。”总之，翻译语言是值得研究的，特别是在语料库翻译学的框架内，翻译语言更加具有独特的研究价值。本书选择“翻译语言”这种中性的表达方式，探讨专利文献的翻译语言所体现的规律性特征。

2.3.2.2 翻译语言特征和翻译共性

本研究的核心概念是“翻译共性”，但在翻译研究中，特别是针对翻译语言的研究中，首先需要界定“翻译语言特征”和“翻译共性”这两个概念。

（1）定义

翻译语言特征就是翻译语言所体现的特征。按照胡开宝（2011）的说法，它应分为翻译共性和具体语言对翻译文本的语言特征两大类，前者是由于翻译过程而形成的语言特征，后者形成于源语和目的语之间的差异。从这个角度来看，翻译语言特征大于翻译共性。按照 Baker（1995）的说法，翻译文本所具有的特征应分为两类：一是特定语言中文本所特有的语言模式，即局部共性；二是所有翻译文本作为一个文本类型（[英] text type）所具有的特定语言模式，即总体共性。也就是说，Baker 将翻译语言特征和翻译共性等同看待，但翻译共性又有局部共性和总体共性之别。本书在此赞同后一种界定方式。

翻译共性（[德] allgemeine Prinzipien der Translation，[英] translation universals），也称翻译普遍性或翻译普遍特征。Baker（1993）首次提出翻译共性的概念并将翻译共性定义为“翻译文本而不是源语文本中出现的典型语言特征，这些特征不是特定语言系统干扰的结果”。Baker 的这一定义强调了三点：第一，翻译共性是通过翻译文本和源语文本比较得出的；第二，翻译共性是典型的语言特征；第三，翻译共性应是所有语言对翻译文本中普遍存在的规律性的语言特征，它形成的内在原因是翻译过程本身，与源语和目的语之间的差异无关（胡开宝，2011）。柯飞（2005）对“翻译共性”的定义是：“译文中呈现的有别于原文的一些典型的、跨语言的、有一定共性的特征。”在这一定义中，“跨语言”意指“不受特定语言系统干扰”，但“译文中呈现的有别于原文”的说法和Baker的定义完全不同，这里强调的是原文和译文之间的比较。吴昂、黄立波（2006）对“翻译共性”的定义是：“翻译语言作为一种客观存在的语言变体，相对于源语文本或目标语原创文本在整体上表现出来的一些规律性语言特征。”这个定义相对来说概括得更加全面，既提到翻译语言与源语文本的比较，也涉及了翻译语言与目的语原创文本的比较，此外还突出了翻译语言是一种“语言变体”。综合不同的“翻译共性”定义，大多数学者都认同Chesterman（2004a）的提法，他将翻译共性划分为两大类：源语型共性（［英］S-universals）和目标语型共性（［英］T-universals）。前者是基于源语文本与译文之间的关系，关注译者对源语文本的处理方式；后者是关于目的语翻译文本与原创文本之间的关系，重点放在译者对目标语言的处理方式上。按照这一划分，Baker的翻译共性是后者，而柯飞的翻译共性属于前者，吴昂、黄立波的翻译共性与Chesterman的提法相近。

至于翻译语言特征的另一个下位概念，具体语言对翻译文本的语言特征则指由于具体源语和目的语之间差异形成的语言特征（胡开宝，2011）。它主要涵盖翻译语言词汇特征、句法特征和搭配特征等，同翻译共性的研究角度类似。尽管具体语言对翻译语言特征的研究开展得并没有翻译共性研究广泛，但它是“跨学科译学研究的立足点和根本所在，无论是从对比语言学、语用学和认知语言学角度研究翻译，还是从阐释学、后殖民主义、女性主义和解构主义等文化理论视阈开展译学研究，都无法回避具体语言对翻译文本语言特征的研究”（胡开宝、吴勇、陶庆，2007）。

综合以上观点，翻译语言特征和翻译共性在意义上确实不同，翻译语言特征大于翻译共性；同时，在实际的研究中，再先进的手段和方法都无法考证覆盖所有语言对的翻译共性，而且从前人的研究成果来看，关于翻译共性的研究只能在特定语言对之间展开。因此，在具体的研究中，翻译共性和翻译语言特征的概念并不矛盾。同时，具体选择源语型共性还是目的语型共性作为研究中翻译共性的定义，取决于研究目的、研究过程和研究结果。

（2）研究方法

翻译共性并非语料库时代诞生的新概念。Laviosa 和 Olohan 将翻译共性研究划分为前语料库时期和基于语料库两个时期。前语料库时期的文本采集规模通常较小，并且多以手工统计为主，翻译共性研究多为从词汇、句法和文体等角度关注简化、显化和范化（转引自吴昂、黄立波，2006）。进入语料库时期，基于语料库的翻译共性研究大量涌现，具体是基于语料库开展定量的研究，发现译文中的翻译普遍性规律，或者利用客观的语言表达形式的频率、分布等特征来发现、分析和验证翻译共性的假设（柴秀娟，2012）。

黄立波（2014）明确指出，语料库时代的翻译语言研究和翻译共性研究既有关联又有区别，并为它们分别规定了不同的研究方法。他认为，翻译语言研究采用自下而上（[英] bottom-up）的方法，从语料入手，通过归纳分析得出关于翻译语言的一般特征，其中有些特征可以上升为翻译共性；而翻译共性研究采用自上而下（[英] top-down）的方法，从假设出发，借助语言现象作为切入点，通过语料库检索、统计、分析来验证假设。如果对应本书 2.2.1.3 小节介绍的语料库研究方法，也可以如此来描述两者，即基于语料库的翻译语言研究采用的是语料库驱动的方法，而基于语料库的翻译共性研究是基于语料库的方法。当然，这两种研究方法也可能在实际的研究过程中结合使用。

（3）研究模式

如前文所述，用于语言对比和翻译研究的语料库包括平行语料库、类比语料库和翻译语料库。最先用于基于语料库的翻译语言特征研究和翻译共性研究的是类比语料库，这与 Baker 所提出的“翻译共性”定义直接相关。Baker（1995）曾如此明确自己的思想：“通过类比语料库，我们可以发现翻译文本所特有的语言模式（[英] linguistic patterns），或是相对于非翻译文本所表现出的频次明显高或低的语言模式，这些模式可以是局部特征（[英] local features），即特定语言中特有的语言运用模式，也可能是翻译文本作为整体所具有的总体特征（[英] global feature）。” Baker 的研究奠定了单语类比语料库为基础的语内类比研究模式。然而，这种以类比语料为焦点的研究彻底抛开了翻译研究中的源语文本，缺少了对翻译共性现象进行解释的一个重要维度（王克非，2012a）。

针对这一问题，Kenny（2005）最先将平行语料库引入翻译共性研究。他还特别指出，平行语料库的运用并不是要回到源语与译语文本二元对立的老问题上，而是要探究如何在单语类比语料库研究范式的基础上，进一步通过平行语料库来完善翻译共性研究的综合方法，从而弥补翻译现象研究中因忽略源语文本而造成的缺陷。这一研究方法也逐渐得到国内外学者的认同和借鉴。语料库翻译学的研究模式确立以来，相关学者根据研究需要和对翻译共性的认识选择单语类比语料库或双语平行语料库或两种语料库结合的模式验证或提出新的翻译共性假设，在此不一一列举。但国内的学者更倾向使用平行和类比相结合的对比模式研究，例如黄立波（2007）基于汉英/英汉平行语料库考察了英汉、英汉翻译中的连接成分转换和人称代词主语，提出语言形式化程度差异是造成显化和隐化的语言本质方面的原因。这种平行和类比相配合的研究模式不仅被证明行之有效，而且备受推崇。

总的来说，视角不同，翻译共性的分类随之不同，例如翻译共性可能包括绝对的/相对的、语际的/语内的、强制性的/非强制性的、语言差异造成的/翻译过程造成的、广义的/狭义的、语言形式的/语义的翻译共性等（王克非，2012a）。翻译共性的内涵和分类不同，研究模式和研究方法也随之不同。因此，开展任何相关研究的首要任务都应该是界定“翻译共性”的概念以及为其选择恰当的研究模式和研究方法。

本书根据研究对象和研究目的选择“源语型翻译共性”作为本书的“翻译共性”概念的基础，并参照柯飞所提的定义，得出本研究所依据的“翻译共性”：

翻译共性是指译语文本与源语文本相比呈现出的典型的、跨语言的、抽象的、有一定共性的特征，但它并非仅通过语料库的数据获得，而是应该在量性和质性研究相结合的基础上抽象而得。

由于具体的语言对以及翻译方向、篇章类别等变量都可能对研究结果产生影响，而囊括所有语言对和篇章类别的研究从根本上无法实现，因此本研究不区分翻译语言特征和翻译共性，而是将本研究的翻译共性具体化，即本研究中的“翻译共性”是专利文献这一篇章类别的、德汉单向翻译的翻译共性。

关于研究模式，如果仅依赖于单语类比语料库进行研究，就会暴露出明显的局限性，因为排除源语文本来孤立地考察翻译问题是不可靠的；同样，如果仅依靠平行语料库进行研究，又很难验证基于平行语料库检索和统计得出的结果。因此，本研究采用双语单向平行和单语类比相结合的对比模式。

另外，在实际的研究过程中，最初并未假定专利文献德汉翻译的翻译共性的存在，而是从语料入手，自下而上地通过对语料库的观察、数据统计和归纳总结发现专利文献德汉翻译的翻译语言特征，并探讨这些翻译语言特征能否上升为翻译共性。从这点来看，本研究是语料库驱动下的研究。然而对翻译现象的分析和翻译共性的发现及阐释又离不开研究者对计算机提供数据的质性分析，离不开研究者的主观能动性，因此研究方法不应被限定为语料库驱动的研究方法，更准确地说，本研究使用的是语料库支持下的研究方法。

2.3.2.3 翻译共性的典型分类

翻译共性是一个总体的抽象概念，包括诸多具体的翻译共性。例如，传统的翻译共性研究主要是从词汇、句法和文体等角度关注简化（[英] simplification）、显化（[英] explicitation）和规范化（[英] normalization）三个方面的问题，这既是 Baker 最先提出的三种翻译共性，也是理论阐述和实证研究最集中的三个方面。除此之外，众多语料库翻译学的研究者还在研究实践中提出其他的翻译共性或对其他的翻译共性进行证实或证伪。值得注意的是，这些翻译共性最初都是基于西语之间的翻译研究所提出的，在英语界已被广泛接受和应用。但这些概念是否适用于德汉翻译研究，还有待研究者通过具体的研究实践来考证。

（1）简化

简化亦称简略化或简约化，Baker（1996）将其定义为译者在目的语文本中对源语文本中的“语言/信息下意识地简单化”处理的倾向。简化可能是由于两种语言系统的差异所造成的强制性简化，也可能是由翻译过程本身、译者偏好、目标语语文规范等因素造成的非强制性简化（吴昂、黄立波，2006）。

（2）显化

翻译共性中对显化的讨论最多。显化也称外显化、明晰化、明示等，指翻译过程中给译文添加或明示原文中隐含语言成分的过程，其相反过程就是隐化。实际上，这组概念最初作为翻译技巧提出，分别对应了“增补”和“删减”（Klaudy，1998，2004）。另外，二者也对应了House从跨文化语用学视角提出的显性翻译（[英] overt translation）和隐性翻译（[英] covert translation）的概念（转引自黄立波，2007）。很多学者针对显化开展研究，大多认可Blum-Kuka在1986年提出的“显化假设”❶（[英] explication hypothesis），即显化是翻译本身固有的特征，与译者对源语文本的理解构成有关，而与特定的语言对无关。自此，翻译共性的显化与人们传统认识的作为翻译技巧的显化内涵开始有所不同。Baker（1993）曾如此描述显化：“相对于特定源语文本以及原创文本总体而言，翻译文本显化程度显著提高。”根据Baker对翻译共性的定义，她所论述的显化与特定语言对无关。然而其他学者提出不同认识，例如柯飞（2005）曾指出：“由于语言形式化程度、文体、译者和文化差异因素的存在，翻译过程中的确存在显或隐。另外，作为一种翻译现象，显化（以及隐化）不应只是狭义地指语言衔接形式上的变化，还应包括意义上的显化转换，即在译文中添加了有助于读者理解的显化表达，或者说将原文隐含的信息显化于译文中，使意思更明确，逻辑更清楚。”她结合了Overas的假设：由形式化程度较高的语言翻译成形式化程度较低的语言，如从挪威语翻译成汉语，或由英语翻译成汉语，显化现象发生递减，若是相反的翻译方

❶ “显化假设”是指翻译过程会使译文相对于原文更加冗长，其表现形式为衔接方式的明晰化程度提高。

向，则显化递增（柯飞，2005）。

（3）规范化

“规范化”还可被称作保守化、传统化、常规化、标准化、范化。[1] 关于“规范化”的定义，影响最大的是 Baker（1996）提出的“译者在翻译过程中存在遵从甚至夸大目的语典型特征和做法的趋势”，这两种倾向都是参照目的语的。自从 Baker 提出这一翻译共性以来，国内外很多学者对其进行研究，研究结果各异。

Vanderauwera 发现译文语篇在标点、选词、文体、句子结构以及语篇构建方面的转换都呈现出普遍的尊重文本传统的倾向（转引自王克非、黄立波，2007）。具体表现是：第一，修正源语文本使用不规范的标点符号；第二，对于源语文本中具有文化内涵的词汇做归化翻译处理；第三，选用简单句式翻译难译的源语语句结构；第四，将源语文本中的口语翻译为标准的书面语；第五，重新安排源语文本语句、段落和章节，从而使目的语文本更趋向于目的语语言传统规范（胡开宝，2011）。Kenny（2001）基于德英文学文本平行语料库（GEPCOLT）考察了翻译中的范化和译者创造性，发现翻译中的词汇范化现象的确存在，但源语文本中的创造性词汇在大多数情况下并未呈现范化特征。同时，也有一些学者通过实证研究证明范化特征并不存在。Tirkkonen-Condit（2002）利用影视字幕翻译语料库研究后提出独特项假设（[英] the unique items hypothesis），即译文中的某些连接词的使用频率低于芬兰语原创文本，因此翻译并未出现规范化倾向。这一研究正是对规范化的质疑，与 Baker 的观点相违背。与此同时，很多国内学者就“规范化”开展翻译共性研究。柯飞（2003）以英汉/汉英平行语料库为基础考察汉语中的特殊句式“把字句”在英汉转换中的分布特点后发现，汉语翻译文本中的“把字句”比汉语原创文本中的“把字句”使用频次高。秦洪武、王克非（2009）基于汉英对应语料库对翻译汉语的特征进行分析后发现，译文的结构容量扩增，句子偏长，并不完全支持规范化的假设。胡显耀、曾佳（2010）同样基于汉英对应语料库开展研究，

---

[1] “规范化”是国内学者对“normalization”的翻译，也可能被译作“范化”；但其他几个提法，如“常规化”对应的是“conventionalization”，“标准化”对应的是“standardization”。

他指出，汉语译文中的“被字句”“把字句”等汉语特有语法现象频率提高。夏云（2010）基于自建的英汉历时语料库，描写翻译常规化的历时变化，进而发现常规化体现为译者倾向于采用目的语常规和典型的表达方式，从而间接导致翻译语言特征的保守性和重复性，同时常规化也是一个相对的概念。胡开宝（2015）建立了莎士比亚英汉平行语料库和现代汉语戏剧语料库，对莎剧的三个汉译本的规范化特征进行了考察，结论是莎剧的汉译在一些变量层面上呈现出明显的规范化趋势，表现出对目的语语言规范的遵循和重视；同时指明，这一趋势与翻译文学在文学多元系统中的地位和译者对读者的关注不无关联。

（4）源语透过效应

“源语透过效应”（［英］SL Shining-through Effect，即 Source Language Shining-through Effect）又称源语透射效应❶，指的是“在把一种语言翻译成另一种语言的时候，译文有可能存在的以源语为导向的趋势”（Teich，2003）。虽然这个概念和早先的“翻译腔”有相似之处，但它在形式和内涵上都更加中性。

早在前语料库时期，就有很多学者提出相似的理念。Newmark（1991）认为，翻译中源语干涉无处不在，这是翻译中的普遍现象；翻译是一种模仿，在源语的干涉下，源语特征得以渗透到译语中。他还提出，源语对译文的干涉有广义和狭义之分，狭义是指源语中的语言特征，尤其是句法结构、词汇、习语等被非常明显且不恰当地直接转移或直译到译语文本中，而广义的源语干涉甚至包括了句子长度、标点符号、专有名词及文化词汇等在译语中的体现。Toury（2001）提出翻译中所使用的中介语（即本书所指的“翻译语言”）与二语习得中的中介语类似，它既不同于学习者所学的外语，也不同于母语，翻译中的“干涉原则”就是“源语文本固有的语言现象转移到了翻译中”。Hopkinson（2007）通过探讨初学者在将捷克语（母语）翻译成外语（英语）时的词序问题，发现译文的词序受源语影响很大。肖忠华（2012）基于语料库多维度考察了汉语独特项在汉语翻译语言中的呈现模式，认为汉语翻译语言中“独特项呈现不足的现象应该与

❶ “源语透过效应”和“源语透射效应”只是“SL Shining-through Effect”的不同译法。

源语干扰有关”。戴光荣（2013a）在汉语类比语料库的基础上探讨了汉语译文与原创文本中词汇搭配的模式、介词使用特征、“是字句”和标点符号的差异，指出汉语译文的各个层面都可能存在源语透过效应。李涛、陈勇（2015）建立了多样本学习者翻译语料库，并将其与原创汉语可比语料库比较，检索量词、语气词和“把字句”等汉语独特项，最后发现汉语独特项的翻译在词汇层面和句式层面表现出不同的趋向。

（5）其他翻译共性

除以上翻译共性外，语料库翻译学的研究者们在研究过程中也发现和定义了更多的翻译共性，例如净化（[英] sanitization）、消歧（[英] disambiguation）、主观化（[英] subjectivization）、整齐化（[英] leveling out）、独特性假设（[英] unique items hypothesis）、非典型搭配（[英] untypical collocation）等。[1] 虽然有些翻译共性的概念交叉或重合，有些概念的界定不太明确，但无论如何，这些翻译共性的提出和研究都丰富了人们对翻译本质的认识，并且为开展相关的实证研究提供了理论依据。

与此同时，还有一些研究者并不认同或并不完全认同现有的翻译共性假设，甚至不同研究者关于翻译共性的研究结论完全相反，究其原因是研究对象和所用语料库类型（例如类比语料库/平行语料库、文学语料库/非文学语料库/影视字幕翻译语料库等）的不同。

关于翻译共性的实证研究也表明，虽然翻译共性被定义为跨语言的共性特征，但它的实证研究一般只能限定在特定的语言对中，同时也受所采用的语料库类型的限制。

本研究没有事先假定专利文献德汉翻译存在何种翻译共性，而是首先自下而上地通过对本研究语料库的观察、检索、统计和分析发现一些规律性特征，进而探讨这些规律性特征能否上升为典型的翻译共性。

2.3.2.4 关于翻译共性研究的思考

翻译共性这一概念自诞生之日起就争议不断，面临着各种质疑和挑

[1] 参考黄立波2014年7月15日在上海交通大学语料库翻译学暑期讲习班所做的题为《基于语料库的翻译语言特征研究》的讲座讲义。

战。Tymoczko（1998）曾批评翻译共性的设想是一种“实证主义的狂想”。如前文所述，翻译共性的适用范围有限，很难求得适合所有语言对和篇章类别的翻译共性。学者们对于现有的翻译共性的假设尚未达成普遍的共识，同时也在探索潜在的翻译共性。

对翻译共性研究的质疑主要来自三个方面：第一，对方法论的质疑。早期基于语料库的翻译共性研究都是依赖于单语类比语料库，这种割裂源语文本及其译语文本联系的方法论引发相当多的争议。第二，一些实证性的个案研究结果与共性研究的假设相违背或者研究结论之间相互矛盾。导致这种问题出现的原因是多样的，毕竟语言对、翻译方向、译者因素、文体类型、文本间的平衡性等变量都会影响到研究结果。第三，印欧语系之外的共性研究对原有假设提出挑战。毕竟最初的翻译共性研究局限于印欧语系内部，印欧语系外部语言的加入极大丰富了研究内容，但由于其语言固有的特性加大了研究的难度，往往使得研究成果更加扑朔迷离（王克非，2012a）。国内现有的相关研究多是基于英汉/汉英语料库，还有少量的基于日汉/汉日或者俄汉/汉俄语料库，其他外语与汉语之间的翻译共性研究还未产生相对有价值的研究结果，这是因为语言特殊性导致的技术难题限制了不同语言对翻译研究的可能性。

为尽可能减少质疑，研究时需要首先界定概念及选择适当的方法论，尤其应该将源语文本纳入研究的视野。其次，要关注和控制各种变量，尽可能地在设计语料库的时候使得各种变量具体化，充分考虑到它们对研究结果的影响。再次，研究不应仅限于对现有共性假设的验证或探索新的共性，更要从语言、认知、社会文化、译者等视角出发解释这些共性（王克非，2012a）。翻译文本是一种独特的、具有区别性特征的文本类型，翻译语言是一种独特的语言变体，这些独特性都说明翻译是一种特殊的认知活动，因此认知模式、所处的社会环境以及社会环境和语言之间的交互影响等都会造成翻译语言的特殊性，那么也就有必要解释特殊性产生的原因。Chesterman（2004b）曾指出，若共性的确存在，就应当有其存在的原因和影响。当然，这种解释性的研究工作发展相对滞后。最后还要重视对翻译共性研究成果的应用。既然翻译语言是客观存在的，那么在实践中应该遵循还是抵制这种客观存在呢？翻译共性是否应该影响到翻译实践，甚至是否需要基于翻译共性建立适当的翻译规范？这些问题都有待思考。

本研究首先基于语料库集中探讨专利文献的译语文本相较于源语文本在整体上表现出来的一些规律性的语言特征，并尝试从篇章与人和世界的三元互动关系对其加以解释，从而能够从宏观层面指导具体的专利文献翻译实践，希望借此可以丰富专利文献翻译，甚至实用文体翻译的理论及实践。

2.4 本章小结

本章分别从篇章语用学、语料库语言学和语料库翻译学的角度出发，为本研究搭建了理论框架。首先，阐释了篇章的不同定义并将动态篇章观及篇章与人和世界的三元互动关系作为本研究的出发点和落脚点，更为重要的是，从篇章语用学的视角重新认识了“翻译”并构建了“翻译过程中的人←世界→篇章的三元关系”模型。其次，简述了语料库语言学的定义、哲学基础、研究方法和学科定位，同时在介绍了语料库的不同类型后指出为开展本研究所需要创建和使用的语料库类型。再次，对语料库翻译学的基本理念和定义、研究范式、研究内容做了阐释，并通过重塑翻译语言的重要地位、界定翻译语言特征和翻译共性确定了本研究所采用的重要概念，并强调了本研究将采用的研究方法和研究模式。最后，介绍了翻译共性的典型分类和学术界对翻译共性研究的看法，进而指出本研究需要从哪些角度完善。

这三个理论虽然彼此独立，但在本研究中相互融合，共同构建了理论框架。语料库语言学的基本理念是基于真实语料考察具体的语言使用，重视场景对篇章的作用，另外语料库收录的往往也是篇章或篇章片段，这些与篇章语用学的理念是一致的；语料库语言学的发展也进一步丰富了篇章语用学的内涵和研究范围。语料库翻译学是基于语料库的翻译研究，它借鉴了语料库语言学的研究方法；语料库语言学同时也是语料库翻译学的学科起源之一，它的加入使得翻译学的研究方法得到更新，也避免了传统翻译研究忽略量性和质性研究之间结合以及往往缺少一定数量例证的缺陷。语料库翻译学是探索翻译本质的一种翻译研究方法，但认识翻译本质的途径可以是多样的，而总的趋势是“融通”，是“各种知识的统一”（王克非，2012a），因此语料库翻译学框架内的研究往往还需通过其他理论进行阐释，篇章语用学正是本研究所选择的用于深层次阐释的理论。从这个意义上说，语料库翻译学和篇章语用学也是可以相互关联的。

具体来说，本研究虽然直接面对的是作为翻译结果的具体现象，例如语料库收录的各个篇章以及提供的各类数据，但研究目的是认识翻译的本质。因为事实上，人们总是由表及里地透过翻译现象去剖析深层的翻译本质，如本研究通过对语料库的观察、检索、数据统计和实例分析探索“翻译共性”，而“翻译共性”这一语料库翻译学中的重要概念就是对翻译本质的揭示。为此，本研究探索“翻译共性”的过程贯穿着篇章语用学、语料库语言学和语料库翻译学三种理论的结合：语料库提供了篇章语料和基础数据；同时，本研究运用篇章语用学的关键理念和三元关系模型解析每个翻译实例；然后结合语料库提供的数据、借鉴语料库翻译学的理念和方法发现翻译本质。基于以上研究基础，本研究还探索“翻译共性”的成因。只有向前推进这一步，才是真正意义的揭示和认识翻译本质。虽然“翻译共性”这个概念源于语料库翻译学，但根据基于篇章语用学视角下的动态篇章观所创建的“翻译过程中的人←世界→篇章的三元关系”模型，人、世界和篇章都在影响着翻译过程，进而影响翻译结果，因此完全可以从人、世界和篇章三个角度出发探索“翻译共性”的成因。

综上，篇章语用学、语料库语言学和语料库翻译学三个理论在本书中彼此联系，环环相扣。

下一章详细阐述了本研究所需的平行语料库、类比语料库、参照语料库和分析语料所用的语料库软件，上述是本书实证研究的前期准备。

3 本研究语料库的建设与语料库软件

上文结合篇章语用学、语料库语言学、语料库翻译学的相关理论构建了本研究的理论框架。本章阐述本研究所用的语料库，以及核心语料库，即专利文献德汉平行语料库的建设过程；另外介绍在本研究中起辅助作用的类比语料库的建设以及所选参照语料库。进行语料库研究，首先必须定位检索工具，因此本章首先介绍本研究主要使用的两种语料库软件。

3.1 本研究所用语料库软件

3.1.1 平行语料库软件 ParaConc 简介

语料库语言学的基本研究方法是借助软件的标注或检索功能，对语料进行实证性研究，通过数据得出令人信服的结论。借助语料库语言学的研究方法从事翻译研究首先离不开平行语料库软件。

国内外常用的平行语料库软件有 ParaConc、中国传媒大学的 CUC_Paraconc 以及北京外国语大学的 BFSU ParaConc。其中，ParaConc 开发早于另两款软件。三种软件中，使用 ParaConc 检索含有汉语的文本对，必须对汉语文本进行分词处理。虽然后两款软件不需要对汉语文本进行分词处理就可以进行检索分析，但它们都是基于英汉两种语言设计的，还无法妥善处理德语语料。ParaConc 最初用于英语等西方语言之间的翻译比较，因此处理西方语言（包括德语）的能力较强。权衡利弊，本研究使用 ParaConc（V1.0）处理和检索德汉双语文本。

ParaConc 是 Barlow 研发的一款用于双语及多语语料处理的软件，初级版本于1995年问世。Barlow在软件说明书中如此说明研发该软件的目的："本软件的主要功能是译文检索，旨在使分析译文的过程变得更为简单。如果选文得当，软件其实可以看作是一本全语境的双语词典。"具体而言，ParaConc最多可同时显示四种不同语言的对齐；主要功能是平行文本检索，还可以灵活定义语言、索引号的大小、标注符号的隐显，而且支持通配符检索；该软件能使译员或校对人员找到翻译对等与词语搭配，也能帮助研究者发现潜藏于翻译文本中的规律性特征、用法和结构（钱多秀，2011）。综上所述，这样一款主要面向语言学家、翻译研究者、语言教师以及跨文化交际学者等需要频繁分析和处理多语种文本人士的软件非常适合本研究。

在研究过程中，笔者发现ParaConc软件的设计者首先考虑到西方语言，在用于英德语料的平行对齐和检索时毫无问题，还可以平行处理英汉语料，然而平行处理德汉语料时却存在缺陷：同时导入德语语料和汉语语料后，对齐显示时，德语语料中的德语特殊字符（ä、ö、ü、ß）会变成乱码，严重影响对语料的后续加工和检索分析。经过与语料库语言学学者的交流和尝试，本研究将德语语料中的特殊字符依次改为ae、oe、ue、ss，此外汉语语料需保存为Ansi格式的txt文件，而德语语料应保存为Unicode（UTF－8）格式的txt文件。

ParaConc软件的具体操作和应用详见第4章。

3.1.2 语料库分析软件AntConc简介

除平行语料库软件ParaConc外，本研究还需要使用语料库分析软件AntConc。

该软件由日本学者Anthony开发，其版本一直在不断更新，优点是界面简洁和操作方便，还具有词语检索、生成词表和主题词（又称关键词）三大功能。词汇检索就是从庞大的语料中提取某个词语或短语的所有词条，这可以通过基本检索或高级检索实现，检索结果根据sort功能排序，并可保存为text文件（王春艳，2009）。生成词表是AntConc软件的又一大主要功能，即根据某个语料库，统计生成词汇的词频表，既能生成单独的词汇列表（[英] wordlist），还可以生成词块（[英] cluster）列表，但由于计算机只是机械地切分统计词块的频率，所以对于计算机生成的词块表，必须通过后期的意义分析来去除表中没有意义的词块（梁茂成、李文中、许家金，2010）。此外，通过比较观察语料库（[英] observed corpus）和规模更大的参照语料库（[英] reference corpus）可生成主题词表（[英] keyword list），也就是所研究的语料库中频率超常或者显著高频的词语（王春艳，2009；肖忠华，2012）。基本词表统计和主题词统计功能不同：基本词表统计可以提供一个语料库文本的词语频率和分布信息，但对于词语在语境中的用法和词语之间的关系很难说明；而主题词统计则是在篇章层面上说明词语的分布与文本主题的关系以及词语之间的关系，相较而言，主题词统计更多用于篇章层面的检索和分析。

在本研究中，语料库分析软件 AntConc 用于在专利文献汉语类比语料库中生成词表、检索特定的词以及观察该词在文本中的实际使用情况。另外，本研究也需要生成主题词表。本研究所选用的参照语料库规模是德国语言中心 IDS（[德] Institut für Deutsche Sprache）的德语参照语料库 dereko（[德] das deutsche Referenzkorpus）。

此外，AntConc 软件擅长处理已被切分词的、编码为 Unicode（UTF－8）的 txt 格式的汉语语料，但中科院计算所汉语分词分析系统 ICTCLAS 需要识别 Ansi 编码的 txt 格式的汉语语料，因此语料预处理过程中需要多次转换语料编码类型。另外，AntConc 软件在处理汉语语料前必须通过 Global Settings 内的选项将语言编码设定为 Unicode（utf8）（见图 3－1），否则会显示乱码。

3.2 本研究所用语料库

本研究基于三个语料库完成，分别是专利文献德汉平行语料库、专利文献汉语类比语料库以及参照语料库。前两个语料库为自建语料库，第三个语料库则是根据研究需要，经过大量调研后确定的大型参照语料库。另外，专利文献德汉单向平行语料库是本研究的核心语料库，包括德语子库和汉语子库，其中德语子库收集的是源语文本，汉语子库是与之相对应的

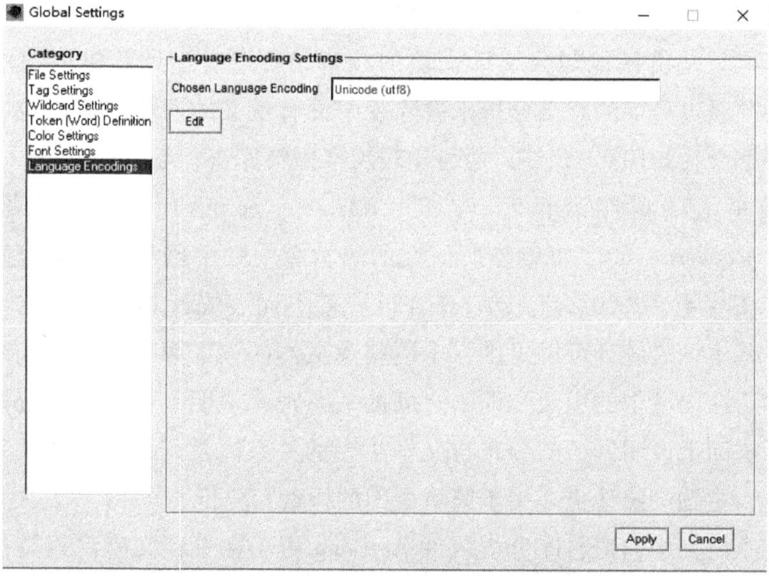

图 3－1　AntConc 软件语言编码设置

译语文本。专利文献汉语类比语料库则是基于平行语料库所开展的研究的重要补充，承担着验证前项研究结果的职责，它包括两个子库，即翻译子库和原创子库，而这里的翻译子库实际上就是平行语料库的汉语子库。参照语料库用来对专利文献德汉平行语料库的德语子库做主题词分析，这也是基于平行语料库、在篇章语用学框架下从词汇层面探究翻译语言特征的前提条件。下文依次介绍专利文献德汉单向平行语料库和专利文献汉语类比语料库的创建，最后简要介绍本研究所依据的参照语料库。

3.2.1　专利文献德汉单向平行语料库的创建

关于平行语料库的定义，一直未有定论。胡开宝（2011）认为“平行语料库是指收录某一源语语言文本及其对应的目的语文本的语料库，不同语言的文本之间构成不同层次的平行对应关系”。本研究建设的是双语单向平行语料库，即本语料库所收录语料为 100 篇源语（德语）文本和与之相对应的 100 篇译语（汉语）文本，内容均为本研究所指狭义的专利文献。

平行语料库用于翻译学研究时可作为语料分析和数据统计的平台。研究人员凭借平行语料库提取两种或两种以上语言平行对齐的语料，并在分析的基础上研究译者所采取的翻译策略和方法，探讨翻译规范或不同语言词汇和句式之间的对应关系等（胡开宝，2011）。也可以基于平行语料库对某一具体的语言现象进行探究，从整体上对该现象进行归纳，进而揭示其产生的本质（黄立波，2007）。本研究将在篇章语用学框架下，在平行模式下对译语文本的词汇、句法、篇章结构开展研究，考察译语文本相对于源语文本的规律性特征，即观察大多数译者对于这些情况的处理方式，进而提出指导翻译实践的翻译策略。

本研究的第一步是建立核心语料库——专利文献德汉单向平行语料库。专利文献德汉单向平行语料库的建设由语料选取、语料的预处理、双语语料的切分、汉语语料分词以及双语语料对齐等步骤构成。

3.2.1.1 语料的选取

Sinclair 曾指出，"任何语料库研究都必须以建立一个相应的语料库为前提，决定语料来源和语料搜集过程几乎为之后所有的研究工作奠定了基础"（转引自钱多秀，2011）。对于翻译研究而言，建立双语平行语料库对翻译研究的各个方面都有非常重要的意义和用途。

Scherer（2006）曾撰文说明，在创建一个语料库时，需要考虑四个原则，即代表性（[德] Repräsentivität）、持久性（[德] Beständigkeit）、规模（[德] Größe）和内容（[德] Inhalt），其中代表性是创建语料库的最高目标。Kennedy（1998）也特别指出，语料的代表性，即所选语料能否代表这个领域中的大多数文本，是语料库建设必须要考虑的一个重要问题。还有人撰文提到，语料库的建立一般需要涉及两个问题，即代表性问题和文本取样策略，其中文本取样策略包括随机取样和分层取样、采取内部或外部标准、文本采集是全部文本还是部分文本（转引自钱多秀，2011）。由此可见，代表性是绝大多数语料库语言学家在创建语料库时需要首先考虑的问题。

自建的专利文献德汉单向平行语料库中的所有语料均为本书的研究对象，即专利申请文献（包括摘要、说明书、权利要求书，但不包括请求书、附图，具体原因上文已介绍）。该平行语料库共有 100 个组文件，每个组文件都有对应的两个子文件，即该专利申请文件的德语原文和相对应的汉语译文，100 篇德语原文构成德语子库，100 篇汉语译文构成汉语子库。本语料库中所有语料均为真实语料，下载于中国国家知识产权局、欧洲专利局和世界知识产权组织网站。语料库中的所有汉语译文均为可用译文，即已被公开的、合格的、符合专利法规定的译文，因为既然这些译文来自官方网站，是已被公开的文本，所以这些译文必定是为本领域专业技术人员所认可的、具有法律效力的专利申请文件。总的来说，本研究语料库所采用的语料均为真实的（［德］ authentisch）、可用的（［德］ zugänglich）的语料。

专利文献既是法律文献，又是技术文献，但本研究的目的是挖掘不依赖于技术领域的、体现专利文献共性特征的翻译语言特征，即更侧重于专利文献的法律特征。同时，由于专利申请的对象，即专利申请文献的主题覆盖范围过于宽泛（如人类生活必需、机械工程、化工、冶金、电学等领域，仅机械工程领域就又包括发动机和泵、一般工程等诸多分部），为确保研究质量和研究结果的说服力和科学性，同时也为了更好地完成双语语料之间的比较，本研究的语料库尽可能地收录了不同技术领域的专利申请文件，从而得出跨技术领域的专利文献德汉翻译的普遍性特征，具体见附录 1。本研究随机选取了 100 篇专利申请文件的德语原文作为本研究平行语料库的源语文本及与之相应的 100 篇汉语译文作为译语文本，每个源语文本有 1500 ~ 5000 字/词，每个译语文本为 1500 ~ 6000 字/词，德语语料共约 23 万字/词，对应的汉语语料共约 34 万字/词。另外，为确保本研究的可操作性和科学性，本研究的第一阶段先抽取 10 篇源语文本及对应的 10 篇译语文本作为样本（［德］ Stichprobe）进行分析。

本研究平行语料库，即专利文献德汉单向平行语料库，符合语料库建设的各项要求，特别是符合代表性要求。

3. 2. 1. 2 语料的预处理

语料的预处理主要包括格式的统一、各种杂质的清除和德汉语料的保存。本研究所选取的语料包括从网上下载的 PDF 格式文本、未加工的 Word 格式文本等。文本格式如字体、段落编排和文档格式等各不相同。另外，由于语料输入方法不同，语料还存在一些格式问题；特别是直接从网上下载的语料，往往存在多余的空格、断行、乱码以及不必要或无法识别的图形和符号等。这些杂质都无法被语料库软件处理，对于研究更没有任何实质意义，甚至会影响研究过程和结果。因此，本研究同时通过计算机处理（主要是依靠正则表达式）和人工处理两种方式查找和处理这些问题，以达到清洁语料的目的。

为了便于语料库软件（主要是 ParaConc 软件）对本研究所收集的语料进行对齐、检索和处理，笔者按照软件要求将所下载的图片格式的文本或 Word 格式的德语和汉语文本均转换为 txt 文本格式，即将其处理为语料库语言学中的“文本”。一般来说，如果是纯英语文本，大多使用 Ansi 或 UTF－8 编码保存文本；如果文本中含有汉语，则多使用 UTF－8 编码（梁茂成、李文中、许家金，2010）。在本研究中，德语文本保存为 Ansi 格式，汉语文本保存为 UTF－8 格式。此外，文本处理不考虑附图。

在输入并校对语料、清除杂质、统一语料格式后，德语和汉语语料分别存储。按照语料库软件和计算机操作的要求，分存的每个文件名均应以英语命名。

3.2.1.3 双语语料的句子切分、汉语语料的分词与双语语料的对齐

由于本研究是对平行文本进行检索与分析，因此必须保证不同语言文本的切分与对齐。只有通过对齐才可能发现不同语言之间文本的对等程度，才可能发现和比较同一表达方式的不同译法，并进而探索出本研究的核心概念“翻译共性”。另外，对齐这一环节对于任何一款计算机辅助翻译软件和翻译研究软件而言也都至关重要。然而，词汇层面的平行对齐几乎很难实现，而语句层面的对齐则需要借助软件应用和人工干预相结合的方式来实现（胡开宝，2011）。本研究的前期准备工作显示，将句子视作基本的切分单位以及利用 ParaConc 软件完成德汉语料句级对齐是可行的。虽然这种以句子为基本单位的切分和对齐不能保证德汉文本之间完全精确的对齐，但已大大减轻了研究分析的难度。

实现德汉语料以句子为单位平行对齐的前提是对双语语料的句子切分和对汉语语料的分词（也称中文词法分析）。因此本阶段语料的处理依次为：双语语料的句子切分、汉语语料的分词和双语语料的对齐。

（1）双语语料的句子切分

这一步是将文本以句子为单位切分。德语书面语言的句子同英语相近，第一个单词的首字母须大写，句末使用句号、问号或惊叹号等句终号。汉语的句子相对简单，以句末使用的句号、问号或惊叹号等句终号作为切分句子的标志。

汉语语料句子切分的操作步骤如下：首先在 Office Word 中新建一个文档，将文本文件复制粘贴到此文档。选中全部文字后，打开替换功能，中文检索项为“。”，替换项为“。^p^p”，然后单击全部替换，其中^p 是段落标记符；“。^p^p”实现遇到句号自动在句号（。）后插入一个空行并单独成段；这时，还存在一些句子之间有四个换行符的情况，此时需要将检索项设置为“^p^p^p^p”，替换项为“^p^p”（钱多秀，2011）。同理，对德语文本也要进行相应处理，只需将汉语中的句号换为德语文本中的句号（.）即可。但考虑到德语原文中存在若干缩写，如 bzw.，etc.，德语语料完成句子切分后仍需人工校对。以上操作及结果如图 3－2 和图 3－3 所示。

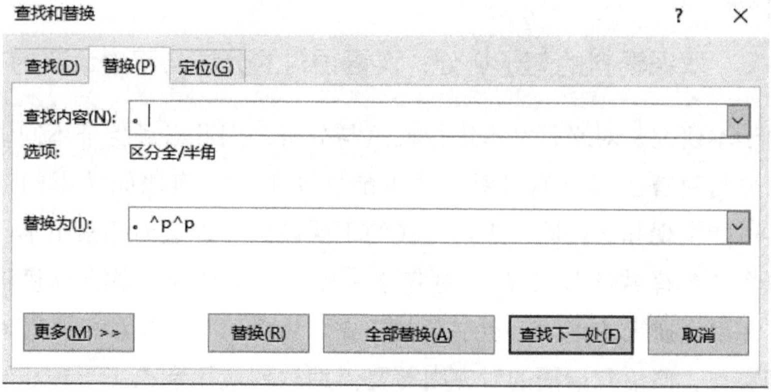

图 3－2　以句子为单位切分文本的操作过程（以汉语语料为例）

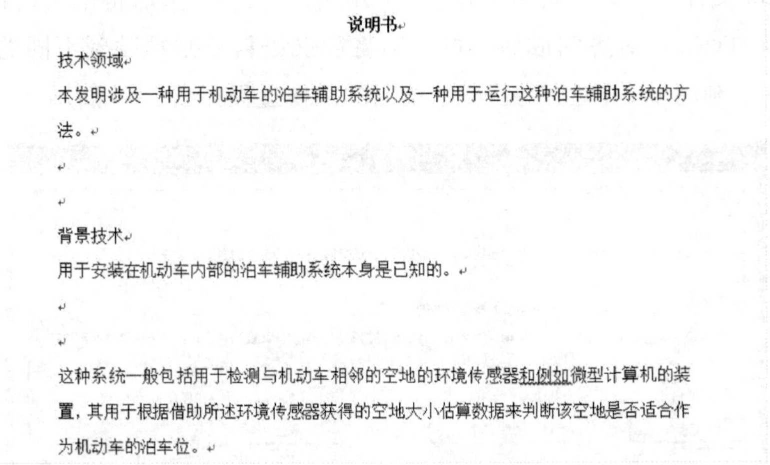

说明书

技术领域

本发明涉及一种用于机动车的泊车辅助系统以及一种用于运行这种泊车辅助系统的方法。

背景技术

用于安装在机动车内部的泊车辅助系统本身是已知的。

这种系统一般包括用于检测与机动车相邻的空地的环境传感器和例如微型计算机的装置，其用于根据借助所述环境传感器获得的空地大小估算数据来判断该空地是否适合作为机动车的泊车位。

图3-3 以句子为单位切分文本的结果（以汉语语料为例）

（2）汉语语料的分词

同许多语料库分析软件一样，ParaConc 软件也是针对西方语言研发的，对中文的处理能力欠佳，只能处理经分词处理后的语料。词是能够独立活动的、有意义的、最小的语言成分，但汉语是以字为基础的书写单位，词语之间没有明显的区分标记，因此中文词法分析是中文信息处理的基础和关键，只有在一个好的中文词法分析系统支持的情况下，才能保证分词的正确率。本书利用中科院计算所汉语分词分析系统 ICTCLAS[1] 对中文进行分词。汉语语料的分词操作如图 3-4 所示，操作结果如图 3-5 所示。

（3）双语语料的句级对齐

实践检验的结果显示，直接利用 ParaConc 软件的对齐功能不如利用 Excel 表格人工对齐文本（句对齐）。如此操作的好处是语料加载到 ParaConc 软件后能够实现自动对齐，实际上比直接通过软件对齐更方便实用。具体操作步骤如下：按照需要将属于同一组文件的德汉语料复制到一

[1] 中科院计算所汉语分词分析系统 ICTCLAS 由中国科学院计算机技术研究所开发，其分词规范采用了中国国家标准 GB/T 13715—1992。该系统汉语自动智能分词的主要功能包括中文分词、词性标注、命名实体识别、新词识别，同时支持用户词典。经检测，该系统综合性能最优，并使用统一的语言计算理论框架，是目前使用较为广泛的汉语分词系统。

个 Excel 文件中，如德语语料在左，汉语语料在右；然后将德汉语料调整为句与句对齐；对齐完成后，再分别将德汉语料复制粘贴到不同的 Word 文件中。利用 Excel 对齐德汉双语语料的操作过程如图 3－6 所示。

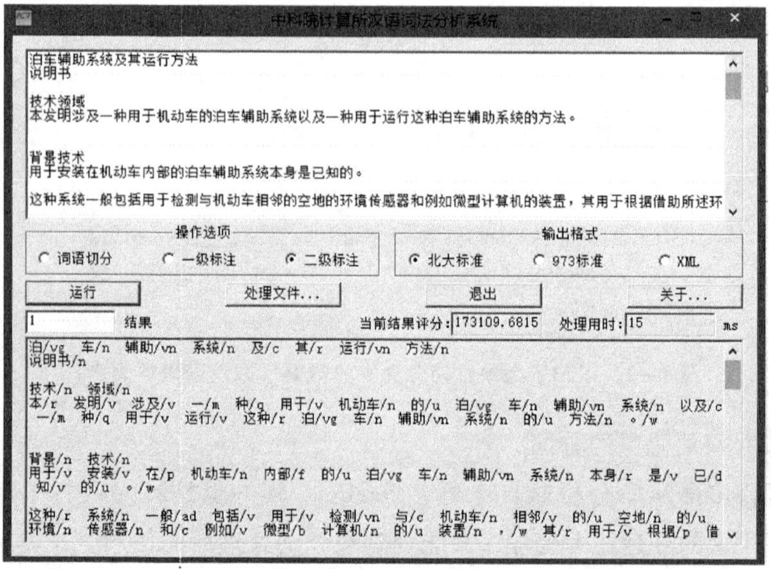

图 3－4　汉语分词的操作过程

泊 车 辅助 系统 及 其 运行 方法
说明书

技术 领域
本 发明 涉及 一 种 用于 机动车 的 泊 车 辅助 系统 以及 一 种 用于 运行 这种 泊 车 辅助 系统 的 方法 。

背景 技术
用于 安装 在 机动车 内部 的 泊 车 辅助 系统 本身 是 已 知 的 。

这种 系统 一般 包括 用于 检测 与 机动车 相邻 的 空地 的 环境 传感器 和 例如 微型 计算机 的 装置 ， 其 用于 根据 借助 所 述 环境 传感器 获得 的 空地 大小 估算 数据 来 判断 该 空地 是否 适合 作为 机动车 的 泊 车位 。

图 3－5　经句子切分和汉语分词处理后的汉语语料

	A	B
1	AKKUMULATORZELLE MIT BESCHICHTETEM TERMINAL	带有涂层的端子的蓄电池单元
2		说明书
3		技术领域
4	Die vorliegende Erfindung betrifft eine Akkumulatorzelle mit zwei Terminals, einen Akkumulator mit mindestens zwei Akkumulatorzellen sowie ein Kraftfahrzeug mit einem elektrischen Antriebsmotor zum Antreiben des Kraftfahrzeugs und einen mit dem elektrischen Antriebsmotor verbundenen oder verbindbaren Akkumulator.	本发明涉及带有两个端子的蓄电池单元、带有至少两个蓄电池单元的蓄电池以及一种机动车，其带有用于驱动机动车的电驱动电机和与电驱动电机相连或可相连的蓄电池组。
5		
6		
7	Stand der Technik	背景技术
8	Lithium-Ionen-Zellen besitzen mindestens eine positive und eine negative Elektrode (Kathode bzw. Anode), die Lithium-Ionen (Li+) reversibel ein- (Interkalation) oder wieder auslagern (Deinterkalation) kann.	锂离子蓄电池具有至少一个正电极和一个负电极（阴极和阳极），其能够可逆地嵌入或再次脱嵌锂离子（Li+）。

图 3 – 6 通过 Excel 对齐文本的操作过程

3.2.1.4 双语语料的加载和保存

为便于维护与选取，语料应该科学分类，特别是如果建立大型通用语料库，语料更应该按照“文本分类 + 命名”的原则保存。在本研究中，为解决 ParaConc 软件不识别德语特殊字符的问题，德语文本中的德语特殊字符改写为英语字符，因此最后以文件名“deutsch X – englisch – unicode 8. txt”（其中 X 为文件编码，阿拉伯数字形式）将德语语料保存为 txt 格式；汉语语料需经过中文分词，最终以文件名“chinesisch X – ansi – cla. txt”（其中 X 为文件编码，阿拉伯数字形式，并且与德语文献名称中的 X 一致）的形式保存为 txt 文本。

然后平行加载语料，加载语料过程如图 3 – 7 所示，加载语料完成如图 3 – 8 所示。

加载语料成功后，可以利用 ParaConc 软件中的 View Corpus Alignment（显示对齐语料）来显示语料之间的对齐情况，如图 3 – 9 所示。

语料加载和对齐后被保存在名为“Paratext”的工作区（[英] workspace），这样以后每次使用语料库时都可以选择 Open Workspace（打开工作区）。事实上，特别是当建设大型通用平行语料库时，可选择这种操作方式将不同语域的语料保存在不同工作区，又便于研究时随时调出语料。

最后，在本研究平行语料库中，每个德语源语文本及对应的译语文本共同组成名为“paratext_×××”（其中×为对应的文件编码）的组文件，例如“paratext_001”指的是“专利文献组文件001”。

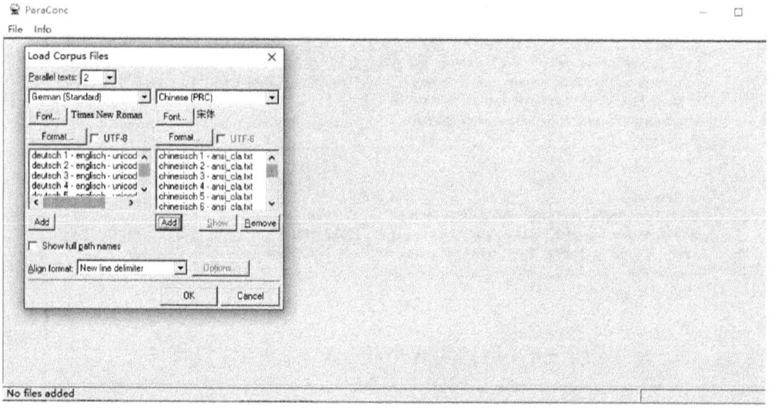

图 3-7　加载语料

图 3-8　加载语料完成

专利文献德汉单向平行语料库的创建比较复杂，技术难度较大。语料库的创建过程包括语料的选择和预处理、双语语料的句子切分、汉语语料的分词处理、双语语料的句级对齐、双语语料的加载和保存。创建语料库的过程中有很多困难，例如ParaConc软件不能识别德语特殊字符或者直接利用ParaConc对齐句子很难操作等。经过和多位专家的交流以及个人的探索，本研究最终成功地建成了一个由100篇专利文献德语原文及与之相对应的100篇汉语译文组成的平行语料库，语料库的总规模达到将近60万字/词。当然，与动辄容量达几百万字/词或几千万字/词的语料库相比，本研究自建的语料库的规模不大，但“窥一斑而知全豹”，基于本研究平行语料库已经可以获得有价值的研究结果。当然，未来类似研究也可以继续扩大语料库的规模，突破现有的技术困难，优化研究程序和方法，使研究成果更科学可信，更具指导性。

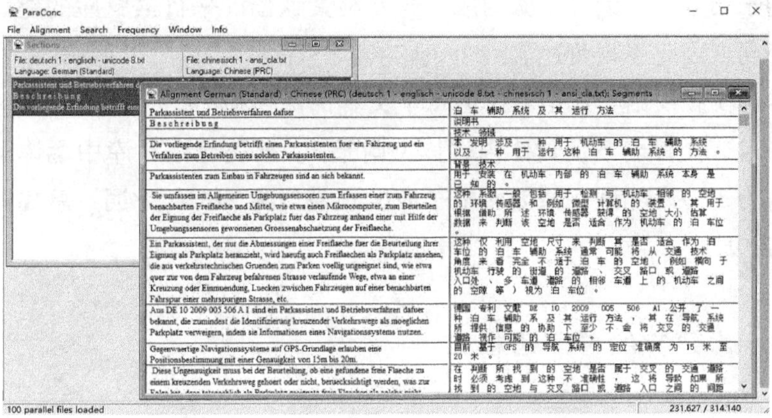

图 3-9 ParaConc 语料平行对齐浏览窗口

3.2.2 专利文献汉语类比语料库的创建

Baker（1995）将类比语料库定义为“同一语言里两组互为独立的文本集合，其中一个语料库由相关语言中的源语文本组成，另一个语料库则由该语言中译自特定源语的译本组成”。虽然类比语料库中某一语言由翻译语料和原创语料组成，而且这两类语料彼此之间不构成翻译关系，但相互之间具有良好的可比性。除平行语料库外，本研究还创建了单语类比语料库作为研究的辅助语料库，即专利文献汉语类比语料库，它由专利文献汉语翻译子库和汉语原创子库构成，其中汉语翻译子库是专利文献德汉平行语料库中的汉语子库，汉语原创子库的语料是本研究收集的、由专利申请人或其代理人用中文撰写并向中国国家知识产权局提交的 30 篇专利文献。在本语料库中，汉语原创文本可作为参考工具，确定自平行语料库中通过检索得出的主题词的目的语对应词、某一语句的目的语对应结构或目的语对应标题是否与汉语原创文本一致，或哪一个目的语对应词、目的语对应结构或目的语对应标题更易被译语篇章接受者接受，以确保研究的科学性和可信度。另外，通过比较汉语翻译子库和原创子库，可以发现或验证某些翻译语言特征。

专利文献汉语类比语料库的建设同样由语料选取、语料的预处理、语料的句子切分和分词等步骤构成，与专利文献德汉平行语料库的建设过程基本相同，因此不再赘述。

专利文献汉语类比语料库的每个文本都保存在 chi_×××（×××为文件序号）文件名下，具体内容详见附录 2。该类比语料库中翻译子库的规模约为 34 万字/词，原创文本子库的规模约为 25 万字/词，总规模约为 59 万字/词。

3.2.3 本研究的参照语料库

篇章语用学框架下词汇层面的实证研究需要进行主题词（[德] Stichwort，[英] keyword）分析。主题词是在单篇或多篇文本中具有超高复现频率的词。通过观察主题词，可以发现某一给定文类或主题文本的词语特征。因为在语言运用中，词语既存在于横向序列中，与其他词汇共现，又存在于纵向聚合关系中，一些特定词语群总是可被触发表达相同或相似的主题，从这一特征出发，计算某一个文本或某一类文本的词语分布，并将其与其他文本的词语分布进行比较，从而得出所谓的主题词表，就能够使研究者对于该文本或该类文本的词汇特征有所了解（梁茂成、李文中、许家金，2010）。生成主题词表需要两个语料库，一个是观察语料库（[英] observed corpus），原则上可以是单篇文本，也可以是由隶属于同类题目的多篇文本构成的语料库，在本研究中是自建的专利文献德汉平行语料库的德语子库；另一个则是参照语料库（[德] Referenzkorpus，[英] reference corpus）。进行主题词分析时，所使用的参照语料库至关重要，使用不同的语料库可能产生不同的结果（肖忠华，2012）。尽管 Tribble（1999）认为，参照语料库的大小并不十分重要，但大多数语料库语言学学者还是坚持参照语料库尽量选用通用语料库，其总量也要大于观察语料库。从研究的实践来看，研究者应该基于研究目的和研究问题选择一个规模尽可能大的语料库，这样的参照语料库才能作为研究所有语言变型——不管是涉及地区还是人群的语言变型——的基础（Scherer，2006），才能得出相对客观的关键词表。按照这一原则，曼海姆德国语言中心 IDS 的德语参照语料库 dereko 是本研究参照语料库的最佳选择（见图 3 - 10）。

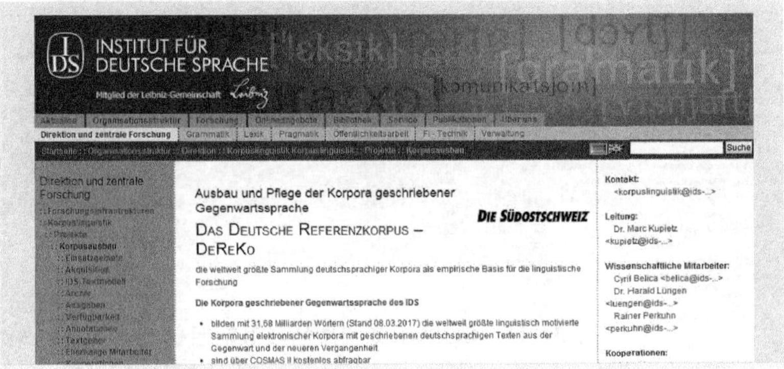

图 3 - 10　IDS 主页上对德语参照语料库 dereko 的介绍

注：参见 http：//www1. ids - mannheim. de/kl/projekte/korpora（最后访问时间：2017 - 05 - 01）。

德语参照语料库 dereko 以超过 290 亿词（截至 2016 年 3 月 31 日）的规模成为世界上规模最大的、以语言研究为目的的、近现代德语书面文本电子语料库，它创建于 1964 年，在此期间规模持续扩大。这一语料库中收录的都是完整文本，包括文学类、科技类和科普类文本，同时还有大量的报纸文本以及其他类型的文本。值得注意的是，该语料库中所有语料均为合法语料，[1] 这就意味着，该语料库的创建者和维护者通过各种方式取得了全部语料版权所有者的许可，其中有些许可包含一定限制条件，即可为科学研究所用，但不能用作商业用途。同时该语料库也进行了语言学标注，从而可以更好地应用于语言学研究。另外，该语料库只对注册用户开放，用户可通过 COSMA Ⅱ 系统（见图 3 - 11）进入该语料库并利用该语料库开展各类语言研究。由于该语料库的限定条件（如规模和进入方式），

[1] 参见 http：//www. ids - mannheim. de/kl/projekte/korpora（最后访问时间：2016 - 04 - 23）。

无法通过研究者一般使用的 AntConc 软件来比较观察语料库和参照语料库。最后，本研究平行语料库中德语子库和参照语料库之间的比较是在 IDS 的 Perkuhn 老师的帮助下完成的。

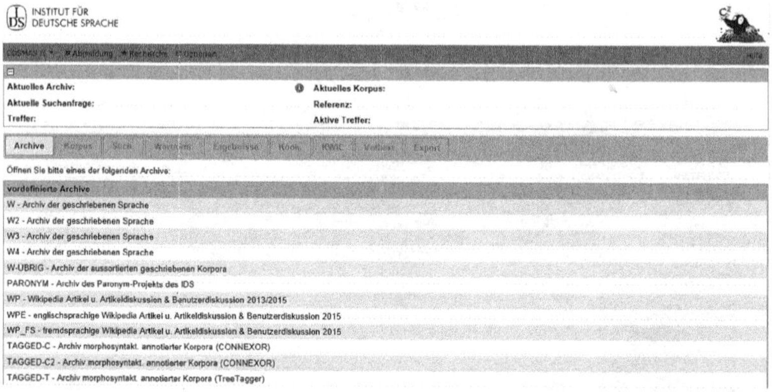

图 3－11　COSMA Ⅱ 系统的索引截图

注：参见 https：//cosmas2. ids － mannheim. de/cosmas2 － web（最后访问时间：2017－05－01）。

3.3　本章小结

本章首先介绍了基于语料库的实证分析所需要的语料库软件：ParaConc 和 AntConc。在此特别强调了语料库软件 ParaConc 在处理德汉双语语料时遇到的技术问题，即无法在导入德汉双语语料后识别德语的特殊字符。最后在处理德语语料时，用英语字符替代了德语特殊字符。尽管现在的解决方案不是最佳方案，但已经可以使用 ParaConc 软件处理、检索和分析德汉双语语料以及开展实证研究。期待未来可以有更适合的软件或技术手段识别、处理德汉双语语料并优化实证研究过程。

随后，本章依次介绍了专利文献德汉单向平行语料库和专利文献汉语类比语料库的建设以及本研究所选的参照语料库。平行语料库是本研究的核心语料库，类比语料库起辅助作用，二者相辅相成，缺一不可。只有利用好这两种语料库，才能开展深入而有效的研究。在专利文献德汉单向平行语料库的建设过程中，德汉双语语料对齐是关键，而汉语语料分词和德汉双语语料的句子切分是对齐的前提，这些也是平行语料库建设过程中难度最大、耗时最长的环节。本章简要介绍了一种相对简单的双语语料对齐方法。参照语料库的引入是确定本研究中德语专利文献主题词的基础，而主题词表可以在篇章层面上说明词语的分布与文本主题的关系以及词语之间的关系，是揭示专利文献翻译与其他篇章类别翻译不同之处的重要手段。

本章是下一章实证研究的基础和准备。

4 篇章语用学框架下、基于语料库的专利文献德汉翻译的实证分析

本章是本研究的实证部分，即在篇章语用学框架下、基于专利文献德汉平行语料库对专利文献的德汉翻译进行实证分析。

专利文献是一类专用篇章，兼具法律文献和科技文献的语言特点。德语的专利文献因此也具有特定的语言特点，例如时态上以现在时为主、大量使用动词的第三人称、广泛使用被动语态、多动词名词化和分词结构等（朱建华，1993）。然而，本研究的目的不是调查德语专利文献中的单个语法现象及其汉译，而是在篇章语用学框架内，基于专利文献德汉平行语料库并参照汉语类比语料库探究专利文献德汉翻译的规律性特征。篇章语用学视角下的“翻译”是动态的、有目的的、跨文化的人类交际活动，在这一过程中，语言符号常以篇章形式呈现。这就是说，翻译的对象是篇章，而不应该是支离破碎的篇章片段，因此考察专利文献的翻译时也必须将专利文献视作一个整体。同时，篇章是一个完整的、统一的、多层次（多等级）的、多分支的结构体（唐进伦，2013），所以应该从不同层次、不同维度探讨专利文献篇章的翻译问题。具体来说，本书将依次从词汇、句法和篇章结构层面开展实证研究，但此处的词和句并非孤立的词和句，而是篇章中的词和句。实证研究所关注的词是体现专利文献这一篇章类别与其他类别差异的主题词；实证研究涉及的句子是专利文献最高频出现的两种句法结构——结果从句和被动结构。最后，篇章结构层面的实证研究将标题翻译作为切入点，通过对标题翻译的观察和检索考察其交际语境，尝试构建专利文献篇章的宏观结构，进而发现标题与篇章宏观结构的关系以及标题翻译的规律性特征。

在实证研究中，量化和质化研究相结合，既要对本研究平行语料库以

及在需要的情况下对类比语料库进行检索，并对各类翻译对应情况进行数据统计和描写，又要在数据统计和描写的基础上汇总研究结果，发现和分析专利文献德汉翻译的规律性特征。

4.1　词汇层面的实证分析

如前文所述，从不同视角看待篇章可能得出不同的“篇章”定义，甚至依照 Hartmann（1971）的观点，所有与语言有关的现象都可被视为篇章，因为篇章是“原本的语言符号”，语言只能通过篇章呈现。按照这一定义，篇章可长可短。然而，多数情况下，篇章的实现形式相对复杂，其中“词”是篇章的基本构建单位。词是语言的语法结构中最重要的一级语法单位，是语言中能够自由运用的最小符号；从语言符号的意义表达上来看，词也是承载意义最基本的单位（叶蜚声、徐通锵，2010）。在专利文献这一类别的篇章中，词如同搭建房子的砖瓦搭建起专利文献的篇章大厦，因此有必要通过对专利文献篇章的基本构成单位——词的翻译研究来发现专利文献篇章的翻译特点或翻译规律。

对于专利文献这种篇章类别，语料库语言学中所谓的“主题词”是最能显示该篇章类别特征的词，因此也是最有研究价值的。主题词是指在单篇或多篇文本中具有超高复现频率的词，通过对主题词的观察，可以发现某一给定文类或某一给定主题文本的词语特征（梁茂成、李文中、许家金，2010）。换言之，通过对主题词翻译的考察，有可能发现某一篇章类别的翻译特征。本书的“主题词”还需从以下两个方面来理解。第一，本研究中的“主题词”并非单纯的高频词，它是基于观察语料库和参照语料库之间的比较以及对词语在观察语料库中的频数、观察语料库的总词数、词汇在参照语料库中的频数、参照语料库的总词数进行交叉表计算、使用卡方检验后得出的词。只有当一个词在观察语料库中出现的频数显著高于其在参照语料库中出现的频数，它才可被视为观察文本的主题词（梁茂成、李文中、许家金，2010）。也就是说，只有这样的主题词才能够显示出专利文献这一篇章类别词汇的特征。第二，专利文献是法律文献和技术文献的集合，但本书不是研究某个技术领域专利文献的语言表达及翻译，而是研究不同技术领域专利文献所共有的语言表达及翻译，因此本书聚焦专利语言的法律特征。从这个意义上说，本书中的“主题词”是不受技术领域限制的，是能够凸显出作为一种法律篇章的专利文献语言特点的词。基于本研究中主题词的这些特性，本研究在设计“主题词遴选”的研究步骤时必须考虑到以上两个方面。只有在确定了主题词后，才有可能通过对主题词翻译的分析探寻专利文献这一篇章类别翻译的规律性特征。

既然本研究是着眼于专利文献这一篇章类别的翻译实践的研究，而任何的翻译实践都不可能脱离词义，因此本研究词汇层面的实证分析应围绕词义展开。不可否认，在语言学中，特别是语料库语言学中，词义是将词和篇章紧密联系起来的一个重要方面。尽管词作为语言符号首先具有一个基本的概念义，它构成了语义的核心，具有普遍性和稳定性，也是语言交流的基础（王京平，2003）。然而，从篇章语用学的视角来看，语言不是孤立于社会之外的现象，而是生存于社会之中，于是，作为语言符号的词，应被视为社会交际行为的痕迹，也因被使用而被赋予了社会属性和更丰富的含义（Müller，2012）。词，或者说语言表达所存在的语境历来为不少学者和语言学流派所关注。语境论（[德] Kontextualismus）将语言和非语言语境视为在交际情景中作用于言语表述的因素（Lemnitzer and Zinsmeister，2010）。唐进伦（2013）将语境定义为“在交际情景中，所有系统地决定语言表达理解的因素，包括语言性和非语言性语境、言语情景的现实语境、说者和听者及其知识和态度之间关系的社会语境”。Müller（2012）在谈及语料库语用学（[德] Korpuspragmatik）的方法论时为语境（[德] Kontext）赋予了更多内涵，他将语境阐释为多层次的，并且提出了语境的洋葱模型（[德] Zwiebelmodell）。根据洋葱模型，语言表述的语境从中心的语言语境开始，包括不同类型的阐释框架、物质环境，甚至还需要囊括使用语言的社会群体、语言使用所存在的文化和时代等。所有这些语境因素构成了语言使用的动态环境，在篇章理解的过程中，这些不同的语境维度应被等同视之，因为它们在语言使用的过程中也在不断地相互影响和相互作用。总之，不管语境意义为何，语言的使用都离不开语境，因此篇章理解，或者说词义的理解和确定也都离不开语境，至少离不开篇章以及篇章所构建的交际场景。另外，根据在篇章语用学框架下构建的“翻译过程中的人←世界→篇章的三元关系”模型，翻译这一跨文化的交际行为既包括篇章理解又包括篇章生产，那么在翻译过程中，源语词词义的确定以及其目的语对应词的选择都离不开篇章这一整体以及篇章所创设的交际场景。

综上所述，由于本研究是一项篇章语用学视角下的研究，所以有必要通过对凸显专利文献篇章类别特点的、构成专利文献篇章整体的重要单位——主题词的翻译研究来发现专利文献篇章的翻译特点或翻译规律。

本研究以真实语料作为研究的数据，即将实际使用中的语言视作研究对象，这样研究结果才真实可信。在此过程中，平行语料库软件 ParaConc 因其能够实现动态语境共现、对照检索和显示源语文本与目的语文本而作为本节实证研究的语料库分析工具。

为验证同一主题词作为源语词在本研究平行语料库中所对应的目的语词是否可用和通用，本节的实证分析引入了专利文献汉语类比语料库，即借助专利文献汉语原创文本来判定经平行语料库检索得出的目的语词是否可用和通用。

为作为源语词的主题词确定目的语词并非本研究的最终目的，本研究不是简单地判定某个译文是否合理或是否忠实于原文，更没有将其作为检验翻译优劣的标准，而是要通过汇总一些专利文献德语篇章中的主题词及其目的语对应词来解释专利文献德汉翻译词汇层面上的规律性特征。本研究通过如下步骤开展专利文献篇章翻译词汇层面的实证研究：第一步，遴选出本平行语料库德语子库中具有超高复现频率的主题词，将这些主题词作为后续研究的基础；第二步，通过平行语料库软件 ParaConc 在本研究平行语料库中检索出主题词源语词的目的语对应词，同时借助本研究类比语料库确定哪个目的语对应词可用，如果多个目的语对应词可用，则确定哪个目的语对应词最通用，为增强本研究的科学性和说服力，这一步骤还借助了图表和实例来说明问题；第三步，是最关键的一步，即从个案出发挖掘共性，探寻和总结潜藏于专利文献的译语篇章中可能的规律性特征。

4.1.1 主题词的遴选

开展词汇层面实证研究的第一步是通过比较观察语料库（即本研究平行语料库的德语子库）和参照语料库并加以人为干涉得出主题词表。本小节简要说明主题词表的产生以及如何通过人为干涉的方式选出有研究价值的词，即本书所说的主题词。

参照语料库应尽量选用总量远大于观察语料库的通用语料库，因此 dereko 是本研究参照语料库的最佳选择。本研究在此需要解决两个问题：一是 dereko 语料库数据过于庞大，出于知识产权等限制，个人无法获取该语料库的全部数据，并且操作也受到技术限制；二是缺少能够完成这一任务的语料库软件，因为通常用来生成主题词表的 AntConc 软件根本无法处理像 dereko 这样大规模的参照语料库。为解决上述问题，本研究的主题词遴选工作是在 IDS 的 Perkuhn 老师帮助下完成的。❶ 另外，遴选主题词的研究过程还需要若干次人工干涉：首先，受限于技术，这一步骤只能比较两个语料库中的形符（[德] Token），即词汇的屈折变化（[德] Flexion），因此需要将属于同一类符（[德] Typ）的词汇总；其次，本研究关注跨技术领域的、最能体现专利文献法律特征的词，这样就要在考量可能对词表产生影响的因素（例如观察语料库的一些词可能因为与时事热点、技术讨论重合而在参照语料库中高频出现）后进一步对计算机选出的词进行遴选。❷ 通过计算机程序得出的词表囊括了上万词汇，受限于篇幅，本研究仅列出前 50 作为示例，见表 4－1。

表 4－1 观察语料库和参照语料库的初始比较结果（部分）

dereko	patente	winner①	chi2②	Wort	df③	chi2 * df④
95	219	patente	19784003.08	erfindungsgemäßen	60	1187040185.00

❶ 通常情况下，研究者可以利用 AntConc 软件通过比较观察语料库和参照语料库的方式生成词表，然而这一方法对观察语料库和参照语料库的规模有所要求。

❷ 在本研究过程中，笔者请多名同学分别围绕该机器产出的词表人工遴选主题词，并比较每位同学的结果，最终确定本研究所需的主题词表。

续表

dereko	patente	winner①	chi2②	Wort	df③	chi2 * df④
84	155	patente	13020281. 07	Ausführungsbeispiel	47	611953210. 30
60	113	patente	9560172. 34	erfindungsgemäßen	53	506689134. 00
5165	594	patente	7934617. 55	Fig	57	452273200. 40
453	202	patente	8068724. 72	Ausführungsform	49	395367511. 30
12	61	patente	6602280. 77	Erfindungsgemäß	44	290500353. 90
21	42	patente	3626712. 90	Ausführungsbeispiels	27	97921248. 30
41	42	patente	2752785. 93	erfindungsgemäß	31	85336363. 83
25	35	patente	2644469. 40	Bezugszeichen	23	60822796. 20
148	110	patente	6074564. 39	Batteriezelle	8	48596515. 12
97	39	patente	1448545. 45	Ausführungsbeispiele	29	42007818. 05
15	20	patente	1480285. 26	Unteransprüchen	20	29605705. 20
247155	775	patente	312242. 21	gekennzeichnet	91	28414041. 11
242259	722	patente	276444. 26	Erfindung	98	27091537. 48
40	133	patente	13243831. 92	Metallbad	2	26487663. 84
21878	361	patente	758317. 62	Vorrichtung	34	25782799. 08
0	63	patente	8160167. 02	Batteriezellengehäuse	3	24480501. 06
229	89	patente	3226221. 17	Steuereinrichtung	7	22583548. 19
375	48	patente	705420. 72	Ausführungsformen	31	21868042. 32
11	20	patente	1671294. 98	erfindungsgemäßens	12	20055539. 76
101	88	patente	5307064. 21	Dichtlippe	3	15921192. 63
898	51	patente	354906. 99	Patentansprüche	41	14551186. 59
0	53	patente	6864902. 41	Kondensationsgefässes	2	13729804. 82
0	33	patente	4274373. 20	Formaufspannplatte	3	12823119. 60
1508	135	patente	1436526. 23	Batteriezellen	8	11492209. 84
49	123	patente	11392987. 03	Lagerbuchse	1	11392987. 03
21	15	patente	809522. 88	Ausführungsbeispielen	14	11333320. 32
39	29	patente	1601904. 29	Batteriemodul	7	11213330. 03
18	20	patente	1363417. 48	Computerprogrammprodukt	8	10907339. 84
0	42	patente	5440111. 35	Batteriemanagementeinheit	2	10880222. 70
38	21	patente	968128. 36	Vorteilhafterweise	11	10649411. 96
15	36	patente	3291474. 76	Sensoranordnung	3	9874424. 28

续表

dereko	patente	winner①	chi2②	Wort	df③	chi2 * df④
16	18	patente	1234294. 04	einstückig	8	9874352. 32
0	25	patente	3238161. 52	lnertgas	3	9714484. 56
14	84	patente	9325881. 16	Objektivaufnahme	1	9325881. 16
46	62	patente	4610129. 73	Sprüheinrichtung	2	9220259. 46
51	40	patente	2277343. 48	Schwenkachse	4	9109373. 92
18	83	patente	8834700. 98	Fahrzeugkamera	1	8834700. 98
4	35	patente	4068452. 16	Auslösesignals	2	8136904. 32
45	91	patente	7886767. 87	Profilschiene	1	7886767. 87
3	32	patente	3789568. 68	Sperrorgan	2	7579137. 36
25	44	patente	3634217. 79	Mischkopf	2	7268435. 58
0	28	patente	3626740. 90	Kondensationsgefäss	2	7253481. 80
0	28	patente	3626740. 90	Temperiervorrichtung	2	7253481. 80
6	33	patente	3616767. 17	Aufstelleinrichtung	2	7233534. 34
452458	514	patente	74522. 99	Ansprüche	97	7228730. 03
3	30	patente	3532534. 38	Magnesiumschmelze	2	7065068. 76
6	59	patente	6936629. 25	Kaffeebohnenbehälter	1	6936629. 25
18	67	patente	6840492. 58	Mikrotabletten	1	6840492. 58
0	52	patente	6735375. 95	Klemmrippe	1	6735375. 95

注：本表是按照 chi2 * df 排序的。

①winner 指的是在观察语料库和参照语料库比较过程中，胜出的词主要分布在哪个语料库中。本研究筛选后保留的是观察语料库（即 patente）中的词。

②chi2 是 chi – square 的缩写，意思是卡方检验，考察某个检索项在两个不同语料库中出现的频次和语料库大小的情况（梁茂成、李文中、许家金，2010）。

③df 是 Dispersionfrequenz 的缩写，也可写作 Verteilungsfrequenz，意思是分布频率，指某个词在语料库的各部分（可以是文本，也可以是子库）的分布情况。一般来说，一个词分布在越多的文本中，被应用于越多的语境中，该词在该语料库中的重要性就越大（Perkuhn，Keibel，and Kupietz，2012）。

④chi2 * df 是综合考虑了词在观察语料库中的分布情况以及在两个语料库中的卡方检验结果后得出的数值，也是本表中各词排序的依据。只有通过这一算式得到的排序才能真正表现出该词对于观察语料库的重要性。

由表 4 – 1 可知，一些技术范畴的词在整个语料库中高频出现。原因可能有二：第一，本研究平行语料库选取的语料有限，而专利文献涉及的技术领域包罗万象，某个技术术语可能高密度集中出现在某一篇专利文献中，从而导致该词在表4-1中排序靠前；第二，特别是当几篇专利文献的发明主题相近时，一些特定的技术词出现频率更高。基于以上情况，表4-1所列举的词在本研究平行语料库的100篇源语文本中的分布（[德] Dispersion）至关重要，具体参见表4-2（在此仅列出表格的部分内容）。

表4-2 本研究平行语料库德语子库词汇分布情况（部分）

Rang	df	Token	Rang	df	Token
1	100	wird	23	99	Erfindung
2	100	von	24	99	einer
3	100	und	25	99	dass
4	100	oder	26	99	das
5	100	nach	27	99	auf
6	100	mit	28	99	auch
7	100	kann	29	98	Zusammenfassung
8	100	ist	30	98	im
9	100	in	31	98	durch
10	100	einen	32	98	aus
11	100	einem	33	98	Ansprüche
12	100	ein	34	98	Anspruch
13	100	eine	35	97	zur
14	100	Die	36	97	nicht
15	100	die	37	96	sind
16	100	des	38	96	sich
17	100	der	39	96	an
18	100	den	40	95	es
19	100	dem	41	95	eines
20	100	Beschreibung	42	94	zum
21	99	zu	43	94	in
22	99	werden	44	94	für

注：本表是按照德语词在本研究平行语料库德语子库中的分布情况排序的。具体来说，德语子库共有100篇德语专利文献，如果df为100，就意味着该词出现在所有的100篇德语文本中。从表中可知，排序1~20的德语词都属于这一情况。

在表4－2中，总体上排在前头的词都是功能词，或者说是表达语法意义的虚词。这些功能词数量虽然不多，但在句子中的实际使用需求很大，因此在排在前位的词中，功能词占很大比重。就该词表中的虚词而言，大致包括限定词（如 der、die、das）、介词（如 nach、mit、von）、连词（如 und、oder）等。这一现象实际上也指向一个基本的语言事实，即语言最基本的功能在于传达信息（梁茂成、李文中、许家金，2010）。本研究针对的是能够凸显出专利文献表达特征的词，因此必然再次需要人工过滤掉这些虚词。

经过多次对主题词表的人工干预，最终得出可用的主题词表，见表4－3（本书在此仅列出部分内容）。

表4－3　筛选后的主题词表（部分）

Rang	dereko	patente	winner	chi2	Wort	df	chi2 * df
1	95	219	patente	19784003.08	erfindungsgemäßen	61	1187040185.00
2	84	155	patente	13020281.07	Ausführungsbeispiel	48	611953210.30
3	60	113	patente	9560172.34	erfindungsgemäßen	54	506689134.00
4	453	202	patente	8068724.72	Ausführungsform	50	395367511.30
5	12	61	patente	6602280.77	Erfindungsgemäß	45	290500353.90
6	21	42	patente	3626712.90	Ausführungsbeispiels	28	97921248.30
7	41	42	patente	2752785.93	erfindungsgemäß	32	85336363.83
8	97	39	patente	1448545.45	Ausführungsbeispiele	30	42007818.05
9	15	20	patente	1480285.26	Unteransprüchen	21	29605705.20
10	247155	775	patente	312242.21	gekennzeichnet	92	28414041.11
11	242259	722	patente	276444.26	Erfindung	99	27091537.48
12	375	48	patente	705420.72	Ausführungsformen	32	21868042.32
13	11	20	patente	1671294.98	erfindungsgemäßens	13	20055539.76
14	898	51	patente	354906.99	Patentansprüche	42	14551186.59
15	21	15	patente	809522.88	Ausführungsbeispielen	15	11333320.32
16	38	21	patente	968128.36	Vorteilhafterweise	12	10649411.96
17	452458	514	patente	74522.99	Ansprüche	98	7228730.03
18	175836	340	patente	84313.01	aufweist	75	6239162.74
19	168	28	patente	518057.84	vorteilhafterweise	13	6216694.08
20	308716	423	patente	74127.18	angeordnet	77	5633665.68

注：本表是按照 chi2 * df 排序的。

受技术限制，表4-3所列词的呈现形式是形符，即每个类符的屈折变化形式，下文检索时需要考虑到同一个类符的不同形符，统计数据也必须以类符为基础，例如表4-3中的“Ausführungsbeispiel”“Ausführungsbeispiels”“Ausführungsbeispiele”“Ausführungsbeispielen”等都是形符，检索时只需检索类符“Ausführungsbeispiel”[1]即可。

4.1.2 主题词检索

4.1.2.1 单一主题词检索

在平行语料库中检索主题词是在词汇层面上研究专利文献德汉翻译的重要一步。通过平行检索德语主题词可以掌握与主题词相对应的目的语词，同时还可以根据检索结果对各个目的语对应词进行数据统计。

主题词检索基本上有两种情况。第一种情况是单一的主题词检索，步骤如下（以“wobei”为例）。

1）利用ParaConc软件的高级检索（Advance Search）功能。如前文所述，主题词是通过对比本研究平行语料库德语子库和参照语料库后得出的德语词，所以设置德语检索项为源语词，在本例中为德语词“wobei”，如图4-1所示。

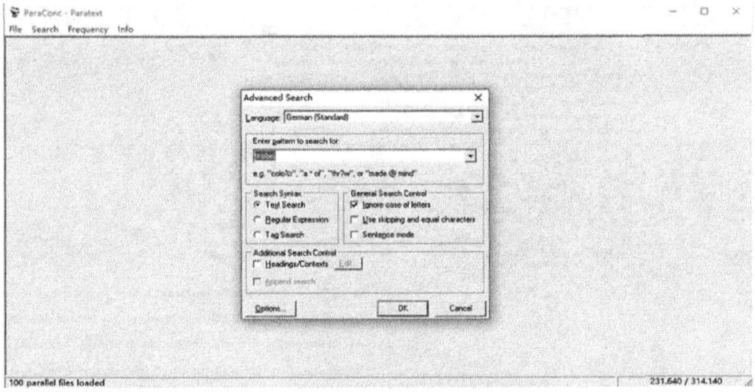

图4-1 设置检索项“wobei”

---

[1] 受语料库软件ParaConc限制，在本研究平行语料库中实际检索的是“Ausfuehrungsbeispiel”。

检索结果将显示“wobei”在本研究平行语料库中出现的全部频次。由图4－2可知，软件自动标亮检索项，并显示检索项可能的搭配。界面上半栏是语料库中所有带指定检索项的检索结果，下半栏是与上半栏句子对应的译文。

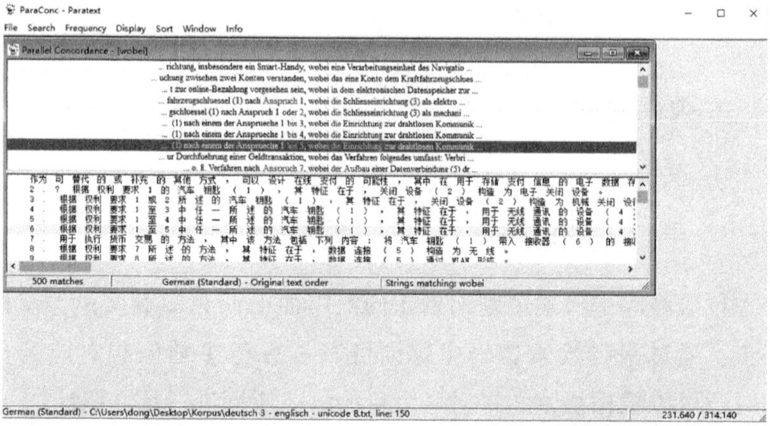

图4－2　德语检索项“wobei”的KWIC模式显示

注：KWIC意指语境关键词功能。

这个界面的优点是，如果点击某一行文字，不论原文还是译文，界面下方都会显示该文字所在的文件，如图4－3所示。

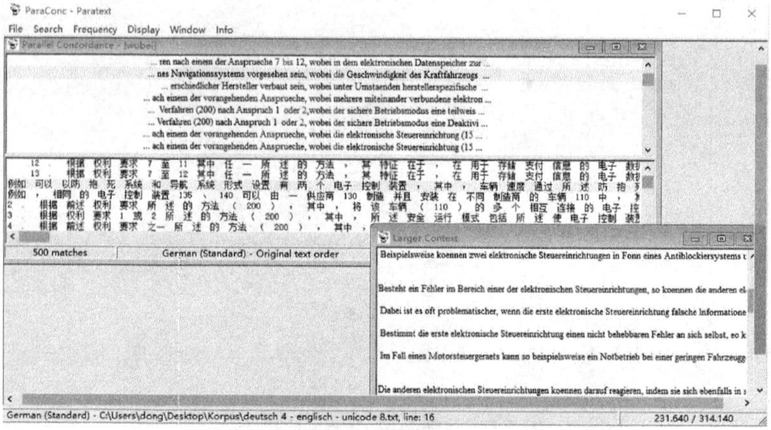

图4－3　德语检索项“wobei”所在文件显示

检索项的设置其实有多种方式，上文是将德语词“wobei”作为检索项，而它是起连接作用的副词，没有屈折变化。如果主题词是有屈折变化的名词、动词等，除将需要检索的德语词具体的形符作为检索项，还可以通过正则表达式来设置检索项。

2）纵观整个语料库，源语词与目的语词未必全是一对一的关系，更多时候，可能是一对多或多对一的关系。例如要统计某一个源语词的不同目的语对应词在本研究平行语料库中出现的频次，必须进一步使用 ParaConc 软件的平行检索（Parallel Search）功能。又如通过上一步检索发现，"wobei" 基本上有两个目的语对应表达："其中" 和 "其特征在于"。为确定 "其中" 这一对应表达在本研究平行语料库中出现的频次，需将 "wobei" 设置为德语检索项，"其中" 作为汉语检索项，检索项设置和检索结果如图 4－4 所示。

图 4－4　平行检索界面（以 "wobei" 和 "其中" 作为平行检索项）

3）平行检索后，可以得出对应的原文和译文。图 4－5 的平行检索结果显示的是源语词 "wobei" 被译作 "其中" 的情况（软件中 "其中" 在界面下栏中显示为蓝色），由此可以统计出 "其中" 作为 "wobei" 的目的语对应词在本研究平行语料库中出现的频次。经过对不同目的语对应词的平行检索，研究者可以分别统计出各个目的语对应词的频次，并将其作为后续统计分析的数据基础。

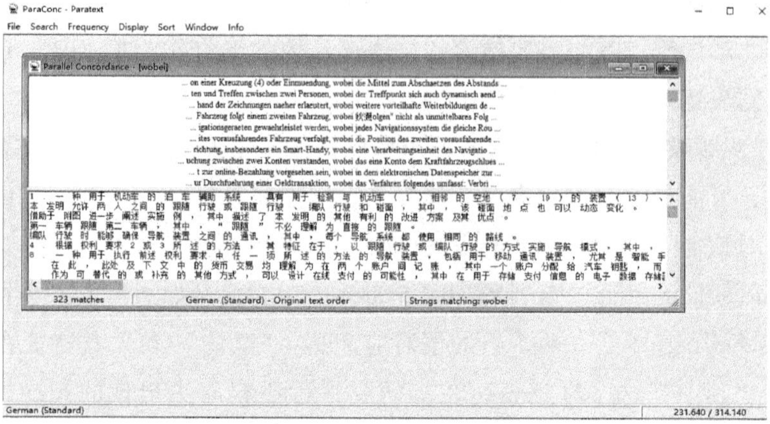

图 4-5 平行检索结果

4.1.2.2 主题词检索及共现形式

孤立地看待语言中的词语有着显而易见的不足，这也是语言学界广为接受的看法。早在 20 世纪 50 年代，Firth 就已经提出了搭配（[德] Kollokation，[英] collocation）的概念。根据他的观点，搭配是词语之间的“结伴”关系（转引自梁茂成、李文中、许家金，2010）。Halliday 认为搭配是“体现词项在某种显著的临近范围内组合关系的线性共现”（转引自胡开宝，2011）。而语料库语言学长期以来关注的热点问题之一就是如何有效地发现词语的常见搭配，这对于提高语言教学和语言学习的效果、有效实现机器翻译等自然语言处理任务都非常重要。同理，基于平行语料库开展研究时参照词语的常见搭配会有新的发现。

在语料库索引行中，以节点词为中心、左右的词数之和为跨距（[英] span），跨距内每个位置上出现的词即为节点词的搭配词（[英] collocates）（梁茂成、李文中、许家金，2010）。虽然在本研究平行语料库中检索“kennzeichnen”时没有特定设置跨距的数值，但“kennzeichnen”检索结果的界面却直观地显示出“durch”和“dass”常与“kennzeichnen”同时出现，即节点词“kennzeichnen”常见的搭配词是“durch”和“dass”，因此考察“kennzeichnen”的翻译时需要考虑这种共现形式。如前文所述，本研究的语料库均未做削尾处理，所以检索时必须考虑到

kennzeichnen 所有可能的形式。选择有二：一是将“kennzeichnen”及其屈折变化“gekennzeichnet”和“kennzeichnet”逐一作为检索项；二是输入正则表达式“＊kennzeichne?”作为检索项，如图 4－6 所示。检索结果显示如图 4－7 所示。

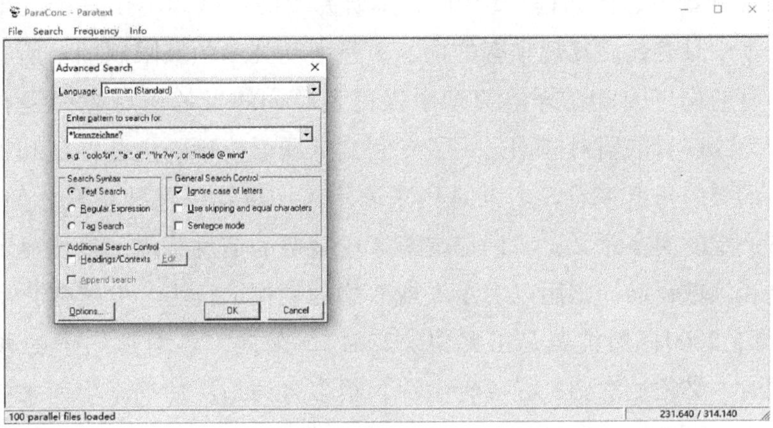

图 4－6　设置检索项“＊kennzeichne?”

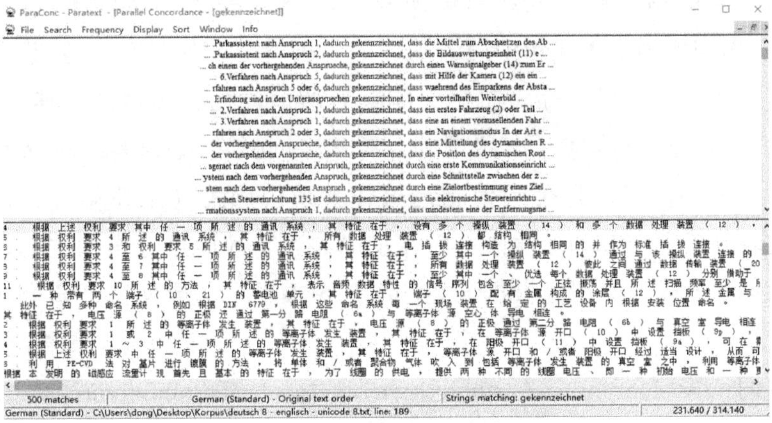

图 4－7　德语检索项“＊kennzeichne?”结构的 KWIC 格式（包括共现形式）显示

注：在软件中，节点词显示为蓝色，搭配词显示为红色。

4.1.3 数据统计和实例解析

在语法结构中，词是最重要的语法单位，是语言中能够自由使用的最小符号（叶蜚声、徐通锵，2010）。本研究中的主题词不仅是指在单篇或多篇文本中具有超高复现频率的词，更是不受技术领域限制的、所有专利文献共有的词。因此在译语篇章中探讨主题词的目的语对应词是有价值的，因为这些目的语对应词显示了专利文献译语篇章的主题特征和篇章特征。从词类的角度来看，名词是用来表示人、事物以及抽象概念的词类，它具有一定的实在意义，名词也是篇章中重要的信息载体，最能显示篇章的主题和领域；动词则用以表示人或事物的动作、行为、发展变化和状态（钱文彩，2000；周抗美、王兆渠，2004）。因此，名词是句子的核心部分。同时，必须注意到这样一种情况，很多名词是从动词派生而来的，即动词的名词化或动名词，这种情况在科技德语中尤其突出（韩忠浩、Steinmüller，1998）。专利文献作为科技篇章和法律篇章也同样具有这样的特点。形容词用来修饰人或事物所具有的某种特征（周抗美、王兆渠，2004）。副词可用来表述句中谓语动词的各种特征，如时间、地点、原因、目的、方式方法及程度等，在句中能够对谓语动词、形容词、其他副词，甚至整个句子进行修饰（王兆渠等，2001）。此外，德语有一种特殊的副词，即代副词，特别是疑问代副词可作关系代词用（王兆渠等，2001）。通过比较观察语料库和参照语料库并加以人工干涉后遴选出的主题词囊括了以上词类，因此本研究根据词类依次列举本书词汇层面实证研究所关注的词。

名词：Ausführung；Ausführungsbeispiel；Ausführungsform；Ausgestaltung；Erfindung；Unteranspruch。

动词：aufweisen；ausführen；anordnen；kennzeichnen；umfassen。

形容词：vorzugsweise；bevorzugt。

代副词：wobei。

本小节使用了以下统计项目：①频次，指源语词在本研究平行语料库中的目的语对应词出现的次数；②构成比例（%），指各目的语对应词在总频次中的比例。除此之外，本书的实证分析是基于篇章语用学视角下的动态篇章观，并结合了本研究创建的篇章语用学视角下的“翻译过程中的人←世界→篇章的三元关系”模型，因此本小节分析每个主题词翻译情况时都结合了这一模型并通过图示将其表现出来。

4.1.3.1 Ausführung

经过检索发现，源语词“Ausfuehrung”❶ 在本研究平行语料库的德语子库中共出现48次，而与之对应的目的语词竟然有10种之多。该源语词的各种目的语对应词及其在本研究平行语料库中出现的频次和所占比例统计见表4-4。另外，翻译是动态的过程，源语词“Ausfuehrung”的翻译需要被置于“翻译过程中的人←世界→篇章的三元关系”模型中，因此图4-8突出了源语词“Ausfuehrung”及其目的语对应词在该模型中的关系，实例解析也借助于这一模型完成。

在图4-8中，ZA指Zielausdruck，意思是目的语表达，这一表述方式是为了突出本研究是在篇章语用学框架下进行的，强调词汇的语用意义。具体到本研究，特别是本研究的平行语料库中，图4-8中的“世界”所提供的时间是2010—2015年，这是因为平行语料库中的专利文献的汉语译文的公开和下载时间是2010—2015年；“世界”所提供的空间在此是抽象的，指的是专利文献所处的领域，即“技术和法律领域”，这也和专利文献的篇章功能及篇章类别相关，时间和空间所构成的世界已不是翻译这一交际活动的中心，而是背景。另外，译者呈现深浅两色，是为了突出译者作为源语篇章接受者和译语篇章生产者的双重角色。同时，指向目的语表达的最粗的箭头所表达的意思是，该目的语表达在本研究平行语料库中出现频次最多。本小节其他图示的情况相同，不再重复。

❶ 如前文所述，受语料库软件ParaConc的限制，本研究平行语料库中德语语料里的特殊字符已相应调整为ae、oe、ue和ss，因此下文在介绍对本研究平行语料库的检索及列举实例时直接出现的是调整后的德语词及相应的例子。在本小节中，因为德语词“Ausführung”在本研究平行语料库中出现的形式都是“Ausfuehrung”，所以此处为“Ausfuehrung”。下文情况相同，不再赘述。

表 4－4 “Ausfuehrung”在本研究平行语料库中的目的语对应词频次及构成比例统计

源语词	频次	目的语词	频次	构成比例
Ausfuehrung	48	实施方式	29	60%
		实施（名词）	5	10%
		实施方案	3	6%
		结构形式	6	13%
		结构	2	4%
		执行（动词）	2	4%
		附图说明（子标题）	1	2%

注：由于对数据进行了四舍五入处理，百分数之和有可能不为 100%，后同。

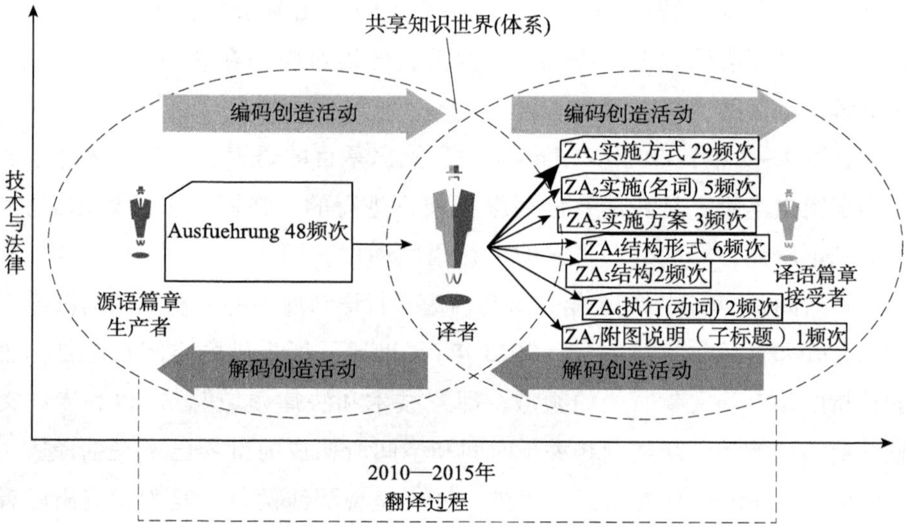

图 4－8 “翻译过程中的人←世界→篇章的三元关系”模型中的“Ausfuehrung”及其目的语对应词的关系

尽管表 4－4 和图 4－8 指明了德语主题词“Ausfuehrung”及其在本研究平行语料库中的目的语对应词和比例关系，但毕竟主题词的翻译不能脱离专利文献篇章所建构的场景，也不能脱离翻译过程中的人与世界和篇章的关系。以下首先从本研究平行语料库中选取部分实例对“Ausfuehrung”的实际翻译情况进行解析。

实例 4-1（来源：paratext_032）

原文：In der einfachsten Ausfuehrung stellt die Sensorik ein Beschleunigungssignal bezogen auf eine Fahrzeuglaengsachse，eine Fahrzeugquerachse und eine Fahrzeughochachse bereit.

译文：在最简单的实施方式中，传感机构通过汽车纵轴、汽车横轴和汽车竖轴的形式给出加速度信号。

实例 4-2（来源：paratext_025）

原文：Gemaess einer noch weiteren zweckmaessigen Ausfuehrung weist das Verdrehsicherungsbauteil zwei diametral gegenueberliegende Aufnahmewege auf，die jeweils von Fuehrungswaenden begrenzt sind und bezogen auf die Position des Stromanschlussteils insbesondere spiegelsymmetrisch zueinander angeordnet sind.

译文：根据再一个适当的实施，该防旋转组件有两个处于径向相对位置的接纳路径，它们各自受引导侧壁的限制，并就电流接线件的位置而言尤其安排彼此镜像对称。

实例 4-3（来源：paratext_002）

原文：Bei einer weiteren Ausfuehrung der Erfindung verfolgen mehrere zu einer Fahreugkolonne zusammengesetzte Fahrzeuge jeweils als Routenlinie das jeweilige vorausfahrende Fahrzeug.

译文：在本发明另一个有利的实施方案中，组成车辆编队的多辆车辆分别将各自的在前行驶的车辆确定为各自的路线目标。

实例 4-4（来源：paratext_069）

原文：Aufgabe der Erfindung ist es，eine Anschlusseinrichtung zum Anschliessen eines Druckbehaelters an einen Druckpruefstand in selbstverstaerkender Ausfuehrung zu schaffen，mit dem Druckbehaelter an einen Druckpruefstand angeschlossen werden koennen，ohne dass es zu einer unzulaessigen Belastung von Teilen des Druckbehaelters kommt，insbesondere von Druckbehaelteranschluessen.

译文：本发明所要解决的技术问题是创造一种用于以自加强的结构形式将压力容器连接到压力试验台上的连接设备，通过该连接设备即便在高试验压力下也能将压力容器连接到压力试验台上，而不会使得压力部件，特别是压力容器接头受到不允许的载荷。

实例 4-5（来源：paratext_100）

原文：Ein weiterer Vorteil der zweigeteilten Ausfuehrung des Mitnehmers liegt darin，dass die Mitnehmerscheibe sowohl fuer rechts als auch fuer links laufende Freilaeuft ohne Aenderung der Geometerie eingesetzt werden kann.

译文：带动件的两件式结构的另一个优点在于，带动盘可以在不改变几何形状的情况下既用于向右运行的自由轮，又用于向左运行的自由轮。

实例 4-6（来源：paratext_001）

原文：8. ❶Computerprogrammprodukt，welches Instruktionen umfasst，die bei Ausfuehrung auf einem Computer diesen befaehigen，das Verfahren nach einem der Ansprueche 5 bis 7 auszufuehren.

译文：8. 一种包括指令的计算机程序，当在计算机上执行该指令时，使计算机能够执行如权利要求5~7中任一项所述的方法。

实例 4-7（来源：paratext_002）

原文：Bester Weg zur Ausfuehrung der Erfindung（Titel）

译文：附图说明（标题）

实例解析：解析主题词“Ausfuehrung”的翻译，不能脱离“翻译过程中的人←世界→篇章的三元关系”模型。尽管“Ausfuehrung”只是一个词，但如图4-8所示，专利文献的篇章内因素（如篇章的主题、内容、功能等）和篇章外因素（即“世界”，其中包括了源语篇章生产者、译语篇章接受者、源语文化等）都对它的翻译产生影响。在此，首先将源语词作为出发点，结合专利文献的篇章内外因素解析它的翻译。源语词“Ausfuehrung”是动词“ausführen”的名词形式，这种动名词常出现在科技文献中，但上述实例已经表明，该词在专利文献中大多用作动名词，具有特定的专用语意义，但也有少数特殊情况。以下逐一解析不同的译法。

1）从“Ausfuehrung”在本研究平行语料库中所处的场景来看，被译

❶ 因为“权利要求书中有一项以上权利要求的，应当用阿拉伯数字顺序编号”，所以本实例中的原文及相对应译文均为权利要求。下文类似实例情况相同，不再重复。

作“实施方式”的“Ausfuehrung”在原文中出现的位置类似，一般是在说明书中描述具体实施方式的部分，并且多在“in einer Ausfuehrung”“bei einer Ausfuehrung”和“gemaess einer Ausfuehrung”等类似结构中。根据主题词出现的场景可以判断，它在这种情况下已不是一般的动名词，而是具有特定意义的名词，是特定的专用词。实例 4 - 1 中的“实施方式”和实例 4 - 3 中的“实施方案”两种处理方式都是在该词本意“实施”的基础上参考场景因素补充了“方式”和“方案”两个名词，从而更符合汉语的表达方式。同时，通过对本研究类比语料库中原创子库的检索，“实施方式”在该库中共出现 315 频次，而“实施方案”仅有 7 频次，“实施方式”出现频次远远超过“实施方案”。当然也不排除“实施方式”可能对应不止一个源语词，因此进一步参考了“实施方式”在本研究类比语料库的原创子库中应用的场景，如实例 4 - 8 中的“在本实施方式中”就可以对应“in einer Ausfuehrung”“bei einer Ausfuehrung”和“gemaess einer Ausfuehrung”等形式。

实例 4 - 8（来源：chi_010）

在本实施方式中，该感应器电路 1 还包括一数字光耦合器 50，该数字光耦合器 50 位于该逻辑控制单元 30 与控制器 10 之间，用于对该逻辑控制单元 30 输出至控制器 10 的标识信号进行数字光耦隔离。

“Ausfuehrung”在实例 4 - 2 中的目的语对应词“实施”虽然符合该词的来源“ausführen”的意义，但在汉语的常规语境下，“实施”读起来更像是动词，表达不够通顺。此外，“实施”一词在类比语料库中从未以名词形式出现。

2）实例 4 - 4 和实例 4 - 5 的译法类似。经检索，表 4 - 4 所示的 6 个目的语对应词“结构形式”全都出自同一篇译文 paratext_069，这说明“结构形式”这一译法是该译文译者的主观选择，受译者已有知识等的影响。根据“翻译过程中的人←世界→篇章的三元关系”模型，译者确实是翻译过程的主导者，因此译者的个体差异可能影响到最终的翻译结果。另外，对于该目的语对应词的分析也不应脱离专利文献源语篇章以及译文所创设的场景，实例 4 - 4 中的德语原文和实例 4 - 1 不同，不是提出某一种实施方式的惯常表达，而是强调该设备的构造，因此这种译法在这种情况下是可以接受的。“结构”的情况与之相同，不再赘述。在此，译者的主观认识和篇章构建的场景都影响了对目的语对应词的选择。

3）实例4－6根据“Ausfuehrung”在篇章中所处的场景，在译文中将其还原为动词“实施”（执行），使其更符合汉语表达习惯。当然，“Ausfuehrung”在此实例中的位置也和前几个实例有所不同。

4）实例4－7的德语原文是说明书中的一个子标题。虽然逐词翻译的话，相应的汉译可以是“实施本发明的最佳途径”，但它所在的位置对应的是译语篇章说明书的第四个子标题，此时译语篇章的场景要素对其影响最为关键，这一目的语词也是以目的语场景和文化为导向，完全改译为意义上毫无关联的“附图说明”。

综上，实例4－1的译文是最常见的选择，即最通用的目的语词，虽然其他译法也相对各有可取之处。结合图4－8，主题词“Ausfuehrung”与其目的语对应词形成了一对多的对应关系，但其中“实施方式”在译语篇章中出现频次最多，因此主题词“Ausfuehrung”的目的语对应词主要集中在“实施方式”一个词上。

4.1.3.2 Ausführungsbeispiel

源语词“Ausfuehrungsbeispiel”在本研究平行语料库的德语子库中共出现了150次，全部对应一个目的语词“实施例”，目的语对应词频次和构成比例统计见表4－5，“翻译过程中的人←世界→篇章的三元关系”模型中的“Ausfuehrungsbeispiel”及其目的语对应词的关系如图4－9所示。

表4－5 “Ausfuehrungsbeispiel”在本研究平行语料库中的目的语对应词频次及构成比例统计

源语词	频次	目的语词	频次	构成比例
Ausfuehrungsbeispiel	150	实施例	150	100%

下文从本研究平行语料库中选取部分实例对“Ausfuehrungsbeispiel”的实际翻译情况进行解析。

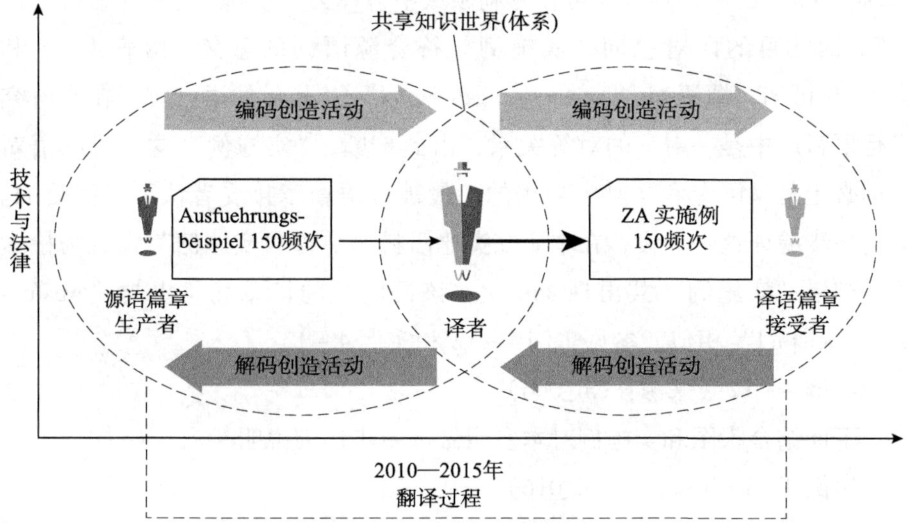

图 4－9 "翻译过程中的人←世界→篇章的三元关系"模型中的"Ausfuehrungsbeispiel"及其目的语对应词的关系

实例 4－9（来源：paratext_012）

原文：In dem in der Fig. 1 dargestellten Ausfuehrungsbeispiel ist die Anfangsspannung die Versorgungsspannung.

译文：在如图 1 所示的实施例中，初始电压即供电电压。

实例 4－10（来源：paratext_069）

原文：Ein Ausfuehrungsbeispiel der Erfindung ist in der Zeichnung dargestellt und wird im Folgenden naeher beschrieben.

译文：在附图中示出本发明的实施例并且以下将对其进行详细解释。

实例 4－11（来源：paratext_097）

原文：Der Rahmen besteht im dargestellten Ausfuehrungsbeispiel aus einem oberen Rahmenteil 12. 1 und einem unteren Rahmenteil 12. 2，die miteinander verbunden sind.

译文：车架 17 在本实施例中由相互连接的一个上车架部分 12. 1 和一个下车架部分 12. 2 构成。

实例解析：从"Ausfuehrungsbeispiel"的词形和词义来看，该词为复合名词，由"Ausfuehrung-"和"-beispiel"两部分组成，前者是动词

“ausführen”的名词形式，可在专利领域中解释为“实施”，后者意指“例子”，因此目的语对应词“实施例”符合源语词的意义。由表4-5和图4-9可知，源语词“Ausfuehrungsbeispiel”及其目的语对应词在本研究平行语料库中是一对一的对等关系，由此推断，“实施例”这一目的语对应词必定是汉语专利文献中通用的、最被译语篇章接受者认可和接受的。为进一步验证这一假设，在本研究类比语料库中将“实施例”设置为检索项，结果“实施例”共出现446次，该词所处的篇章场景也与“Ausfuehrungsbeispiel”相似，参见实例4-12和实例4-13。

实例4-12（来源：chi_006）

下面结合附图和实施例对本发明做进一步详细说明。

实例4-13（来源：chi_016）

本实施例的第二出水部1302与泵壳之间封闭接触，所述的第二出水部1302上设置过滤部。

综上，源语词“Ausfuehrungsbeispiel”及其目的语对应词“实施例”形成一对一的对应关系，并且目的语对应词符合译语篇章创设的交际场景和目的语原创篇章中的交际场景。

4.1.3.3 Ausführungsform

“Ausfuehrungsform”这一源语词在本研究平行语料库的德语子库中共出现182次，在5个目的语对应词中，“实施方式”出现的频次明显多于其他，统计数据见表4-6，“翻译过程中的人←世界→篇章的三元关系”模型中的“Ausfuehrungsform”及其目的语对应词的关系如图4-10所示。

表4-6 “Ausfuehrungsform”在本研究平行语料库中的目的语对应词频次和构成比例统计

源语词	频次	目的语词	频次	构成比例
Ausfuehrungsform	182	实施方式	144	79%
		实施例	24	13%
		实施形式	12	7%
		结构形式	1	0.5%
		漏译	1	0.5%

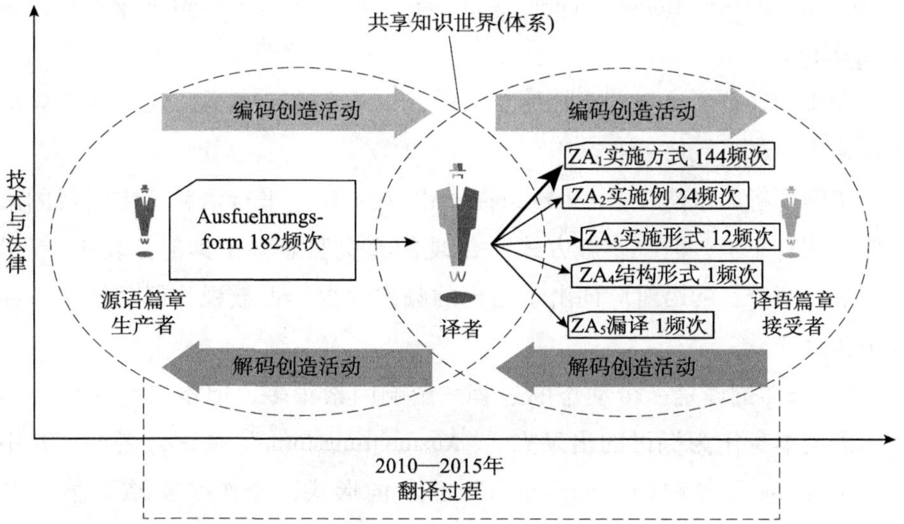

图 4-10 “翻译过程中的人←世界→篇章的三元关系”模型中的“Ausfuehrungsform”及其目的语对应词的关系

下文从本研究平行语料库中选取部分实例并结合“翻译过程中的人←世界→篇章的三元关系”模型对“Ausfuehrungsform”的实际翻译情况进行解析。

实例 4-14（来源：paratext_003）

原文：In einer Ausfuehrungsform ist die Einrichtung zur drahtlosen Kommunikation zur Kommunikation mittels NFC（Nahfeldkommunikation，engl. near field communication）ausgelegt.

译文：在一种实施方式中用于无线通信的设备设计为借助于 NFC（即近距离无线通信技术）通信。

实例 4-15（来源：paratext_015）

原文：In einer Ausfuehrungsform umfasst die Bremseinrichtung eine Bremsscheibe，die in Richtung der Drehachse der Rolle mit einer，vorzugsweise einstellbaren，Bremskraft beaufschlagbar ist.

译文：在一个实施例中，该制动装置包括一个制动圆盘，它在该辊子旋转轴的方向上可以施加一个优选可调整的制动力。

实例 4-16（来源：paratext_047）

原文：Diese Ausfuehrungsform stellt eine besonders sichere aber auch etwas teuere dar, da die Holme laenger sein muessen als in den vorherigen Ausfuehrungsform.

译文：这个实施形式是特别可靠的，但是成本也略高，这是因为梁必须比前述实施形式的梁长。

实例解析：虽然“Ausfuehrungsform”在本研究平行语料库中的目的语对应词共有5个，但“实施方式”出现的频次明显多于其他，表4-6示出的最后两个目的语对应词由于出现的频次太少，可被视作偶然情况，在此不予解释。

1）虽然翻译是一个动态的过程，影响因素很多，但本研究在此还是把源语词本身作为探讨的出发点。“Ausfuehrungsform”是复合名词，其中“Ausfuehrung-”是动词“ausführen”的名词形式，译作“实施”恰如其分，“-form”的本义是“形式、形状、样子、模型”等，因此可译作“实施方式”或“实施形式”。根据对本研究类比语料库的检索，“实施方式”更符合汉语专利文献的表达习惯，因为这一表达在类比语料库中共出现了315次（用法见实例4-8），而“实施形式”的频次为0，这说明“实施方式”是汉语专利文献的惯用表达，符合汉语专利文献的场景，因此一定符合目的语篇章的场景，这也就解释了“实施方式”为何在本研究平行语料库中出现的频次明显多于其他。但“实施形式”不符合汉语专利文献的场景，因此它不是目的语对应词的最佳选择，本研究平行语料库目的语对应词中7%的比重也说明，只有个别译者根据已有知识和对专利文献的认识选择了“实施形式”这一目的语对应词。

2）选择了另一个目的语对应词“实施例”的译者虽然既尊重了源语的语言和文化，又参考了目的语文化，但实际上混淆了“Ausführungsform”和“Ausführungsbeispiel”两词。在此同样把源语词作为分析的出发点，从词的构成看，“-form”无法和“例子”产生联系，意义上不对等。从交际场景看，“实施方式”和“实施例”两词的内涵不同，实施方式包括实施例：实施例是通过具体的例子更细化、更形象地阐述技术方案，而实施方式阐明发明的技术实现，既包括抽象的概述也包括具体的举例，范围更广，原则上可包括多个实施例。在专利申请文件的撰写及翻译实践中，“实施方式”和“实施例”两个概念确实经常被混淆，但两词的内涵有所不同，因此它们的翻译一般来说最好应尊重原文。[1] 基于以上分析，“实施方式”要比“实施例”更恰当，实例 4 - 14 的翻译优于实例 4 - 15 的翻译，更容易为译语篇章接受者理解和接受。大多数专利文献的译者了解两者的区别，选择“实施例”这一目的语对应词的情况不多，因此该词在所有目的语对应词中仅占 13% 比重。

综上，实例 4 - 14 中的“实施方式”是最佳的目的语对应词。事实上，“实施方式”在本研究类比语料库中共出现 315 频次，这也验证了上述结论。

在这一翻译案例中，源语词“Ausfuehrungsform”及其目的语对应词构成了一对多的对应关系，但其中一个目的语对应词，即“实施方式”在译语篇章中的出现频次明显多于其他，也就是目的语对应词主要集中在一个目的语对应词“实施方式”上，同时这一最佳目的语对应词是以目的语为导向的，符合目的语篇章创设的场景。

上面列举的翻译实例分别探讨了“Ausführung”“Ausführungsbeispiel”和“Ausführungsform”在本研究平行语料库中的目的语对应词及其分布，其中前两个源语词及其目的语对应词形成了一对多的对应关系，但在多个目的语词中，只有一个在出现频次上占绝对优势，即出现频次最多的目的语对应词是专利文献德汉翻译的最佳选择，也是最通用的翻译；而后一个源语词及其目的语对应词构成了一对一的对应关系，那么毋庸置疑，这个词就是该德语源语词的唯一对应可能。此外，从词形上观察，后两个德语词有相同的组成部分“Ausführung-”，第一个德语词也是由该词（即“ausführen”）衍生而来的名词，因此三个德语源语词的目的语对应词理论上应有相同的组成部分（即“实施”）。事实上，基于本研究平行语料库得出的这三个源语词的最佳（或唯一）目的语对应词确实包括了一个相同的组成部分“实施”。

[1] 关于“实施例”和“实施方式”两个术语的区别，译者不仅从语言学和翻译的角度对其进行比较，而且重点参考了它们在专利领域的意义，为此同中国国家知识产权局和德国知识产权局的审查员就此问题进行交流，最后得到的结论是“两词的翻译应尊重原文”。

4. 1. 3. 4 Ausgestaltung

源语词“Ausgestaltung”在100篇源语文本中共出现95频次，但它的目的语对应词情况复杂，共有10余种。表4-7展示了“Ausgestaltung”在本研究平行语料库中出现的频次及构成比例，图4-11表现的是“翻译过程中的人←世界→篇章的三元关系”模型中的“Ausgestaltung”及其目的语对应词的关系。

表4-7 “Ausgestaltung”在本研究平行语料库中目的语对应词频次和构成比例统计

源语词	频次	目的语词	频次	构成比例
Ausgestaltung	95	设计方案	34	36%
		结构形式	16	17%
		实施方式	15	16%
		构成	6	6%
		构造方案	5	5%
		结构	4	4%
		设计	4	4%
		结构方案	2	2%
		外形	2	2%
		配置、构造方式、构造、扩展方案、构型等	7	7%

下文从本研究平行语料库中选取部分实例并结合“翻译过程中的人←世界→篇章的三元关系”模型对“Ausgestaltung”的实际翻译情况进行解析。

实例4-17（来源：paratext_001）

原文：Die Aufgabe wird einer Ausgestaltung der Erfindung zufolge geloest, indem bei einem Parkassistenten fuer ein Fahrzeug mit Mitteln zum Erfassen einer zum Fahrzeug benachbarten Freiflaeche, Mitteln zum Beurteilen der Eignung der Freiflaeche als Parkplatz fuer das Fahrzeug und Mitteln zum Abschaetzen des Abstands der Freiflaeche von einer Kreuzung oder Einmuendung die Mittel zum Abschaetzen des Abstands eine Kamera umfassen.

译文：根据本发明的一种设计方案，所述技术问题通过一种用于机动车的泊车辅助系统解决，其具有用于检测与机动车相邻的空地的装置、用于判断该空地是否适合作为机动车泊车位的装置和用于估算该空地与交叉路口或道路入口之间的间距的装置，其中所述用于估算间距的装置包括摄像头。

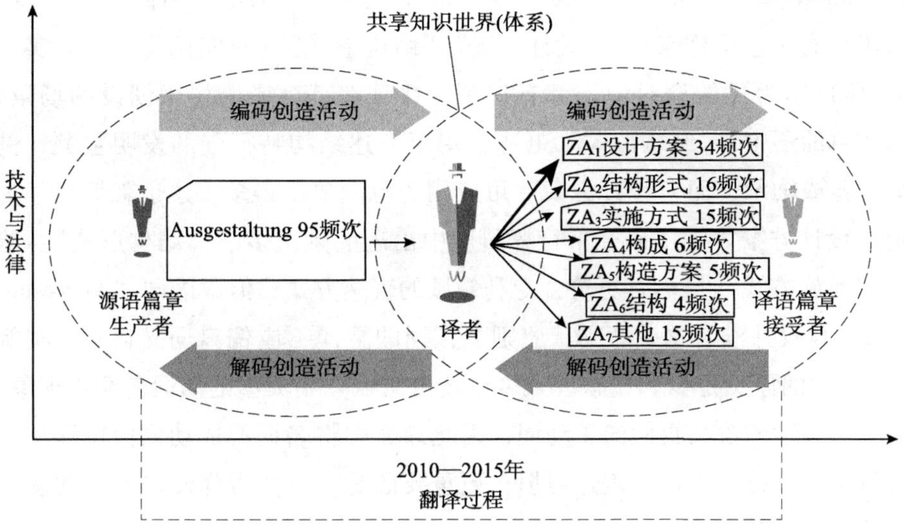

图 4-11 "翻译过程中的人←世界→篇章的三元关系"模型中的"Ausgestaltung"及其目的语对应词的关系

实例 4-18（来源：paratext_013）

原文：Es ist eine alternative oder zusaetzliche bevorzugte Ausgestaltung, dass die Entriegelung des mindestens einen verriegelten Verriegelungsmechanismus durch eine nutzerseitige mechanische Beanspruchung des Fluessigkeitsbehaelters ausloesbar ist.

译文：在一个替选的或补充的结构形式中，至少一个已锁定的锁定机构的解除锁定是可以通过液体容器的在使用者一侧的机械负荷触发的。

实例 4-19（来源：paratext_020）

原文：Ansonsten koennen die klebstoffhaltigen Partikel unterschiedlich beschaffen sein, wobei eine Ausgestaltung als mit Klebstoff gefuellter Hohlkoerper bevorzugt wird.

译文：否则含有黏合剂的颗粒可能会有不同的状态，可优选设计成填充了黏合剂的空心体。

实例解析：尽管按照本书构建的“翻译过程中的人←世界→篇章的三元关系”模型，翻译受到多种因素影响，但首先仍然从源语词本身出发分析。按照《朗氏德汉双解大词典》的释义，源语词“Ausgestaltung”是动词“ausgestalten”的变形，意义与“布置、安排、组织和装饰”（叶本度，2010）有关。这样来看，“设计方案”“结构形式”（见实例4－17和实例4－18）作为目的语对应词都有道理，并且都符合译语篇章创设的场景，但在目的语中，“结构形式”更适合用于表述结构特征强的发明主题，例如设备或轴承，而“设计方案”可应用的范围要广得多，这也就解释了为何“设计方案”在本研究平行语料库中出现的频次多于“结构形式”。然而“实施方式”虽然是更符合专利领域的表达方式，但源语词“Ausgestaltung”自身并没有这一意义，原则上，词的翻译不应偏离词义自身。实例4－19中的原文是专利文献（或者说技术文献）中典型的动词名词化现象，但它所表达的含义更倾向于动词，因此译文中将名词换成动词使得译文更加流畅，更符合汉语的表达习惯；更重要的是，这样翻译使得原文的意义表达更加充分。

综合来看，源语词“Ausgestaltung”及其目的语对应词形成一对多的对应关系，其中一个目的语词“设计方案”是使用最多的目的语词，也就是最通用的目的语词。这不仅与该目的语词自身的词义有关，也受相关篇章内外因素的影响。

虽然专利文献属于实用文体，其翻译的重心在于清楚、完整地表述技术方案，并且没有法律漏洞，然而语言的流畅仍然很重要，这样也符合汉语表达习惯，更容易为译语篇章接受者理解和接受。

4.1.3.5 Erfindung

源语词“Erfindung”是本研究平行语料库的高频词，共出现735次，并且分布在全部的100篇源语文本中。但它的目的语对应词只有两个：发明和实用新型。统计数据见表4－8，“翻译过程中的人←世界→篇章的三元关系”模型中的“Erfindung”及其目的语对应词的关系如图4－12所示。

表 4－8　"Erfindung" 在本研究平行语料库中的目的语对应词频次和构成比例统计

源语词	频次	目的语词	频次	构成比例
Erfindung	735	发明	715	97%
		实用新型	20	3%

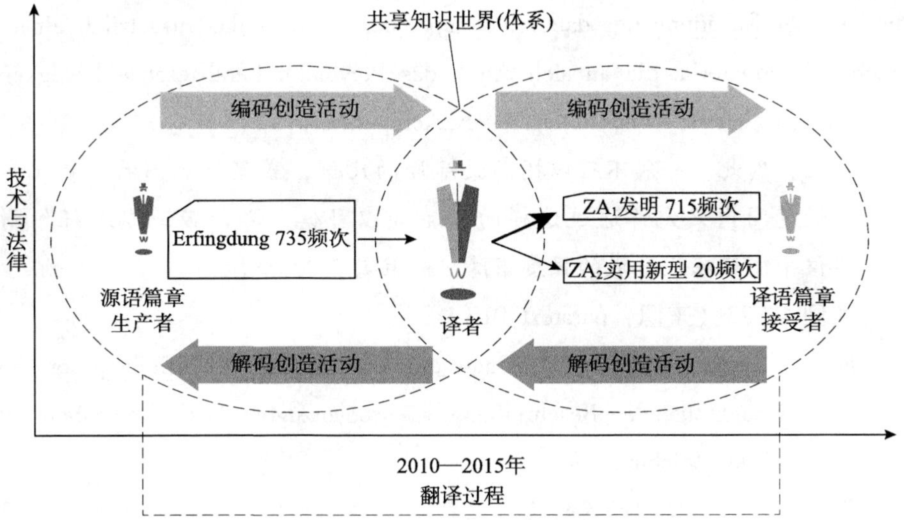

图 4－12　"翻译过程中的人←世界→篇章的三元关系" 模型中的 "Erfindung" 及其目的语对应词的关系

下文借助本研究平行语料库中的实例并结合"翻译过程中的人←世界→篇章的三元关系"模型分析源语词"Erfindung"的翻译情况。

实例 4－20（来源：paratext_001）

原文：Die vorliegende Erfindung betrifft einen Parkassistenten fuer ein Fahrzeug und ein Verfahren zum Betreiben eines solchen Parkassistenten.

译文：本发明涉及一种用于机动车的泊车辅助系统以及一种运行这种泊车辅助系统的方法。

实例 4－21（来源：paratext_002）

原文：Der Erfindung liegt die Aufgabe zugrunde，ein Verfahren und eine Vorrichtung zur proaktiven Behandlung einer Fehlfunktion einer elektronischen Steuereinrichtung an Bord eines Kraftfahrzeugs bereitzustellen.

译文：本发明的任务是：提供用于提前主动处理车辆的车载电子控制装置的功能故障的方法和装置。

实例 4－22（来源：paratext_015）

原文：Aus diesem Grund kann der Anteil an Polyelefinen regelmaessig nicht gesteigert werden bzw. lassen sich hohe Gewichtsanteile an Polyolefin im Rahmen der Erfindung nur dadurch kompensieren, dass das zusaetzlich eingebrachte Fasermaterial die an sich durch das Polyolefin herabgesetzte Festigkeit nicht nur ausgleicht, sondern sogar ueberkompensiert.

译文：因此，一般不可以提高聚烯烃的比例，或聚烯烃高的重量比在本发明的范围内只允许通过这样的措施加以补偿，即附带地嵌入纤维材料，不仅平衡聚烯烃造成的强度下降，而且甚至对此过补偿。

实例 4－23（来源：paratext_017）

原文：Weitere Vorteile, Merkmale und Einzelheiten der Erfindung ergeben sich aus der nachfolgenden Beschreibung eines bevorzugten Ausfuehrungsbeispiel sowie anhand der Zeichnungen.

译文：关于本发明的其他优点、特征和详细说明可参阅一下根据附图对优选实施例的说明。

实例 4－24（来源：paratext_073）

原文：Ein weiterer Vorteil der Erfindung ist dabei in der sehr energiesparenden und hochgenauen Analog－Digital－Wandlung zu sehen.

译文：本实用新型的另一优点在于非常节能和高精度的模数转换。

实例 4－25（来源：paratext_093）

原文：Von den dargestellten Ausfuehrungsformen kann in vielfacher Hinsicht abgewichen werden, ohne den Grundgedanken der Erfindung zu verlassen.

译文：在不脱离本实用新型的基本思想的情况下，所说明的实施方式在很多方面都可以做出改变。

实例解析：从源语篇章来看，实例 4－20 是专利文献篇章的组成部分——说明书中的模型类程式化表达，常作为说明书的首句出现，用来说明该专利申请书“要求保护的技术方案所属的技术领域”❶。实例4-21是说明书的“发明内容”部分的程式化表达，用以说明发明内容。实例4-23是说明书中的附图说明部分的程式化表达，下文往往紧接着是对具体图例的说明。实例4-22中的短语“im Rahmen der Erfindung”译为“在本发明的范围内”。这些实例是除上文提供的统计数据外的又一个用以说明“Erfindung”是专利文献中的高频词的有力佐证。除“发明”外，源语词“Erfindung”还有另一个目的语对应词“实用新型”，仅出现了20次，集中在三篇目的语文本paratext_073、paratext_093和paratext_096中。事实上，这三篇专利文献（源语文本）与其他不同，是实用新型的申请文件，因此这三篇译语文本都用“实用新型”❷替代了“发明”。在本研究平行语料库中，与源语词“Erfindung”对应的两个目的语词是依照专利文献的不同申请类型而确定的，尽管和语言无关，但目的语对应词以目的语文化为导向进行调整。

“Erfindung”的概念义是“发明”，然而它在本研究平行语料库中的目的语对应词无一例外都是“本发明”，即在本意“发明”前加上“本”。而“Erfindung”一词基本上都是和定冠词同时出现，因此也可以理解为“本”对应了源语文本中的定冠词。“本”是法律文献中的常见表达，例如“本法”指的就是“这项法律”，以此推之，“本发明”可以理解为“这项发明”。基于专利文献的法律性特征，“本发明”比“发明”表达更准确。

总的来说，源语词“Erfindung”及其目的语对应词呈现一对多的对应关系，但其中一个目的语对应词“本发明”所占比重压倒性大于其他，这是符合专利申请的实际情况的，并以目的语文化为导向。

---

❶ 参见《专利审查指南》第二部分第二章2.2。

❷ 《中华人民共和国专利法》第二条规定：专利法所称的发明是指对产品、方法或者其改进所提出的新的技术方案。专利法所称的实用新型是指对产品的形状、构造或者其结合所提出的适于实用的新的技术方案。由定义可知，实用新型与形状有关，保护范围窄，更重实用性。尽管与“发明”对应的德语词是“Erfindung”，与“实用新型”对应的则是“Gebrauchsmuster”，然而德语的申请文件里通常用“Erfindung”表示“发明及实用新型”，人们口语中通常也不区分“发明”和“实用新型”。不过，在向中国国家知识产权局呈交的申请文件中必须明确说明该申请是针对“发明”还是“实用新型”，因为后续面临的审查程序不同，受保护的权限也不同。另外，从申请的总量来看，实用新型远远少于发明，这也就解释了本研究平行语料库中仅收录了3组实用新型的申请文件，而围绕专利的申请文件共97组。

除“本发明”外，汉语专利文献经常用“本”来表示“这”“该”的意思，如“本实施例”等。原因有二：一方面在于语言使用的简洁，另一方面是由专利文献的法律性决定的。

此外，若在本研究平行语料库中检索“Erfindung”，会发现该词还常和形容词“vorliegend”同时出现，构成“die（der）vorliegende（n）Erfindung”，共计145次，但它全部被译作“本发明”或“本实用新型”，如实例4-26至实例4-28所示。

实例4-26（来源：paratext_005）

原文：Es ist daher eine Aufgabe der vorliegenden Erfindung，eine Moeglichkeit bereitzustellen，den Fahrer eines Kraftfahrzeugs besser zu informieren.

译文：因此本发明要解决的问题是提供了更好地为汽车驾驶者提供信息的可能性。

实例4-27（来源：paratext_009）

原文：Die vorliegende Erfindung betrifft eine Akkumulatorzelle mit zwei Terminals，einen Akkumulator mit mindestens zwei Akkumulatorzellen sowie ein Kraftfahrzeug mit einem elektrischen Antriebsmotor zum Antreiben des Kraftfahrzeugs und einen mit dem elektrischen Antriebsmotor verbundenen oder verbindbaren Akkumulator.

译文：本发明涉及带有两个端子的蓄电池单元、带有至少两个蓄电池单元的蓄电池以及一种机动车，其带有用于驱动机动车的电驱动电机和与电驱动电机相连或可相连的蓄电池组。

实例4-28（来源：paratext_096）

原文：Die vorliegende Erfindung betrifft ein Hoergeraet mit einer Signalaufnahmeeinrichtung，einer Signalverarbeitungseinrichtung zum Verarbeiten eines Signals von der Signalaufnahmeeinrichtung，einer magnetisch betriebenen Lautsprechereinrichtung，die ein Ausgangssignal der Signalverarbeitungseinrichtung in einen Ausgangsschall wandelt，und einer Abschirmeinrichtung，die zwischen der Lautsprechereinrichtung und der Signalverarbeitungseinrichtung zur Reduktion elektromagnetischer Beeinflussung der Signalverarbeitungseinrichtung durch die Lautsprechereinrichtung angeordnet ist.

译文：本实用新型涉及一种助听器，其具有信号接收装置、用于处理由信号接收装置接收的信号处理装置、磁作用的扩音器装置，其把信号处理装置的输出信号变换为输出声音；以及屏蔽装置，其设置在扩音器装置与信号处理装置之间，用于减小扩音器装置对信号处理装置的电磁影响。

实例解析：尽管“vorliegend”作为形容词被解释为“当前的”“现有的”，但它与“Erfindung”组合使用在专利文献中须变为“本发明”或“本实用新型”，即“这项发明”或“这项实用新型”，表述的一致性源于专利文献的法律性特征。

表4－9统计了本研究平行语料库中与目的语词“本发明”对应源语词的频次和构成比例，图4－13也表现了“翻译过程中的人←世界→篇章的三元关系”模型中的“本发明”及其源语对应词的关系。

表4－9 “本发明”在本研究平行语料库中的源语对应词频次及构成比例统计

源语词	频次	构成比例	目的语词	频次
（der，die，dieser，diese...）Erfindung	715	84%	本发明	851
die（der）vorliegende（n）Erfindung	136	16%		

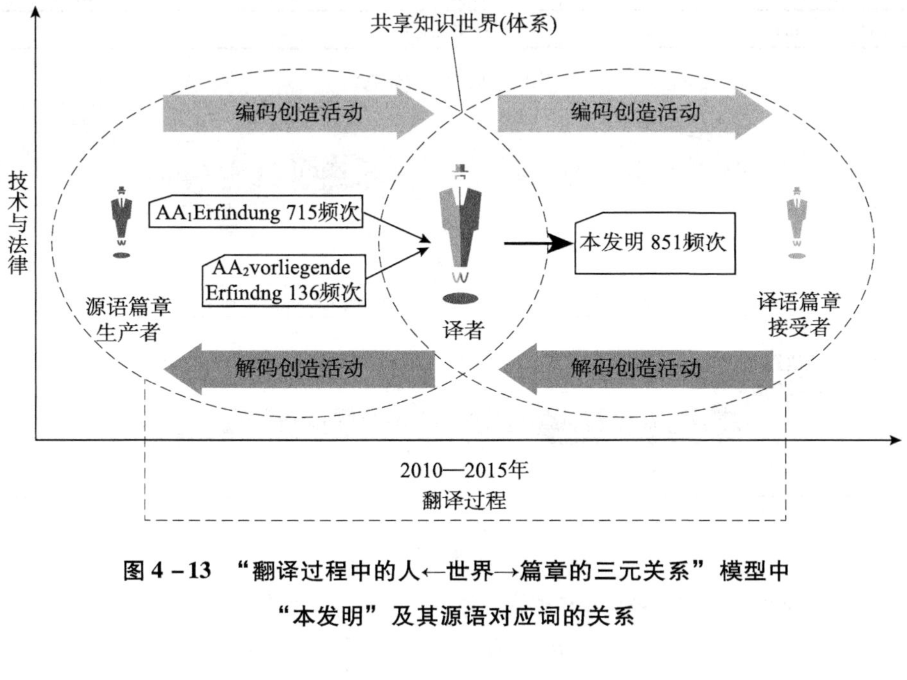

图4－13 “翻译过程中的人←世界→篇章的三元关系”模型中“本发明”及其源语对应词的关系

由表 4 - 9 和图 4 - 13 可知，源语词和目的语词“本发明”是多对一的对应关系，其中目的语词以目的语文本为导向，如实例 4 - 29 所示。也就是说，目的语词是符合译语篇章所创设的场景，符合目的语“世界”的要求，也为了更容易为译语篇章接受者理解和接受。

实例 4 - 29（来源：chi_001）

下图中参照附图公开<u>本发明</u>。

4.1.3.6 Unteranspruch

源语词“Unteranspruch”在本研究平行语料库中虽然仅出现 20 频次，但它均匀分布在 20 个源语文本中，因此有必要对它开展研究。“Unteranspruch”的目的语对应词同样单一。该词的目的语对应词的频次和构成比例统计见表 4 - 10，“翻译过程中的人←世界→篇章的三元关系”模型中的“Unteranspruch”及其目的语对应词的关系如图 4 - 14 所示。

表 4 - 10 “Unteranspruch”在本研究平行语料库中的目的语对应词频次和构成比例统计

源语词	频次	目的语词	频次	构成比例
Unteranspruch	20	从属权利要求	20	100%

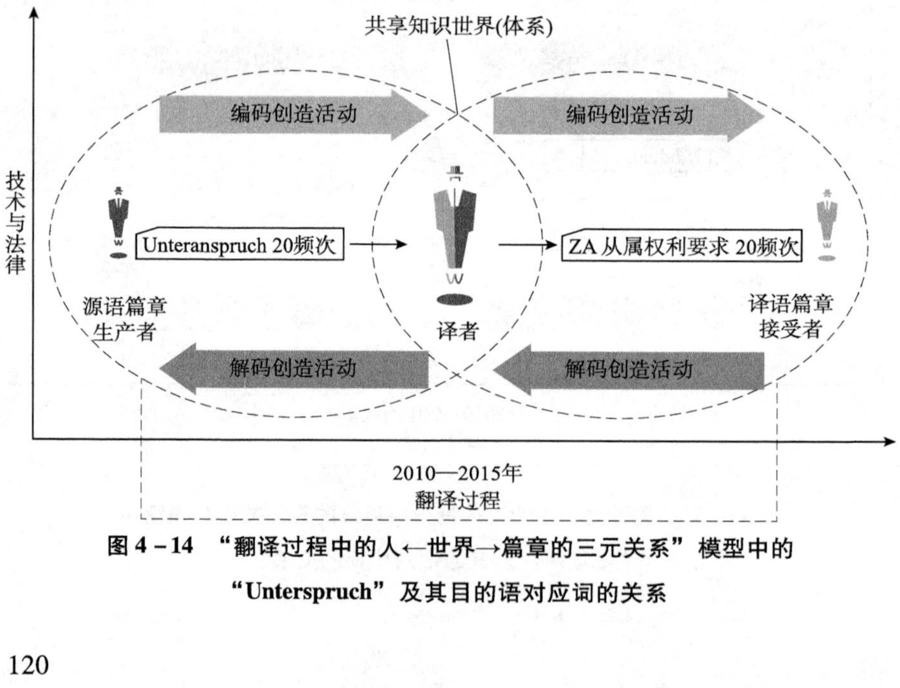

图 4 - 14 “翻译过程中的人←世界→篇章的三元关系”模型中的“Unterspruch”及其目的语对应词的关系

下文选取部分语料库中的实例并结合“翻译过程中的人←世界→篇章的三元关系”模型来探讨“Unterspruch”的翻译情况。

实例 4－30（来源：paratext_004）

原文：Unteranspruechee geben bevorzugte Ausfuehrungsformen wieder.

译文：从属权利要求描述优选的实施方式。

实例 4－31（来源：paratext_025）

原文：Vorteilhafte Ausgestaltungen der Erfindung sind Gegenstand der Unteranspruechee.

译文：本发明的有利的设计方案是从属权利要求的主题。

实例解析： 源语词“Anspruch”（或“Patentanspruch”）和“Unteranspruch”都是专利领域中非常重要的专用词。如果单纯从词义来看，“Anspruch”的基本概念义是“要求”，但在专利领域对应“权利要求”，“Unteranspruch”是它的下位概念，也是它的一种表现形式，应译作“从属权利要求”，与之相对的就是“独立权利要求”❶（［德］unabhängiger Anspruch）。类似术语的翻译相对固定，大多呈现单一化，并无其他译法，同时必须以目的语场景（或文化）下的表达为准，这一点既可以通过本研究类比语料库验证，也可以在中国专利领域的法律法规中找到依据。在此不再列举其他实例。

源语词“Unterspruch”及其目的语对应词形成一对一的对应关系，目的语词还是以目的语文化为导向的。

4.1.3.7 aufweisen

德语可分动词❷“aufweisen”是本研究平行语料库的高频词，但由于

❶ 权利要求既包括独立权利要求，还包括从属权利要求。独立权利要求是从整体上反映发明或者实用新型的技术方案，记载解决技术问题的必要技术特征。从属权利要求应当用附加的技术特征，对引用的权利要求做进一步限定。

❷ 可分动词是德语中特殊的语法概念。可分动词由词干和可分前缀组成。作为变位动词使用时，可分前缀置于句尾；作为非变位动词使用时，可分前缀不拆分。可分动词完成式（第二分词）的前缀 ge-和带 zu 的不定式的 zu 则置于可分前缀和词干之间。可分动词的词干通常对其词义起到决定性作用，可分前缀对词义起到辅助和指示性作用。因此，通过 ParaConc 软件来分析如 auf/weisen 这样的可分动词时，必须全面考虑到它的各种变形。

该词词形复杂，而本研究平行语料库的德语语料并未进行削尾处理，所以在设置检索项时即便通过正则表达式也须考虑到所有情况，以求结论的全面。

据检索和统计，“aufweisen”在本研究平行语料库的德语子库中出现了754次，是当之无愧的专利高频词，但目的语对应词也呈现较为明显的趋同倾向。表4-11显示了“aufweisen”在本研究平行语料库中的目的语对应词频次和构成比例，图4-15显示了“翻译过程中的人←世界→篇章的三元关系”模型中的“aufweisen”及其目的语对应词的关系。

表4-11 “aufweisen”在本研究平行语料库中的目的语对应词频次和构成比例统计

源语词	频次	目的语词	频次	构成比例
aufweisen	754	（具）有	664	88%
		包括	67	9%
		其他	23	3%

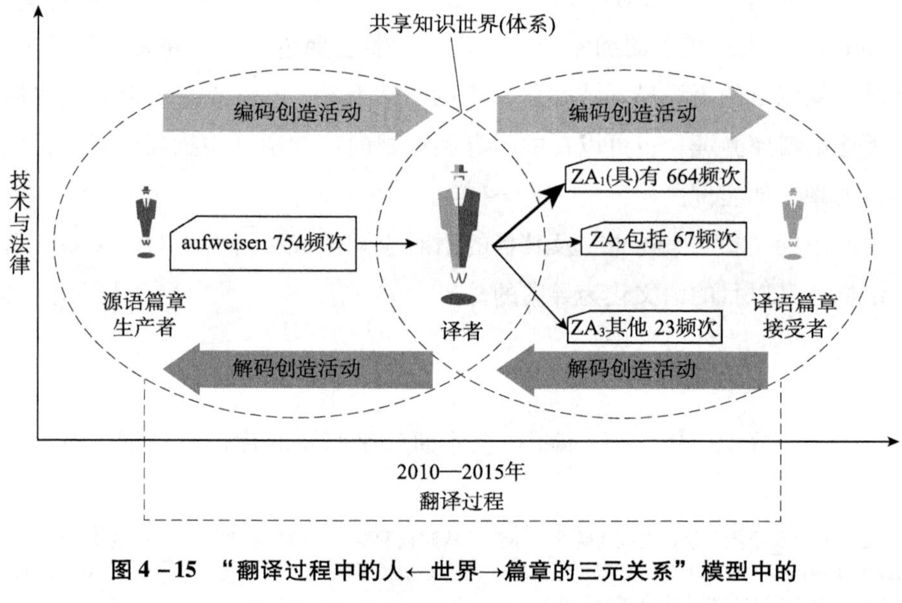

图4-15 “翻译过程中的人←世界→篇章的三元关系”模型中的“aufweisen”及其目的语对应词的关系

下文通过本研究平行语料库中的部分实例并结合“翻译过程中的人←世界→篇章的三元关系”模型解析具体的翻译情况。

实例 4-32（来源：paratext_014）

原文：Eine Vorrichtung zum Steuern des Bildbereichs eines Bildes einer Fahrzeugkamera fuer ein Fahrzeug weist folgende Merkmale auf：…

译文：控制车载摄像头图像的图像范围的装置具有如下特征：……

实例 4-33（来源：paratext_090）

原文：7. Informationssystem fuer ein Fortbewegungsmittel，insbesondere ein Kraftfahrzeug，aufweisend mindestens eine Recheneinheit zum Durchfuehren des Verfahrens nach einem der vorhergehenden Ansprueche 1 bis 5.

译文：7. 用于交通工具，特别是机动车辆的信息系统，其特征在于，所述系统具有至少一个用于实施依据前述权利要求1~5中任一项所述的方法的计算单元。

实例 4-34（来源：paratext_014）

原文：Ein Verfahren zum Steuern eines Bildbereichs eines Bildes einer Fahrzeugkamera fuer ein Fahrzeug weist folgende Schritte auf：…

译文：控制车载摄像头的图像范围的方法包括以下步骤：……

实例 4-35（来源：paratext_013）

原文：Dies weist den Vorteil auf，dass beispielsweise eine Entfernung des Fluessigkeitsbehaelters im Betrieb des Waeschebehandlungsgeraetes verhindert werden kann，wenn die Gefahr besteht，dass dann eigentlich fuer den Fluessigkeitsbehaelter vorgesehene Fluessigkeit austreten koennte.

译文：与此相关联的优点在于，例如，如果存在原本为液体容器规定的液体可能流出的危险，能够阻止在洗涤物处理装置的运行过程中清空液体容器。

实例 4-36（来源：paratext_017）

原文：Fuer das Fasermaterial gilt regelmaessig，dass die an dieser Stelle eingesetzten Fasern eine hoehere Schmelztemperatur als die Komponenten a）und b）aufweisen.

译文：在这里所采用的纤维，其熔化温度高于组分a）和组分b），这对于该纤维材料一般是有效的。

实例解析：由表4-11和图4-15及上述实例可知，绝大多数的源语词“aufweisen”都译作“具有”，在极少数情况下会被译作“包括”“有”或为适合汉语表达而不将其明确译出。根据《朗氏德汉双解大词典》的释义，“aufweisen”意为“指明、指示”或“显示、显露和表明”（叶本度，2010），这些是“aufweisen”的基础义，但在专利文献所创建的场景条件下，译者一般会根据实际场景把它译作“具有”，用以强调该发明或实用新型主题的特征，如实例 4 - 32 所示。“具有”这一目的语对应词也占到 88% 的比重。这说明，大多数专利文献的译者是从源语词的意义出发，基于已有知识选择了更适合专利文献场景的表述。实例 4 - 33 和实例 4 - 34 的场景相近，但选择了不同的目的语词，这里必须考虑到，“包括”是开放式的过渡词，表示“包括但并不仅限于所述的部分”（庄一方，2008）。这种译法使得该申请请求保护的范围可能更宽，因此译者选择这一译法，一般是基于已有知识，特别是对专利审查的了解而希望争取尽可能更大的保护范围。虽然从语义上讲，“包括”确实不属于源语词“aufweisen”的语义范围，它在所有目的语对应词中也只占了 9% 的比重。实例 4 - 35 和实例 4 - 36 的译文没有突出“aufweisen”的意义，即该源语词在译文中没有直接对应某个目的语词，而是按照汉语的表达习惯融入译文中。一般来说，这种翻译情况需要译者非常了解源语和目的语的语言，这样才可能翻译得更加灵活。但这种所谓的改译所占比重很小。

考虑到“具有”和“包括”是汉语专利文献中的常见表达，本研究又将两者分别作为类比语料库中的检索项，结果显示，在类比语料库中，“具有”使用的场景（见实例 4 - 37 和实例 4 - 38）多与实例 4 - 32 类似，少数情况（见实例 4 - 39）与实例 4 - 33 和实例 4 - 34 相近。由此可以断定，在表示发明或实用新型主题性质、特征、功能时，“aufweisen”大多被翻译为“具有”，而在表述发明或实用新型主题组成或结构时，它可能被翻译为“具有”或“包括”，而“包括”的表述可能是为了扩大申请要求保护的范围。这就是说，“具有”所需的场景明显多于其他，这也从一个方面解释了为何“具有”在本研究平行语料库汉译子库中出现的频次远多于“包括”。

实例 4 - 37（来源：chi_005）

……所述多个第一图形和所述多个第二图形具有相同的形状和大小，

且所述多个第一图形之间具有相同的第一跨度，所述多个第二图形之间具有相同的第二跨度……

实例 4-38（来源：chi_016）

由于该种滚筒洗衣机需要实现水资源的循环利用，所以排水泵不仅需要具有传统滚筒洗衣机上的排水功能，还需要具有将排水排放至水梳理系统并返回至滚筒洗衣机的功能。

实例 4-39（来源：chi_023）

在本实施方式的例子中，第二芯片43具有控制电路9、定时同步电路10、像素驱动电路11，并且还具有列信号处理器6、水平驱动电路7等后级的外围处理电路。

由上文可知，源语词"aufweisen"与其目的语对应词形成一对多的对应关系，其中一个目的语对应词"具有"所占比重明显大于其他。换言之，该源语词的目的语词也呈现了趋同倾向。另外，最趋同使用的目的语对应词虽然以源语词的词义为基础，但仍然是以目的语语言和文化为导向。

4.1.3.8 ausführen

动词"ausführen"是德语专利文献的常见词，该词在本研究平行语料库德语子库中出现了140次。此外，如前文所述，"Ausführung""Ausführungsbeispiel"和"Ausführungsform"等名词也与该动词相关。但与上述几个名词不同，本研究平行语料库的检索显示，源语词"ausfuehren"所对应的目的语词情况复杂，见表4-12。本部分通过图4-16展示了"翻译过程中的人←世界→篇章的三元关系"模型中的"ausfuehren"及其目的语对应词的关系。

表4-12 "ausfuehren"在本研究平行语料库中的目的语对应词频次和构成比例统计

源语词	频次	目的语词	频次	构成比例
ausfuehren	140	实施	29	21%
		执行	25	18%
		构造	20	14%
		构成	12	9%

续表

源语词	频次	目的语词	频次	构成比例
ausfuehren	140	实现	11	8%
		设计	8	6%
		形成	7	5%
		设置	3	2%
		制成	3	2%
		进行	2	1%
		完成	1	1%
		说明、阐释等（上下文承接关系）	8	6%
		无	11	8%

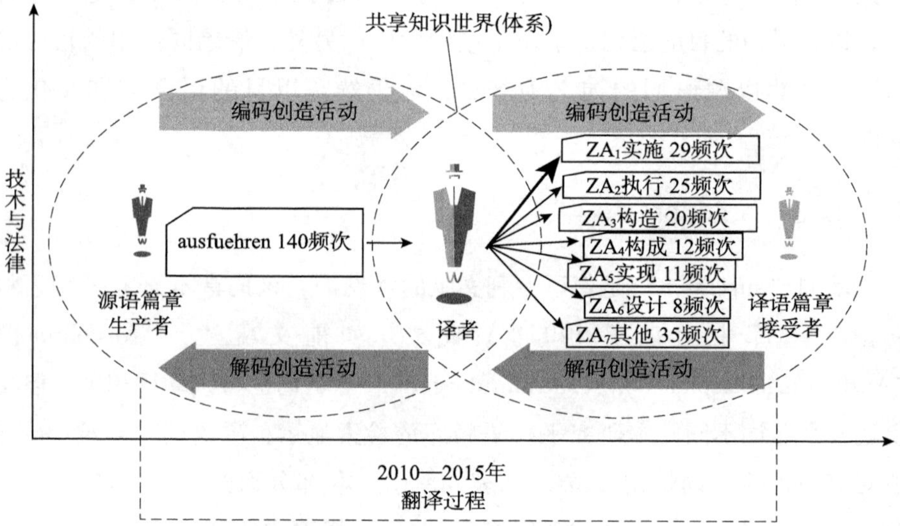

图 4－16 “翻译过程中的人←世界→篇章的三元关系”模型中的“ausfuehren”及其目的语对应词的关系

由表 4－12 可知，源语词“ausfuehren”的目的语对应词多于 10 个，在此仅通过本研究平行语料库中的部分实例说明源语词“ausfuehren”在几个代表性的源语场景下的翻译，其他不再一一对应解析。

实例 4－40（来源：paratext_012）

原文：Schliesslich ist eingangs ausgefuehrt，dass es sich bei den Messelektroden insbesondere um solche handeln kann，die das Medium beruehren.

译文：最后开头还说明了，所述测量电极尤其是可涉及这样一些接触介质的测量电极。

实例 4－41（来源：paratext_012）

原文：Wie ausgefuehrt，kann statt des im Ausfuehrungsbeispiel nach Fig. 1 vorgesehenen Stromreglers 3 ein Strommesswiderstand in Reihe zu der Feldspule 2 bzw. zu Feldspulen vorgesehen sein kann.

译文：就像所阐述的那样，可取代如图 1 的实施例中所设置的电流调控器 3 而与所述一个或多个磁场线圈 2 串联到设置电流测量电阻。

实例 4－42（来源：paratext_001）

原文：Das Verfahren 200 wird vorteilhafterweise auf unterschiedlichen Komponenten des Systems 100 aus Figur 1 ausgefuehrt.

译文：有利的，在图 1 的系统 100 的不同部件上实施所述方法 200。

实例 4－43（来源：paratext_001）

原文：Eine solche Vorrichtung kann insbesondere durch einen Computer gebildet sein，auf dem das oben erwaehnte Computerprogrammprodukt ausgefuehrt wird.

译文：这种设备尤其可以由可执行上述计算机程序产品的计算机构成。

实例 4－44（来源：paratext_078）

原文：Weiterhin ist es von Vorteil，wenn der Reflektor als ein separater Faltungsspiegel，insbesondere als ein Meniskus－Faltungsspiegel，ausgefuehrt ist，um so eine Trennung der Funktionen beispielsweise fuer eine unabhaengige Justage des die Pumpleistung abbildenden Systems einerseits sowie des konvexen Faltungselements andererseits zu erreichen.

译文：另外下面的做法是有利的：反射器被构造为单独的折叠镜，特别是被构造为弯月形折叠镜，以便对于对泵功率成像的系统与凸出的折叠原件的独立调整实现功能的分开。

实例 4－45（来源：paratext_014）

原文：Der Geschwindigkeitssensor 104 kann z. B. basierend auf einem Raddrehzahlsensor zur Schaetzung der Fahrzeugsgeschwindigkeit ausgefuehrt sein.

译文：例如速度传感器 104 可以根据车轮转速传感器估算车速。

实例 4－46（来源：paratext_014）

原文：Die Kamerabefestigung 225 bzw. Befestigungseinrichtung ist hierbei unbeweglich ausgefuehrt.

译文：摄像头固定装置 225 或固定装置不可以活动。

实例解析：本部分的分析以源语词本身的词义作为出发点。首先，实例 4－40 和实例 4－41 示出的源语词“ausfuehren”的两个译法用于上下文承接，此时译文选取“列举、说明、阐释”的意义，而这一释义并非专利文献的特定表达，译者根据源语篇章创设的场景选择了“ausfuehren”的恰当释义。作为专利文献中的惯用表达，源语词“ausfuehren”的意义大多和“实施”相关（参考上文对相关名词的研究），因此也就不难解释该词在本研究语料库中共有 29 例被译作“实施”（见实例 4－42），这一目的语对应词既符合源语词本意，又符合专利文献的场景要求。另外，源语词“ausfuehren”还被译作“执行”（见实例 4－43），这个目的语对应词在意义上和“实施”相差不多，但为了配合具体的场景要求，译者选择了“执行”的译法。在实例 4－44 中，该发明主题是激光装置，因此选用“构造”一词更有助于表现发明主题的结构性特征。此外，还有 11 个对应译文（见实例 4－45 和实例 4－46）没有明确体现出该源语词，即并未包含这个源语词的目的语对应词，而是将其内化到译文中，以便符合汉语的语言特点。当然，这种情况一方面对译者的要求较高，另一方面也比较冒险。

将在本研究类比语料库中出现频次最多的目的语对应词“实施”作为检索项，结果显示，“实施”作为动词在类比语料库中出现极少，仅有 2 例（见实例 4－47 和实例 4－48）。

实例 4－47（来源：chi_002）

下面结合附图对本发明做进一步的详细说明，以令本领域技术人员参照说明书文字能够据以实施。

实例 4－48（来源：chi _020）

本实施例以本发明技术方案为前提进行实施。

由此可见，“实施”未必是源语词“ausfuehren”的目的语对应词的最佳选择，毕竟汉语原创文本中出现的实例也不多。

虽然源语词“ausfuehren”与其目的语对应词呈现出一对多的关系，但和本小节对其他词的研究情况不同，“ausfuehren”没有明显最通用的目的语对应词。

4.1.3.9 anordnen

另一个可分动词“anordnen”也是本研究平行语料库的高频词，在德语子库中共出现436频次。它的目的语对应词共有9个，其中一个目的语词构成比例远远大于其他。目的语对应词的频次和构成比例统计见表4－13，“翻译过程中的人←世界→篇章的三元关系”模型中的“anordnen”及其目的语对应词的关系如图4－17所示。

表4－13 “anordnen”在本研究平行语料库中的目的语对应词频次和构成比例统计

源语词	频次	目的语词	频次	构成比例
anordnen	436	设置	288	66%
		布置	87	20%
		安排	33	8%
		设有	23	5%
		其他（放置、形成）	5	1%

下文从语料库中选取部分实例并结合“翻译过程中的人←世界→篇章的三元关系”模型解析源语词“anordnen”具体的翻译情况。

实例 4－49（来源：paratext_001）

原文：Insbesondere kann in dem Gehaeuse 2 ein Transponder angeordnet sein, ueber den der Kraftfahrzeugschluessel 1 mit dem Kraftfahrzeug kommuniziert.

译文：尤其可以在壳体2内设置转发器，汽车钥匙1通过该转发器与汽车通信联络。

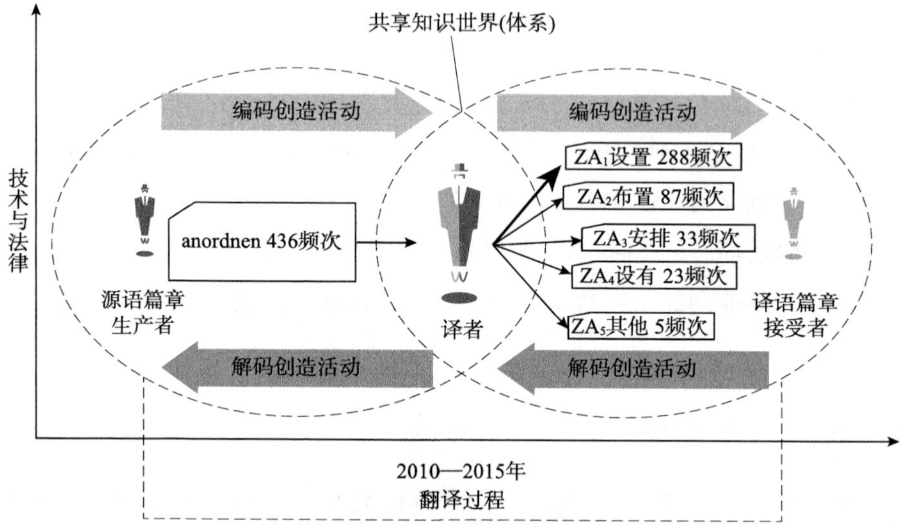

图 4－17 “翻译过程中的人←世界→篇章的三元关系”模型中“anordnen”及其目的语对应词的关系

实例 4－50（来源：paratext_004）

原文：An Bord des Kraftfahrzeugs 110 sind eine elektronische Steuereinrichtung 135 sowie eine oder mehrere weitere elektronische Steuereinrichtungen 140 angeordnet.

译文：车辆 110 车载布置有电子控制装置 135 以及一个或多个其他的电子控制装置 140。

实例 4－51（来源：paratext_020）

原文：Dadurch, dass der Basis－UEberwachungs－IC Chip und das Steuergeraet auf einer gemeinsamen Leiterplatte angeordnet sind, kann auch der zweite Bus derart auf der Leiterplatte angeordnet werden, dass er gegen elektromagnetische Einstrahlung und Abstrahlung geschuetzt ist.

译文：以此，该基本检测 IC 芯片和控制装置安排在一个共同的印刷电路板上，该第二总线还可以在该印刷电路板上安排得使之抗电磁辐射。

实例 4－52（来源：paratext_085）

原文：Auf der Leiterplatte 6 ist eine Elektronik 7, symbolisiert durch elektronische Bauelemente, angeordnet.

译文：在电路板6上设有由电子元件代表的电子装置7。

实例解析：本部分从目的语对应词出发分析源语词“anordnen”的翻译。前四个目的语对应词“设置”“布置”“安排”“设有”（见实例4-49、实例4-50、实例4-51和实例4-52）词义接近，所处场景也相近，都表示“对某一个部件或元件等的调整”，但目的语词“设置”的频次明显多于其他。为解释这一现象，将四个目的语词依次作为类比语料库中的检索项，结果显示：“设置”358例（见实例4-53），“布置”4例，“安排”73例，“布置”73例。

实例4-53（来源：chi_001）

……比如该支架肩腋部支撑件、胸腋部支撑件、手臂支撑件可以固定或活动的方式设置在椅子扶手上。使用时，用户可以将椅子扶手立起固定，将肩腋部支撑件、胸腋部支撑件、手臂支撑件打开……

以上检索结果显示，“设置”是专利文献汉语原创文本使用频次最多的表达，更为重要的是，它所处的场景与译语篇章相近。当然，其他三个目的语词也可用于专利文献汉语原创文本的相同场景，这样无论是在语义还是语用上都不会导致歧义，更不会导致技术方案表述不清或法律依据不可靠。然而，目的语对应词“设置”在平行语料库和类比语料库中的高频次出现依然说明，该词是最通用和最能为译语篇章接受者所理解和认可的。因此可以推测，译者在选择和确定“设置”这一目的语词时主要参考了目的语语言习惯和文化背景。

源语词“anordnen”及其目的语对应词形成一对多的对应关系，其中一个目的语对应词，即“设置”构成最大比例。换言之，该源语词的目的语词也呈现了趋同倾向。最趋同使用的目的语对应词“设置”以目的语语言和文化为导向。

4.1.3.10 kennzeichnen

源语词“kennzeichnen”同样是专利文献高频词，它在本研究平行语料库的德语子库中共出现了781频次，并且分布在91篇中。但目的语对应词多集中在“其特征在于”，其他几种情况所占比重过小，甚至可忽略不计。源语词“kennzeichnen”的目的语对应词频次和构成比例统计数据见

表4－14，“翻译过程中的人←世界→篇章的三元关系”模型中的“kennzeichnen”及其目的语对应词的关系如图4－18所示。

表4－14 “kennzeichnen”在本研究平行语料库中的目的语对应词频次和构成比例统计

源语词	频次	目的语词	频次	构成比例
kennzeichnen	781	其特征在于（固定搭配）	770	99%
		表示	5	1%
		加上标记	3	0
		称为	1	0
		给出	1	0
		命名	1	0

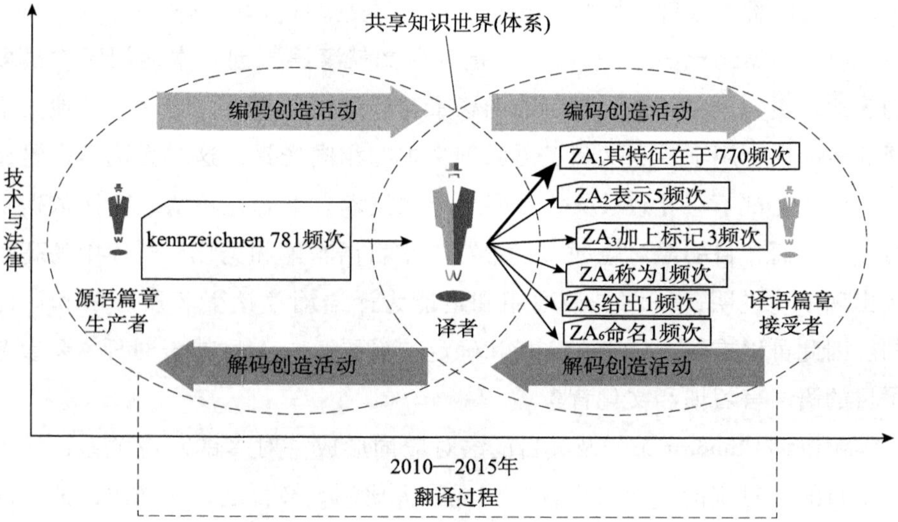

图4－18 “翻译过程中的人←世界→篇章的三元关系”模型中的“kennzeichnen”及其目的语对应词的关系

下文借助实例并结合“翻译过程中的人←世界→篇章的三元关系”模型来解释哪个目的语对应词是适合译语篇章的，译者可能参考了哪些因素做出这样的选择。

实例4－54（来源：paratext_080）

原文：Besonders bevorzugt ist eine Ausfuehrungsform，die sich dadurch kennzeichnet, dass der den Innenumfang verengende Einsatz von der Dichthuelse und der Haltehuelse gebildet ist, wobei die Dichthuelse die Haltehuelse zwischen sich und dem zweiten Axialbereich des Huelsenbauteils anordnet.

译文：特别优选一种实施方式，其特征在于，使内圆周变细的嵌件由密封套管和保持套管形成，其中密封套管将保持套管设置在其本身与套管构件的第二轴向区域之间。

实例 4－55（来源：paratext_001）

原文：2. Parkassistent nach Anspruch 1, dadurch gekennzeichnet, dass die Mittel zum Abschaetzen des Abstands 1（11, 12）ferner eine Bildauswertungseinheit（11）zum Erkennen eines eine Kreuzung（4）oder eine Einmuendung markierenden Verkehrszeichens（5）und zum Abschaetzen der Entfernung zwischen Fahrzeug（1）und Verkehrszeichen（5）umfassen.

译文：2. 如权利要求 1 所述的泊车辅助系统，其特征在于，所述用于估算间距的装置（11、12）还包括用于识别标记交叉路口（4）或道路入口的交通标志（5）以及用于估算机动车（1）与交通标志（5）之间的距离的图像分析单元（11）。

实例 4－56（来源：paratext_005）

原文：4. Verfahren nach Anspruch 2 oder 3, dadurch gekennzeichnet, dass ein Navigationsmodus in der Art einer Folgefahrt oder Kolonnenfahrt ausgefuehrt wird, bei dem ein erstes Fahrzeug（2）ein zweites vorausfahrendes Fahrzeug verfolgt, wobei die Position des zweiten vorausfahrenden Fahrzeuges bzw. das Ziel des vorausfahrenden Fahrzeuges（1）das Routenziel des ersten Fahrzeuges ist.

译文：4. 根据权利要求 2 或 3 所述方法，其特征在于，以跟随行驶或编队行驶的方式实施导航模式，其中第一车辆（2）跟随第二在前行驶的车辆，所述第二在前行驶的车辆的位置或所述在前行驶的车辆（1）的目标是所述第一车辆的路线目标。

实例 4－57（来源：paratext_042）

原文：Der Waermefluss durch Fenster 1 und Tueren 2 ist durch Pfeile gekennzeichnet.

译文：通过窗户 1 和门的热流用箭头表示。

实例 4－58（来源：paratext_001）

原文：Weitere vorteilhafte Ausgestaltungen der Erfindung sind in den Unteranspruechen gekennzeichnet.

译文：在从属权利要求中给出本发明的其他的有利的设计方案。

实例 4－59（来源：paratext_008）

原文：Darueber hinaus sind Kennzeichnungssysteme，beispielsweise nach DIN 6779，bekannt，nach denen jedes Feldgeraet in einer gegebenen verfahrenstechnischen Anlage nach dem Einbauort gekennzeichnet ist.

译文：此外已知多种命名系统，例如根据 DIN 6779，根据这些命名系统每一个现场装置在给定的工艺设备内根据安装位置命名。

实例解析：首先根据表 4－14 将源语词“kennzeichnen”的用法和译法分为两类。

1）第一类，也是占绝大多数的情况，源语词“kennzeichnen”作为节点词与搭配词“dadurch”和“dass”构成固定搭配，大多出现在权利要求中（见实例 4－55 和实例 4－56）；实例 4－54 虽然没有出现在权利要求中，但它在说明书中发挥的作用与在权利要求书中相同。这类情况共有 770 例。这与《德国专利商标局专利管理条例》（[德] *Verordnung zum Verfahren in Patentschen vor dem Deutschen Patent－und Markenamt oder Patentverordnung－PatV*，下文简称《专利管理条例》）第 9 条对权利要求的规定相符，即“权利要求应该以整体的或者通过前序部分和特征部分（两部分）的形式对请求得到专利保护的范围给予说明”[1]，“如果以两段式说明权利要求，前序部分应包括现有技术已知的本发明的特征；特征部分使用‘dadurch gekennzeichnet，dass’或‘gekennzeichnet durch’或类似的用语

[1] 参见 *Patentverordnung* §9（1）。本书中所有德国《专利法》和《专利管理条例》的条款均为笔者自译，同时附上原文。*Patentverordnung* §9（1）的原文如下：In den Patentansprüche kann das，was als patentfähig unter Schutz gestellt werden soll，einteilig oder nach Oberbegriff und kennzeichnendem Teil geteilt（zweiteilig）gefasst sein.

写明该发明区别于前序部分的现有技术的技术特征。”❶ 在这类情况下，源语词“kennzeichnen”所构成的固定搭配都被译作“其特征在于”，在目的语对应词中所占比例为99%，以至其他目的语对应词甚至可以忽略不计。从语义角度来看，“kennzeichnen”是通过一个标志物表现出某人或某物的特点，因此解释成“其特征在于”符合其概念义；从语用角度来看，“其特征在于”后面引出的是需要保护的发明或实用新型区别于最接近的现有技术的技术特征，这种表达符合《中华人民共和国专利法实施细则》第二十一条❷的相关规定；另外，类比语料库中也有202例相同表达，并且都出现在权利要求中。综上，无论是从语义还是语用角度来看，这一目的语对应词都最符合源语篇章和译语篇章所创设的场景，是最容易被译语篇章的接受者理解和认可的，正因如此，专利文献的译者基本上都选择将其译为“其特征在于”。

2）其他5个目的语对应词都属于第二类，但所占比例不足1%。“kennzeichnen”出现在说明书中，且多用在被动结构中。“kennzeichnen”的概念义还包括“表明”“标明”“做记号”“用标志说明”等，因此如实例4－57至实例4－59所示，表示“给出”和“命名”等目的语对应词都是从该词的其他意义出发。但实例4－58中“给出”的译法还可以更加完善，更恰当的译法应为“从属权利要求表明了本发明的其他有利的设计方案”。总的来说，第二类情况并非源语词“kennzeichnen”的固定搭配，也非专利文献中的固定表达，因此译者围绕该词的基本意义并结合具体场景完成实例4－57至实例4－59的翻译。

---

❶ 参见 *Patentverordnung* §9（2）。原文如下：Wird die zweiteilige Anspruchsfassung gewählt, sind in den Oberbegriff die durch den Stand der Technik bekannten Merkmale der Erfindung aufzunehmen; in den kennzeichnenden Teil sind die Merkmale der Erfindung aufzunehmen, für die in Verbindung mit den Merkmalen des Oberbegriffs Schutz begehrt wird. Der kennzeichnende Teil ist mit den Worten „dadurch gekennzeichnet, dass “oder„ gekennzeichnet durch “oder einer sinngemäßen Wendung einzuleiten.

❷ 《中华人民共和国专利法实施细则》第二十一条规定，发明或者实用新型的独立权利要求应当包括前序部分和特征部分，按照下列规定撰写：

（1）前序部分：写明要求保护的发明或者实用新型技术方案的主题名称和发明或者实用新型主题与最接近的现有技术共有的必要技术特征；

（2）特征部分：使用“其特征是……”或者类似的用语，写明发明或者实用新型区别于最接近的现有技术的技术特征。这些特征和前序部分写明的特征合在一起，限定发明或者实用新型要求保护的范围。

总而言之，虽然源语词“kennzeichnen”与其目的语对应词形成一对多的对应关系，但其中一个目的语对应词的比例达到99%，该目的语词凭借其压倒性的高比例证明了它的可用性和被认同度。同时，这一目的语词也是以目的语语言和文化场景为导向的。

4.1.3.11 umfassen

源语词“umfassen”在本研究平行语料库中共出现223次，与之对应的有4个目的语，其中一个目的语对应词所占比例明显最大，各目的语对应词的频次和构成比例见表4－15，“翻译过程中的人←世界→篇章的三元关系”模型中的“umfassen”及其目的语对应词的关系如图4－19所示。

表4－15 “umfassen”在本研究平行语料库中的目的语对应词频次和构成比例统计

源语词	频次	目的语词	频次	构成比例
umfassen	223	包括	198	89%
		具有	18	8%
		包含	4	2%
		包围	2	1%
		没有明确对应	1	0

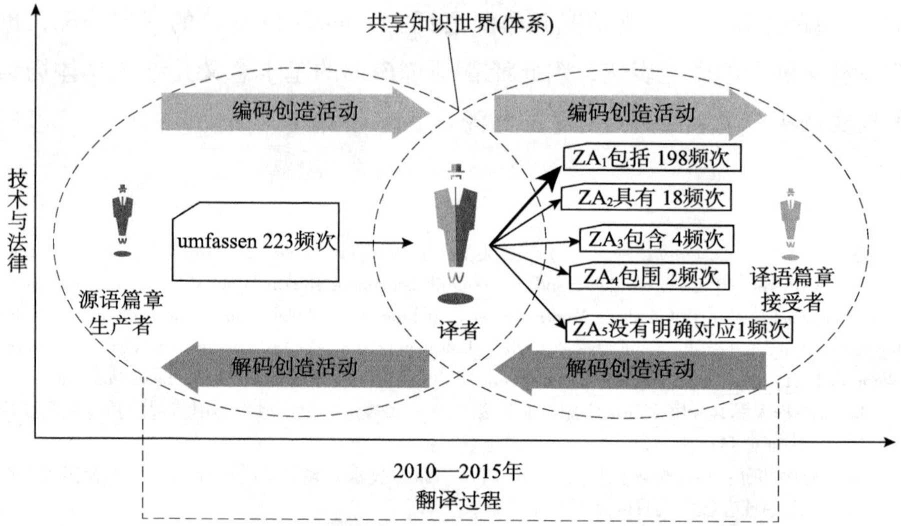

图4－19 “翻译过程中的人←世界→篇章的三元关系”模型中的“umfassen”及其目的语对应词的关系

在此借助本研究平行语料库的实例并结合“翻译过程中的人←篇章→世界的关系”模型，分析目的语词所处的场景和翻译处理。

实例 4－60（来源：paratext_058）

原文：Nach Verbringen des Reflektors 2 von der Nichtverriegelungsstellung gemaess Figur 2 in die Verriegelungsstellung gemaess Figur 3 befinden sich die Lappen 14，14’ in einer Position，in der sie in Lichtabstrahlrichtung umlegbar bzw. bewegbar sind，wobei sie randseitige Ausnehmungen 16 der Blende 3 umfassen.

译文：在把反射器 2 从按照图 2 的未锁止位置移动到按照图 3 的锁止位置后，凸耳 14、14’位于这样的位置，在该位置，它们可在光发射的方向上折叠或者移动，其中，凸耳包围遮光板 3 的边缘侧凹槽 16。

实例 4－61（来源：paratext_061）

原文：Die Sensoreinrichtung umfasst mindestens einen Inertialsensor，vorzugsweise mehrere Inertialsensoren.

译文：传感器装置包括至少一个惯性传感器，最好是多个惯性传感器。

实例 4－62（来源：paratext_026）

原文：Ferner wird ein Kraftfahrzeug zur Verfuegung gestellt，welches die erfindungsgemaesse Batterie umfasst.

译文：此外还提供一种机动车，所述机动车具有本发明的蓄电池。

实例 4－63（来源：paratext_026）

原文：1. Batterie（14）mit einer Batteriezelle（10），dadurch gekennzeichnet，dass eine Elektrode（18）der Batteriezelle（10）mit dem Batteriezellengehaeuse（16）ueber ein Schaltmittel（20）elektrisch leitfaehig verbunden ist und die Batterie（14）ferner eine Ueberwachungsschaltung（22）umfasst，welche dazu ausgebildet ist，bei Erkennen eines Stoerungssignals das im stoerungsfreien Betrieb geschlossene Schaltmittel（20）zu oeffnen.

译文：1. 由一个蓄电池的单体电池（10）组成的蓄电池（14），其特征在于，蓄电池的单体电池（10）的电极（18）与蓄电池的单体电池的壳体（16）是通过一个开关装置（20）导电连接，此外蓄电池（14）还包含一个监控电路（22），所述监控电路用于在识别出故障信号的情况下将在无故障运行状态下被关闭的开关装置（20）打开。

实例 4－64（来源：paratext_026）

原文：Dieses umfasst einen ersten Schritt des Bereitstellens einer erfindungsgemaessen Batterie und als zweiten Schritt das Detektieren eines Stoerungssignals durch die Ueberwachungsschaltung.

译文：所述方法的第一步为准备本发明的蓄电池，第二步通过监控电路探测故障信号。

实例解析：下文逐一结合源语词本身的词义和源语篇章为其创设的场景来理解各目的语词。实例 4－60 中的源语词“umfassen”选取的是“包围”“环绕”的意义，指的是结构构造，但这一用法与其他目的语对应词无关，也不是专利领域的专用表达，因此分析时并不考虑这一释义及相应的目的语词。如果考察其他三个目的语对应词（见实例 4－61、实例 4－62 和实例4－63），特别是结合它们所在的专利文献场景就会发现，这三个目的语词各有侧重。“具有”强调拥有且存有主述事物的属性特征“拥有附属物、属性等”；“包括”和“包含”多用于开放式的权利要求或类似表述中，应被解释为“还可以含有该权利要求中没有述及的结构组成部分或方法步骤”，[1] 与封闭式权利要求相反；相对而言，“包含”的使用对象多为抽象，而“包括”的使用对象多为具体，范围更广。在专利文献的源语篇章和译语篇章所创设的场景中，这三个目的语对应词都是可用的，但相对而言“包括”使用得更广泛、更合理，[2] 这也就不难解释“包括”是占比例最大的目的语对应词，因为译者确定目的语对应词时，从自身的双重角色出发，作为源语篇章接受者既遵照源语篇章所创设的场景，又作为译语篇章生产者关注译语篇章所建构的场景，特别是译语篇章接受者的认可和接受度，同时为了实现其尽可能扩大专利保护范围的目的，大多数情况下应选择“包括”这一目的语对应词。同样，本研究还考察了该目的语词

---

[1] 参见《专利审查指南》第二部分第二章。

[2] 笔者就此与国家知识产权局的专利审查员交流过，因为“包括”适用于开放性的权利要求，可要求更宽的保护范围，所以专利申请人及代理人在意义无误的情况下都更倾向于使用“包括”这一译法。

在汉语原创文本中的使用情况，即在本研究类比语料库中分别检索了“包括”“包含”“具有”三个词，检索结果显示，“包括”出现 706 次，“包含”84 次，“具有”206 次。但还需考虑到，“具有”在本研究平行语料库中对应了多个源语词，即在这三个词中，“包括”确实是专利文献汉语原创文本中使用最多的词。

至于实例 4 - 64，译文已将源语词“umfassen”的意义融入表达中，并没有目的语对应词。原则上，这种表达更符合汉语重意合的特点，这也是译者根据目的语语言特点的创造性翻译。但基于专利文献这一篇章类别的特点，翻译的实际情况是尽量保守，因此其他实例中都有与源语词“umfassen”明确对应的目的语词。

总之，源语词“umfassen”与其目的语对应词虽然构成了一对多的关系，但其中一个目的语对应词的使用频次远远大于其他几个，同时该对应词的选择和确定是趋向目的语“世界”的要求。

4. 1. 3. 12 vorzugsweise

通过对比本研究平行语料库和参照语料库可以发现，“vorzugsweise”是专利文献的常见词。经统计，“vorzugsweise”在本研究平行语料库的德语子库中共出现 209 频次，分布在 55 篇文献中。源语词“vorzugsweise”在本研究平行语料库中的目的语对应词频次和构成比例统计见表 4 - 16，“翻译过程中的人←世界→篇章的三元关系”模型中的“vorzugsweise”及其目的语对应词的关系如图 4 - 20 所示。

表 4 - 16 “vorzugsweise”在本研究平行语料库中的目的语对应词频次和构成比例统计

源语词	频次	目的语词	频次	构成比例
vorzugsweise	209	优选（的）	176	84%
		尤其	14	7%
		最好	3	1%
		其他	16	8%

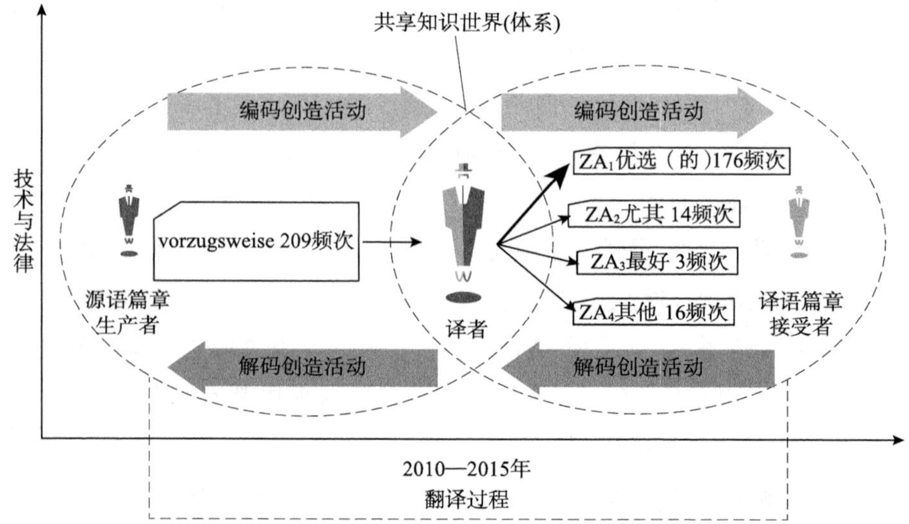

图 4－20 “翻译过程中的人←世界→篇章的三元关系”模型中的“vorzugsweise”及其目的语对应词的关系

下文从本研究平行语料库中选取部分实例并结合“翻译过程中的人←世界→篇章的三元关系”模型解析具体的翻译情况。

实例 4－65（来源：paratext_006）

原文：Vorzugsweise wird bei der Herstellung der erfindungsgemaessen Ableiterfolige nicht von einer ueblichen Ableiterfolie aus Aluminium fuer die positive Seite ausgegangen, sondern es werden duennere Aluminiumfolien verwendet, so dass nach der beiderseitigen Beschichtung mit Kupfer oder Nickel eine uebliche Dicke von ca. 12 μm erhalten wird.

译文：优选的，生产依据本发明的导电箔时，并非从用于正电极侧的、由铝构成的常见的导电箔开始，而是使用更薄的铝箔，使得在两侧涂有铜或镍的涂层还保持有大约 12μm 的厚度。

实例 4－66（来源：paratext_003）

原文：Der Aufbau einer Datenverbindung erfolgt vorzugsweise drahtlos, insbesondere ueber WLAN, Bluetooth und/oder ueber NFC.

译文：数据连接的构造优选为无线，尤其是通过 WLAN、蓝牙和（或）通过 NFC。

实例 4－67（来源：paratext_15）

原文：Ihr Durchmesser mag im Bereich bis maximal 1mm und vorzugsweise bei 0,5mm und weniger angesiedelt sein.

译文：其直径应在最大1mm的范围内，优选0.5mm和更小。

实例解析：对源语词“vorzugsweise”的分析首先从该词自身的语义出发。根据《朗氏德汉双解大词典》的释义，源语词“vorzugsweise”一般被解释为“首先”“主要”“尤其”“特别”“最好”（叶本度，2010），这几种释义之间本无较大差别。但根据翻译实例，源语词“vorzugsweise”在专利文献中的最常见目的语对应词是“优选（的）”，用以引出若干情况或若干选择中最佳的方案或数据等，或者说在源语篇章所创设的场景下用来告知本领域技术人员最有可能实现的技术方案，这一目的语词在本研究平行语料库所给出的目的语词中所占比例达到84%。实际上，目的语文化，具体是说目的语中的原创文本也倾向于使用该词。这一结论在本研究的类比语料库中得到证实，因此在类比语料库中共检索到125例“优选（的）”，并且其所处篇章场景相近，如下面的实例4－68。

实例 4－68（来源：chi_025）

优选的，上述分光部件具体为两表面分别镀有红外滤光薄膜和可见光滤光薄膜的分光棱镜。

总之，尽管源语词“vorzugsweise”及其目的语对应词呈现一对多的对应关系，但目的语词“优选（的）”所占比例最大，呈现趋同倾向，同时它更符合汉语专利文献表达习惯，即同时以目的语文化为导向，当然这也是大多数专业译者根据目的语“世界”所做的翻译决策。

4.1.3.13 bevorzugt

除“vorzugsweise”外，还有另一个源语词也常常被译作“优选的（地）”，即“bevorzugt”。德语词“bevorzugt”在德语子库中共出现265次，是德语专利文献中的高频词，它既可独立地做副词状语，又可以充当形容词定语。本书将“bevorzugt”的目的语对应词统计为表4－17，并借助图4－21表示“翻译过程中的人←世界→篇章的三元关系”模型中的“bevorzugt”及其目的语对应词的关系。

表 4－17 “bevorzugt”在本研究平行语料库中的目的语对应词频次和构成比例统计

源语词	频次	目的语词	频次	构成比例
bevorzugt	265	优选的（地）	235	89%
		首选的（地）	7	3%
		有利的（地）	7	3%
		最好的（地）	5	2%
		适宜的	4	1.5%
		推荐的	4	1.5%
		有益的	1	0
		尤其	1	0
		特别的	1	0

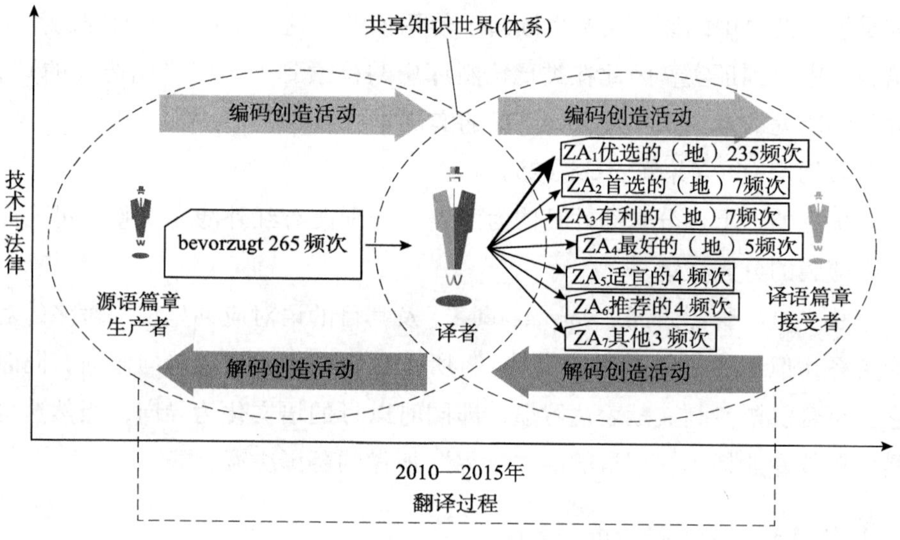

图 4－21 “翻译过程中的人←世界→篇章的三元关系”模型中的“bevorzugt”及其目的语对应词的关系

下文借助本研究平行语料库中的翻译实例并结合“翻译过程中的人←世界→篇章的三元关系”模型进一步解释具体的翻译情况。

实例 4－69（来源：paratext_050）

原文：Bevorzugt weist das Wasserspiel eine integrierte Beleuchtungseinrichtung 5, insbesondere eine LED-Leuchte auf.

译文：所述喷泉装置优选具有集成的照明装置5，尤其是LED光源。

实例 4－70（来源：paratext_061）

原文：Ein weiteres bevorzugtes Ausfuehrungsbeispiel des Handwerkzeuggeraets ist dadurch gekennzeichnet, dass die elektronische Sensoreinrichtung einen Inertialsensor umfasst.

译文：该手工工具设备的另一优选实施例之特征在于，所述电子传感器装置包括一个惯性传感器。

实例 4－71（来源：paratext_019）

原文：In einer bevorzugten Ausfuehrungsform der Erfindung ist vorgesehen, dass der Basis-Ueberwachungs-IC Chips am ersten Bus als Master konfiguriert ist und jeder der Ueberwachungs-IC Chips am ersten Bus als Slave konfiguriert ist.

译文：在本发明的一个推荐的实施例中规定，该基本检测IC芯片作为主机配置在第一总线上，而每个检测IC芯片则作为从机配置在第一总线上。

实例解析：从语义上看，通过本研究语料库检索到的“bevorzugt”所有目的语对应词都可行，但相对而言，占明显最大比例的“优选的（地）”最符合专利文献所创设的场景，因为在类比语料库中检索这些目的语词时发现，“优选的（地）”以125例的数量明显多于其他词。如上文的分析，“优选”在专利文献场景下被特别用于引出若干情况或若干选择中最佳的方案或数据等，或者也可以在源语篇章的场景下这样理解，“优选”被特别用来告知本领域技术人员最有可能实现的技术方案。总的来说，源语词“bevorzugt”与其目的语对应词在本研究平行语料库中构成一对多的对应关系，但其中一个目的语对应词明显占最大比例，即目的语对应词仍然呈现趋同倾向，同时这一目的语对应词符合目的语的交际场景和文化环境。

另外，针对目的语词“优选”的源语词，表4－18对其源语词进行了统计，图4－22展示了“翻译过程中的人←世界→篇章的三元关系”模型中的“优选的（地）”及其源语对应词的关系。

表 4－18 “优选的（地）”在本研究平行语料库中的源语对应词频次和构成比例统计

源语词	频次	构成比例	目的语词	频次
bevorzugt	235	53%	优选的（地）	444
bevorzugterweise	5	1%		
vorzugsweise	176	40%		
vorteilhaft	14	3%		
zweckmaessig（erweise）	7	2%		
（mit，von）Vorteil	4	1%		
guenstig	3	1%		

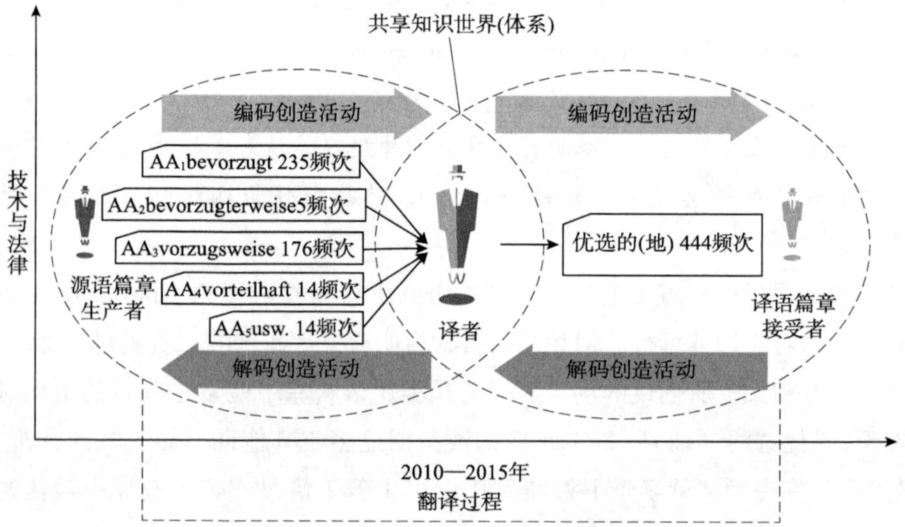

图 4－22 “翻译过程中的人←世界→篇章的三元关系”模型中的“优选的（地）”及其源语对应词的关系

由表 4－18 可知，对于“优选的（地）”这一目的语词，“bevorzugt”和“vorzugsweise”这两个源语词在本研究平行语料库中最多，同时还存在“vorteilhaft”“zweckmaessig（erweise）”“guenstig”等其他源语词。尽管按照《朗氏德汉双解大词典》的释义，它们更应被翻译成“有利的”“适宜的”“有利的”（叶本度，2010），但为了适应目的语文化和交际场景，本研究平行语料库的译文选用了“优选的（地）”。

总而言之，源语词和与它们对应的目的语词“优选的（地）”构成了一对多的对应关系，目的语有趋同倾向，甚至不惜使用改译等方式使其更加符合目的语文化和交际场景。

4.1.3.14 wobei

德语词“wobei”是本书所研究的唯一一个代副词，一方面因为它是德语专利文献中的高频词，另一方面是因为它在德语专利文献中承担着重要的职责。据检索，“wobei”在本研究平行语料库的德语子库中共出现了695次，并且分布在90篇文献中，这些都说明对“wobei”的翻译研究是非常有必要的。尽管如此，与“wobei”对应的目的语词相对集中，只有3种情况。源语词“wobei”的目的语对应词频次和构成比例见表4-19，“翻译过程中的人←世界→篇章的三元关系”模型中的“wobei”及其目的语对应词的关系如图4-23所示。

表4-19 “wobei”在本研究平行语料库中的目的语对应词频次和构成比例统计

源语词	频次	目的语词	频次	构成比例
wobei	695	其中	536	77%
		其特征在于	144	21%
		其他	15	2%

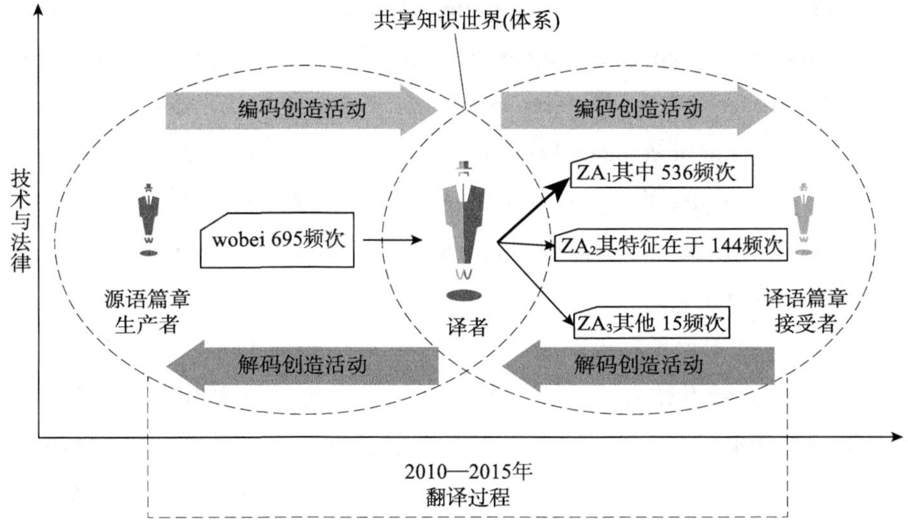

图4-23 “翻译过程中的人←世界→篇章的三元关系”模型中的“wobei”及其目的语对应词的关系

以下通过本研究平行语料库的翻译实例和“翻译过程中的人←世界→篇章的三元关系”模型考察“wobei”的翻译情况。

实例 4－72（来源：paratext_003）

原文：2. Die Ableiterfolie nach Anspruch 1, wobei die metallischen Schichten（12）galvanisch aufgebracht sind.

译文：2. 如权利要求 1 所述的导电箔，其中所述金属涂层（12）涂覆有电镀。

实例 4－73（来源：paratext_002）

原文：2. Kraftfahrzeugschluessel（1）nach Anspruch 1, wobei die Schliesseinrichtung（3）als elektronische Schliesseinrichtung ausgebildet ist.

译文：2. 根据权利要求 1 的汽车钥匙（1），其特征在于，关闭设备（3）构造为电子关闭设备。

实例 4－74（来源：paratext_005）

原文：11. Verfahren zum Berechnen von Informationen, insbesondere mittels eines Fahrzeuginformationssystem（1）nach mindestens einem der Ansprueche 1 bis 9, mit den Schritten: Erfassen（S1）einer durch das Kraftfahrzeug（20）zurueckgelegten Entfernung mittels mindestens zwei Fahrzeugsteuereinrichtung（2, 3）, wobei jede Fahrzeugssteuereinrichtung（2, 3）die mit einem der jeweiligen Fahrzeugsteuereinrichtung（2, 3）zu zugeordneten Antrieb（21, 22）zurueckgelegte Entfernung erfasst; Erfassen（S2）des momentanen Verbrauchs des der jeweiligen Fahrzeugsteuereinrichtung（2, 3）zugeordneten（21, 22）durch die Fahrzeugsteuereinrichtungen（2, 3）; Ausgeben（S3）der erfassten Entfernungen und des erfassten momentanen Verbrauchs mittels einer Ausgabeeinrichtung（17）.

译文：11. 一种尤其借助于上述权利要求 1～9 中任一项目所述的车辆信息系统（1）计算信息的方法，其步骤如下：使用至少两个车辆控制设备（2、3）测取（S1）汽车（20）行驶完成的距离，其中，各个车辆控制设备（2、3）分别测取使用分配给各个车辆控制设备（2、3）的驱动装置（21、22）所行驶完成的距离；通过各个车辆控制设备（2、3）分别测取分配给各个车辆控制设备（2、3）的驱动装置（21、22）的瞬时能耗；

通过输出设备（17）输出（S3）测取到的距离和测取到的瞬时能耗值。

实例 4－75（来源：paratext_004）

原文：Beispielsweise koennen zwei elektronische Steuereinrichtungen in Form eines Antiblockiersystems und eines Navigationssystems vorgesehen sein, wobei die Geschwindigkeit des Kraftfahrzeugs durch das Antiblockiersystem bestimmt und anschliessend dem Navigationssystem bereitgestellt wird, um diesem eine verbesserte Zielfuehrung auf einer vorbestimmten Route zu ermoeglichen.

译文：例如可以以防抱死系统和导航系统形式设置有两个电子控制装置，其中，车辆速度通过所述防抱死系统确定并且随后被提供给导航系统，以便可以实现给该导航系统在预先确定的路线上改善的目标引导。

实例 4－76（来源：paratext_002）

原文：Ausfuehrungsbeispiele werden anhand der Zeichnungen naeher erlaeutert, wobei weitere vorteilhafte Weiterbildungen der Erfindung und Vorteile derselben beschrieben sind.

译文：借助于附图进一步阐述实施例，其中描述了本发明的其他有利的改进方案及其优点。

实例 4－77（来源：paratext_004）

原文：5. Verfahren（200）nach einem der vorangehenden Ansprueche, wobei die elektronische Steuereinrichtung（155, 140）nur dann in den sicheren Betriebsmodus verbracht wird, nachdem bestimmt wurde, dass die Fehlfunktion nicht ueber die Kommunikationsverbindung（120, 125）behoben werden kann.

译文：5. 根据前述权利要求之一所述的方法（200），还包括在所述电子控制装置（155、140）被置入所述安全运行模式中之前，在确认无法通过通信连接装置（120、125）取消错误功能后。

实例 4－78（来源：paratext_075）

原文：Es ist vorteilhaft, wenn die Motoren bzw. Antriebsstraenge gleich bzw. symmetrisch aufgebaut sind, wobei das erfindungsgemaesse Verfahren bzw. die Vorrichtung auch fuer Antriebssystem mit unterschiedlichen Antriebsstraengen geeignet ist.

译文：当电机或传动系呈现一样的或对称结构时，比较有利，而且按照本发明的方法或设备也适合具有不同传动系的传动系统。

实例解析：从上述统计数据和翻译实例可以看出，源语词“wobei”虽然是代副词，但在专利文献译语篇章所创设的交际场景下却可被译作“其中”或“其特征在于”。另外，在源语篇章中，“wobei”基本上都是作为疑问代副词引导状语从句，并且大多数情况下（如实例4－72、实例4－73和实例4－74）出现在权利要求中。下面将逐一解析各目的语对应词。

1）在本研究平行语料库的德语子库中，即在源语篇章中，“wobei”一般在权利要求中构成“...nach Anspruch ×，wobei...”这样的基本结构中（如实例4－72、实例4－73和实例4－77）。在这一交际场景下，3/4多被译成“其中”，少于1/4被译成“其特征在于”。显然，“其中”直接体现了“wobei”的概念义，同时也兼顾了语用义；但当“wobei”出现在权利要求的特定位置时，不少译文还是参考了汉语专利文献的典型表达方式，选择了目的语对应表达“其特征在于”。德国《专利管理条例》第9条第2款指出，“如果选择用两段式表示权利要求的话，前序部分包括现有技术中已知本发明的特征，特征部分则要指出结合前序部分特征所寻求保护的本发明的特征。特征部分通常使用‘dadurch gekennzeichnet，dass’或‘gekennzeichnet durch’或具有相同意义的类似表达引出”，[1] 尽管该条款并未直接提及“wobei”一词，基于实际情况，在本研究中基于对语料库的检索可确定，“wobei”就是该条款中提及的典型的“具有相同意义的表达”。与此同时，“其特征在于”是汉语权利要求中的典型表达，因为《中华

[1] 参见*Patentverordnung* §9（2）。原文如下：Wird die zweitteilige Anspruchsfassung gewählt, sind in den Oberbegriff die durch den Stand der Technik bekannten Merkmale der Erfindung aufzunehmen; in den kennzeichnenden Teil sind die Merkmale der Erfindung aufzunehmen, für die in Verbindung mit den Merkmalen des Oberbegriffs Schutz begehrt wird. Der kennzeichnende Teil ist mit den Worten„ dadurch gekennzeichnet, dass “oder„ gekennzeichnet durch “oder einer sinngemäßen Wendung einzuleiten.

人民共和国专利法实施细则》第二十一条明确提到“使用‘其特征是……’”,❶ 所以针对权利要求中的“wobei”，可以产出“其特征在于”这样的译文。事实上，根据对本研究类比语料库的检索，“其中”178例，“其特征在于”202例，可见两者在汉语专利文献中的占比相差不多。但“其中”和“其特征在于”这两种表述方式实际上是有所区别的。如《中华人民共和国专利法实施细则》第二十一条所述，“其特征是……”的作用是为了正确对权利要求进行划界，以区分现有技术和本申请的方案，但主要是独立权利要求承担这种划界责任；而“其中”虽然在某些情况下本质上等于“其特征在于”，但它自身还包括其他含义，也不能完全实现划界的作用，所以译者在翻译时还是需要参考“wobei”在源语篇章中所处的交际场景和所发挥的功能为其确定目的语对应词。❷ 综上，译者在翻译权利要求中出现的“wobei”一类的词时，译为“其中”是最为保险的，不应擅自改译为“其特征在于”或“其特征是……”等,❸ 这也就解释了为什么“其中”是源语词“wobei”在本研究平行语料库中出现频次最多的目的语表达。

2）并非所有出现在权利要求中的“wobei”都是为了引出权利要求的特征部分，特别是当一项权利要求中出现多处“wobei”或“wobei”后说明某个发明的具体结构或某个方法的具体步骤时，“其特征在于”的译法就不准确了，此时只能处理为“其中”，如实例4－74所示。在此，源语

---

❶ 《中华人民共和国专利法实施细则》第二十一条规定，发明或者实用新型的独立权利要求应当包括前序部分和特征部分，按照下列规定撰写：

（1）前序部分：写明要求保护的发明或者实用新型技术方案的主题名称和发明或者实用新型主题与最接近的现有技术共有的必要技术特征；

（2）特征部分：使用“其特征是……”或者类似的用语，写明发明或者实用新型区别于最接近的现有技术的技术特征。这些特征和前序部分写明的特征合在一起，限定发明或者实用新型要求保护的范围。

❷ 针对这一问题，笔者与从事相关工作多年的审查员、翻译校对人员以及专利代理人进行过交流，在此特别感谢韩烁、马忠秀等。

❸ 参考庄一方在《专利文献的英汉翻译》一书中对于英语“wherein”或“in which”一类的词的翻译建议；另外根据相关人员的实务经验，在克服新颖性、创新性等实质缺陷后，又找不到其他形式缺陷但还不能直接授权的话，专利审查员可能指出，该专利申请文件的权利要求中，在与对比文件的区别特征之前必须划界，此时一般建议使用“其特征在于”，在这种情况下，审查员或译者可能根据实际情况将“wobei”处理为“其特征在于”。

词“wobei”在源语篇章中所处的交际场景至关重要。

3）当“wobei”出现在说明书中时，译者可以根据具体情况翻译，当然如实例4－76所示，译作“其中”的情况最多，也最贴切，毕竟这符合该词的概念义。但也存在其他译法，例如实例4－77和实例4－78，在不影响法律结果的情况下这些译法也可接受。

总的来说，虽然“wobei”与其目的语对应词呈现一对多的对应关系，但“其中”这一目的语对应表达占最大比例，目的语对应词呈现相对的趋同趋势；同时，译文在符合概念义的前提下考虑了交际场景，还参照了汉语专利文献的典型表达，即专利文献的译语篇章在为源语词“wobei”确定目的语对应词时趋向目的语文化，这也是大多数译者做出翻译决策时所关注的重点。

4.1.4 结果与讨论

本研究词汇层面的实证研究显示，这些专利文献主题词的源语词和目的语对应词之间基本形成了三种对应关系，如图4－24～图4－26所示。

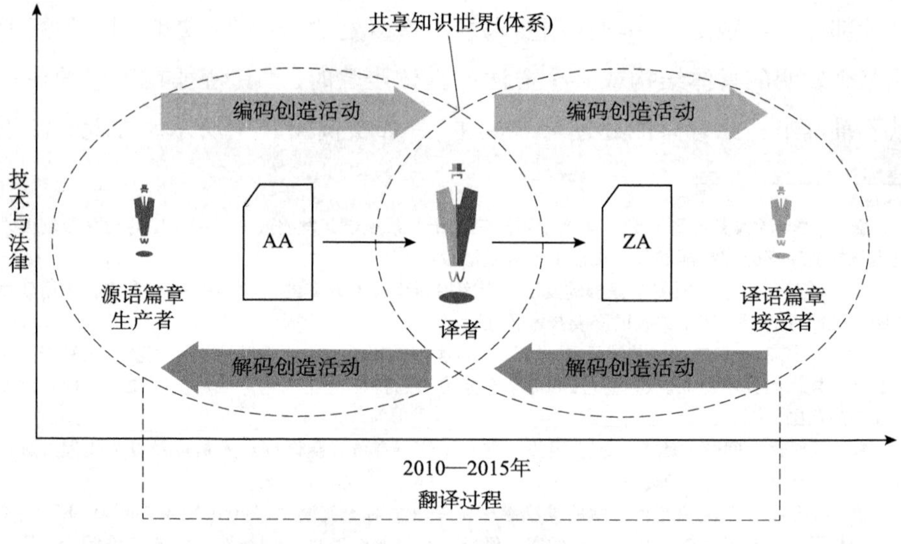

图4－24 “翻译过程中的人←世界→篇章的三元关系”模型中源语词及其目的语对应词之间形成的一对一关系

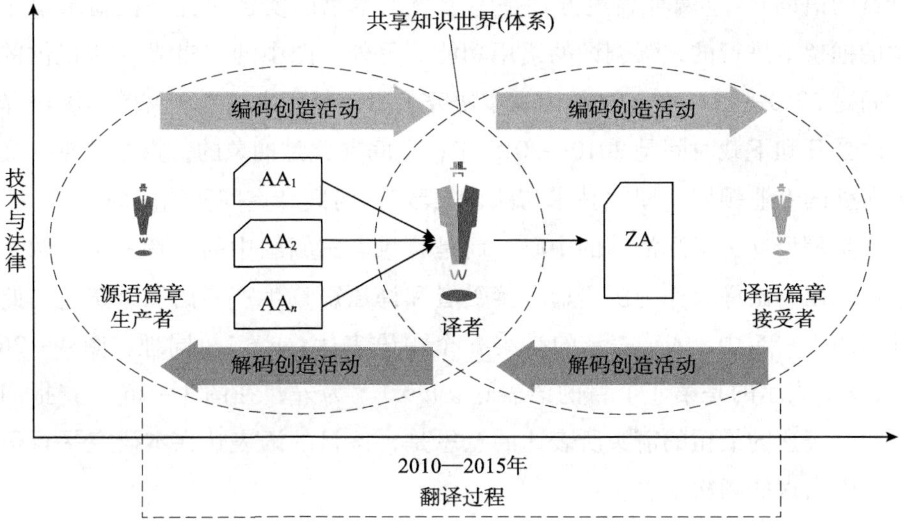

图 4-25 “翻译过程中的人←世界→篇章的三元关系”模型中源语词及其目的语对应词之间形成的多对一关系

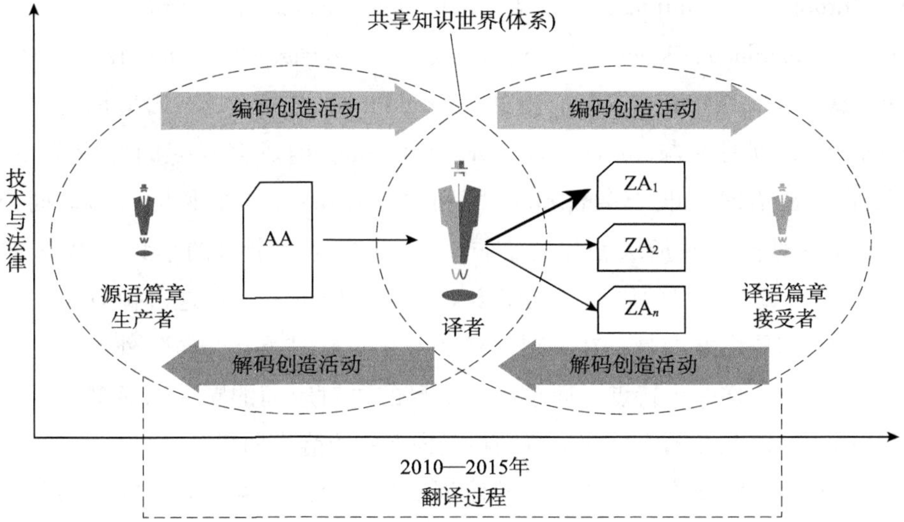

图 4-26 “翻译过程中的人←世界→篇章的三元关系”模型中源语词及其目的语对应词之间形成的一对多关系

在图 4-24、图 4-25 和图 4-26 中，AA 代表 Ausgangsausdruck，意为源语表达（也指源语词）；ZA 代表 Zielausdruck，意为目的语表达（也

指目的语词)。这两种表述方式是为了突出本书的实证研究是在篇章语用学的框架下进行的，强调词的语用功能。另外，图中的“世界”所提供的时间是2010—2015年，这是因为本研究平行语料库中的专利文献的汉语译文的公开和下载时间是2010—2015年；空间在此是抽象的，指的是专利文献所处的专业领域，即“技术与法律领域”，时间和空间所构成的“世界”已不是翻译这一交际活动的中心，而是背景。三幅图中的译者是深浅两个颜色，以突出译者作为源语篇章接受者和译语篇章生产者的双重角色。此外，图4-25中，AA_n表示的是第n个源语表达，$n>1$。同理，图4-26中，ZA_n表示的是第n个目的语表达，$n>1$。另外，在图4-26中，指向目的语表达的最粗的箭头所表达的意思是，该目的语表达在本研究平行语料库中出现的频次最多。

在本节的实证分析中，源语词及其目的语对应词构成关系如图4-24所示的有Ausführungsbeispiel、Unteranspruch，如图4-25所示的有(vorliegende/en) Erfindung、vorzugsweise、bevorzugt，如图4-26所示的有Ausführung、Ausführungsform、Ausgestaltung、ausführen、Erfindung、aufweisen、anordnen、kennzeichnen、umfassen、vorzugsweise、bevorzugt、wobei。这几种关系中存在交叉，例如“Erfindung”与其目的语对应词是一对多的关系，同时又与vorliegende (n) Erfindung构成多对一的对应关系；还有两个源语词，即“vorzugsweise”和“bevorzugt”与它们的目的语词分别形成一对多的对应关系，它们同时又对应同一个目的语词“优选的(地)”，因此与其目的语词还处于多对一的对应关系。在这三种对应关系中，特别需要注意的是，在一对多的关系中，除“ausführen”外，其他的源语词都有这样一个特点，即总有一个目的语对应词的频次明显多于其他目的语词，因此在图4-26中特别将指向ZA_1的箭头加粗。

图4-24和图4-25中，目的语词归为一个。图4-26中的目的语词虽然有多个，但其中的ZA_1频次明显多于其他词。因此可以说，专利文献主题词的目的语对应词基本上趋同，这样消除了源语表达的多样性，从而更容易被译语篇章接受者理解和接受。

在对每个源语词及其目的语对应词分析的过程，笔者发现，最终使用趋同的目的语词，即最通用的目的语词都高频出现在类比语料库的原创子库中，并且是在与平行语料库文本相同或相近的位置；另外，其中一些源语词和目的语词的对应关系在德中两国的专利法中有据可查。总的来说，专利文献的译语篇章在为主题词源语词确定目的语对应词时趋向目的语的语言和文化传统规范，呈现出规范化（[德] Normeinhaltung，[英] normalization）特征。

综上所述，专利文献译语篇章在翻译主题词源语词时使用趋同的目的语对应词，本质上是趋向目的语的语言和文化规范而呈现深层次的“规范化”的特征。

但“规范化”特征不表示专利文献中的所有词（或者主题词）都必须体现这一趋势，例如“ausführen”就是本书实证研究中的例外。

为使研究结果更加严谨，本部分进一步梳理本节所关注的词。

从词类的角度来看，名词更趋同，例如“Ausführungsbeispiel”“Unteranspruch”都只有一个目的语对应词；动词最难具有这样的趋同，例如“ausführen”因所处交际场景的复杂导致其目的语对应词的情况复杂，因此很难具有特定的倾向性。

从词义的角度来看，目的语词如果是汉语专利文献特有的表达，它与源语词之间构成的关系就单一。例如“实施例”在互联网上搜索的结果基本上全都和专利有关，而“实施方式”还有其他的应用领域，与专利没有特定的关联。按照基于本研究平行语料库的研究结果，“Ausführungsbeispiel”与其目的语对应词“实施例”就是一对一的对应关系，但“Ausführungsform”与其目的语对应词形成一对多的对应关系。

从专用语的角度来看，专利是一个特定的专用领域，它与专用语（[德] Fachsprache）有着千丝万缕的联系。梁镛、钱敏汝（1991）曾指出，专用语和普通语（[德] Gemeinsprache）并不一定是完全对立的，反而可能相互影响。Busse（1991）论及法律语言与日常语言（[德] Alltagssprache）之间的关系时提到，在法律语言中要区分两种情况：其一是日常语言中没有的、狭义的专用表达（[德] Fachausdrücke），其二是更大范围的法律语言，它包括一部分日常语言。本书借用这一思想，并将其进一步延伸，假设这些主题词位于两端分别为专利专用语和普通语的区间内，每个词都是一个变量（[德] Varietät）。越接近专用语，源语词和目的语词对应关系越单一，如“Ausführungsbeispiel”和“实施例”；越接近普通语，对应关系越复杂，如本研究中的“ausführen”。

基于语料库的词义研究相对来说是一次冒险的尝试。毕竟围绕词义的研究历来争议较大，翻译是人的活动，受各种因素的影响，研究也是由人来完成的，也必然受到研究者主观因素的影响，特别是在确定与源语词对应的目的语词时，研究者的个体差别很难忽略。但本研究已尽可能将这一影响降到最低。为将研究中的主观影响降到最低，本研究还邀请其他两人共同确定源语词和目的语词的对应关系，在出现歧义时，最终结果经商讨而定。

4.2 句法层面的实证分析

词是篇章的基本构建单位，但绝大多数情况下，单凭词不能清楚完整地表达篇章所要表达的内容。与词不同，从语法角度来看，句子被视作篇章的核心结构单位（Brinker，1997），或者说是篇章的最小结构单位（[德] mininale Struktureinheit）（唐进伦，2013）。从语义角度来看，句子扮演着语言组织中心的角色，这是因为语言系统其他描写层面上的单位都只能借助句子将思想通过交际性的表达方式体现出来（Horn-Helf，2007）。这也就是说，句子是构建篇章、表达思想的基本单位。钱文彩（2000）将句子定义为“语言使用的单位，是由词或词组按照一定的语法规则构成的，是语法分析上重要的语言单位”。通过这一定义可知，句子是基于一定语法规则的，具有完整的意义，是篇章的基本语义单位。这一定义肯定了句子和篇章之间的联系。当然，句子和篇章之间的这种联系更加适用于专用篇章。Horn-Helf（2007）在论述专用篇章类别时就曾指出，专用篇章语言学非常了解句法在专用交流中的重要作用。Hoffmann（1985）甚至将句子类型（[德] Satztyp）视为区分专用篇章的标准。这也就是说，很多专用篇章都有惯用的句子类型。另外，还有很多关于同文化和跨文化比较的论文指出，句法为揭示宏观和微观文化差异提供了一个有趣的出发点（Horn-Helf，2007）。综上，句子是篇章的重要组成部分，是实际的语言使用。在很多情况下，句子的语法结构，也就是句法，可能因为语言使用的专用领域、文化背景等而有所不同。从这一意义来看，有必要通过句法结构的翻译研究探讨专利文献这一篇章类别的整体翻译特点或翻译规律；同时，本书并非孤立地考察特定句法结构的翻译特点或翻译特色，而是要在专利文献的篇章框架内考察特定句法结构德汉翻译的规律性特征。这些都必然离不开本研究所用语料的专用领域和文化背景。

本研究语料库中的每个专利文献篇章都由很多句子构成，也包括不同的句子类型，但本书不可能逐一考察所有出现的句法结构及其翻译，只能集中探讨在专利文献这一类别的篇章——更准确地说，是源语文本中最为常见的并且最有意义的句法结构。经过对本研究平行语料库中德语子库的观察和检索，以下句法结构在德语专利文献中高频出现：被动结构（有标记的被动就有6479频次）、“...dadurch gekennzeichnet, dass...”句式（770频次）、wobei所引导的从句（755频次）和“so..., dass”等形式的结果从句（128频次）。被动结构有助于突出需要说明的对象、目的和结果，避免提及施事者（徐永红，1996），从而有助于显示客观公正，突出客观的专业活动（[德] fachliche Handlung），这恰好符合将种类繁多的物或技术方法作为描述对象的专利文献的需求。“...dadurch gekennzeichnet, dass...”句式表述的意义是“……的特征通过……来表现”，这一用法和意义适用于说明该专利申请所要求保护的发明或实用新型与已有的发明或实用新型的不同之处，从而突出该发明或实用新型的新颖性和创造性，因此该句式大量出现在专利文献的权利要求书中。wobei所引导的从句所承担的专用语功能与“...dadurch gekennzeichnet, dass...”句式相近，除此之外，它还可以引出该专利申请所要求保护的发明或实用新型的每一个实施方式的具体特征，毕竟大多数发明或实用新型都可能有不同的实施方案，而申请人总是在权利要求书中尽可能扩大保护范围。“so..., dass”等形式的结果从句用于说明主句中的事实所产生的结果（王兆渠等，2001）。在专利文献中，这个句式可指出该发明或实用新型在具有什么特征的情况下可能得到什么结果，进而强调各实施方案中特征与发明效果之间的关系。以上四种句法结构在专利文献中所承担的专用功能决定了它们在本研究平行语料库中的高频出现。4.1节词汇层面的实证分析探讨了“...dadurch gekennzeichnet, dass...”句式和wobei所引导的从句，因此本节将主要围绕被动结构和结果从句这两种句法结构进行分析。

如前文所述，本研究将实际使用中的语言视作研究对象，通过对真实数据的梳理、分析和总结发现这两种句法结构在专利文献篇章中翻译的规律性特征，进而挖掘专利文献这种篇章类别整体翻译的规律性特征。具体研究过程依靠已实现了句级对齐的双语平行语料库，并参考专利文献汉语类比语料库。

实证研究步骤如下：首先分别简要说明德语中结果从句和被动结构的用法和特点。然后通过平行语料库软件 ParaConc 在本研究平行语料库中检索出这两种专利文献的高频句法结构的目的语对应结构，进而根据检索到的实际使用情况，必要时参照目的语（汉语）的相关用法为上述目的语对应结构分类，在此基础上完成数据统计和实例分析，基于以上步骤和数据统计，可以发现最主要的目的语对应结构。再次，通过在本研究类比语料库中的检索和数据统计确定上述一种或几种目的语对应结构是否为目的语所常用。最后，依据数据和实例探究潜藏于专利文献译语篇章中的规律性特征。

4.2.1 结果从句

如前文所述，“so…，dass”结构的结果从句（[德] Konsekutivsätze）是专利文献的常见句式。从形式上看，这一结构与英语的“so…，that”结构类似（叶本度，2010），因此人们通常认为它应被译作“如此……以至”。然而本研究平行语料库的检索结果显示，它的目的语对应结构情况复杂。此外，德语的结果从句本身也比英语复杂得多，除最常见的“so…，dass”外，德语的结果从句作为一种主从复合句还包括其他形式，例如“derart…，dass”“derartig…，dass”等，这也增加了研究德语结果从句汉译的难度。事实上，结果从句的汉译几乎未被德汉翻译研究所关注，甚至翻译技巧方面的研究也很少注意它的译法；另外，这一结构在汉译时形式多样，有必要一一梳理。因此，本小节通过梳理在本研究平行语料库中与结果从句相对应的汉译以及数据统计来回答前文的问题，即表面上看起来最接近的“如此……以至”是否是其在专利文献中最常见的对应结构；同时，基于这一研究探索专利文献中翻译语言使用的情况，揭示内在的规律性特征。

4.2.1.1 德语结果从句说明

在德语中，结果从句属于主从复合句中的因果状语从句，用来表示主句中的事实所产生的结果，常用连词有“…，so dass”“so…，dass”“dermaßen…dass”“derart…，dass”“dergestalt…dass”“solch-…，dass”“derartig-…，dass”等，其中前两个结构使用最多（王兆渠等，2001）。在此需要注意的是，“…，so dass”结构中置于从句中的副词“so”并不起强调作用，只是表示事情所产生的结果，在本研究语料库中大多被译作“因此”“从而”“以至”等，也就是完全没有突出“so”的意义。但在“so…，dass”结构中，副词“so”作为关联词在主句中起强调作用，可用来强调形容词、副词、分词和动词，如实例4－79所示。

实例4－79[1]（来源：paratext_016）

原文：Die Menge des zugefuehrten Inertgases wird dabei so bemessen, dass seine Geschwindigkeit im Spalt ausserhalb des Kondensationsgefaesses 3 so hoch ist, dass die Diffusionsgeschwindigkeit t des in Gegenrichtung potentiell migrationsbereiten Magnesiumdampfs uebertritt.

译文：可适当计算惰性气体的供应量，使其在冷凝器3之外的间隙中有适当高的速度，从而超过镁蒸气在反向迁移的扩散速度 t。

在其他几个相近结构中，“dermaßen”“derart”“dergestalt”这三个副词用来特别强调主句中的某个词（副词除外）时，它们可以替代“so”，而“solche-”和“derartig-”用来强调名词，起到的也是“so”的作用（王兆渠等，2001）。这些结构有两个共同特点：其一是“so”等词在主句中，表强调；其二是“dass从句”必须置后。本书主要探讨包括“so…，dass”在内的结果从句在本研究平行语料库中的目的语对应结构以及它们所呈现的规律性。

---

[1] 德语的so…dass结构与英语的so…that结构相近，但英语的so后面只能接形容词或副词，而德语的so后面可加形容词、副词、动词，因此在此特别举例说明。

4.2.1.2 实证分析

（1）实证分析的操作步骤

本研究中结果从句的实证分析将分为以下四步。

第一步：基于本研究平行语料库的检索结果确定与“so…，dass”等形式的结果从句相对应的目的语句法结构，这一步是比较源语文本及相应的译语文本。具体来说，依次以“so…，dass”“dermaßen…dass”“derart…，dass”“dergestalt…dass”“solch-…，dass”“derartig-…，dass”为参照项，在本研究平行语料库中将“so…，dass”等设定为关键词，通过ParaConc软件检索源语文本中“so…，dass”等及其在译语文本中的对应结构。下面以“so…，dass”为例，使用正则表达式，将“so ＊ dass”设置为检索项，如图4－27所示，检索结果如图4－28所示。

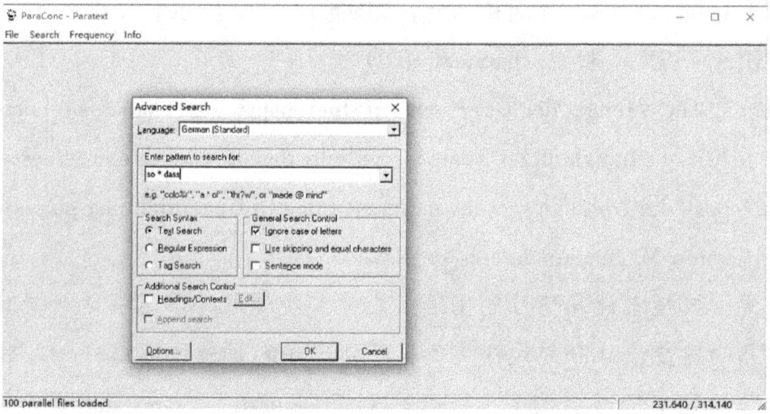

图4－27 设置检索项“so ＊ dass”

然后，人工将不符合结果从句用法的结构剔除，例如实例4－80和实例4－81（在这两个例句中，主句中的副词“so”只是用来指“dass从句”中所描述的事）。

实例4－80（来源：paratext_030）

原文：In anderen Worten ist das Merkmal, dass die Schichtdicke H38 der Reststoffschicht zumindest 10cm betraegt, so zu verstehen, dass zu zumindest 75% der Zeit diese Schichtdicke H38 erreicht und ueberschritten wird.

译文：换言之，残留物层的层厚 H38 至少为 10cm 这一特征，可以理解为至少有 75% 的时间应达到并超过该层厚。

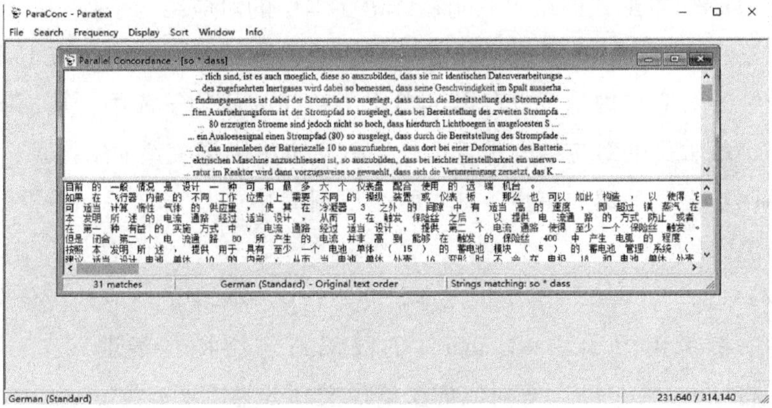

图 4-28 德语检索项“so ＊ dass”的 KWIC 模式显示

实例 4-81（来源：paratext_037）

原文：Umfasst ein Ausfuehrungsbeispiel eine und/oder - Verknuepfung zwischen einem ersten Merkmal und einem zweiten Merkmal，so ist dies zu lesen，dass das Ausfuehrungsbeispiel gemaess einer Ausfuehrungsform sowohl das erste Merkmal als auch das zweite Merkmal und gemaess einer weiteren Ausfuehrungsform entweder nur das erste Merkmal oder nur das zweite Merkmal aufweist.

译文：若一个实施例在第一特征和第二特征之间包括“和/或”联系，则应该这样读，该实施例安装一个实施例不仅具有第一特征，而且具有第二特征，而按照另一个实施例不是只有第一特征，就是只有第二特征。

从而得到源语文本中所有形式的结果从句以及它们在译语文本中的对应结构。

接下来，将检索出的所有对应结构分类，并使用以下统计项目：①频次：指语料库中与“so…，dass”等结构对应的汉语某一形式的出现次数；②构成比例（%）：指各对应形式在总频次中的比例。统计数据和所占比例通过表的形式显示。另外，还借助图展现“翻译过程中的人←世界→篇章的三元关系”模型中的结果从句及其对应结构。这样就可以确定哪一种对应结构在专利文献的译语文本中最常见。

第二步：梳理汉语中哪些表达表示因果关系，以便发现这些表达与“so…，dass”等形式的结果从句在译语文本中的对应结构是否一致。

第三步：通过在本研究类比语料库中的检索结果验证通过以上步骤发现和总结的对应结构是否也存在于类比语料库的原创子库中，从而验证译语文本中最常见的对应结构是否也是原创文本中因果关系的结构。

第四步：最关键的一步，基于两个语料库中的检索结果和数据统计进行总结。

（2）“so…，dass”等结构在本研究平行语料库中的对应结构分类

本书参考英语中“so…that”的汉语对应结构（秦洪武、王克非，2004）将“so…，dass”等对应的汉语译文划分为以下五类。

1）在前一小句中用程度副词传达“so”的强调意义，“dass”没有对应，在此将其标记为“前对应”，如实例4－82的译文中只用“这样”对应整个“so…，dass”结构。

实例4－82（来源：paratext_029）

原文：Die Temperatur im Reaktor wird dann vorzugsweise so gewaehlt, dass sich die Verunreinigung zersetzt, das Kunststoffmaterial aber unbeeinflusst bleibt.

译文：然后优选这样选择反应器中的温度，杂质可以分解，但是塑料材料并不受影响。

2）不用程度副词传达“so”的强调意义，而是直接使用连词（从而）、动词（使得）和连词（以至）等表达结果意义，在此将其标记为“后对应”，如实例4－83至实例4－85中只有“使得”“以便”对应整个“so…，dass”结构。

实例4－83（来源：paratext_039）

原文：Die Soll-Durchflussmenge des Temeriermediums muss so gross sein, dass die sich ergebende Reynolds-Zahl numerisch in einem der oben angegebenen Bereiche liegt.

译文：调温介质的额定流量的值必须使得出的雷诺数在数值上处于上面给出的范围内。

实例 4－84（来源：paratext_076）

原文：Es ist die Aufgabe der vorliegenden Erfindung，bekannte Hochdruckregelventile derart weiterzubilden，dass eine Verwendung bei hoeheren Drucken von derzeit 2700～3000 bar unter gleichzeitiger Verringerung der Materialerosion moeglich ist.

译文：本发明的目的在于改进已知的高压调节阀，使得能够在目前2700～3000（1 巴 = 10^5 帕）的高压下使用，并且同时减少材料冲蚀。

实例 4－85（来源：paratext_085）

原文：Ausgehend von diesem diskutierten Stand der Technik liegt der Erfindung daher die Aufgabe zugrunde，eine Kaffeemaschine mit einem Kaffeebohnenbehaelter，insbesondere mit einem in das Gehaeuse derselben integrierten Kaffeebohnenbehaelter，dergestalt weiterzubilden，dass diese，wenn gewuenscht，die Vorteile eines integrierten Kaffeebohnenbehaelters mit denjenigen eines groesseren Fassungsvermoegens vereint.

译文：基于所探讨的现有技术，本发明的任务在于，改进带有咖啡豆容器的咖啡机，该咖啡机的特别之处是带有集成在其壳体中的咖啡豆容器，以便在需要时，可以使集成式咖啡豆容器的优点与更大容量的优点两者共存。

3）用“如此……以至”“如此……使得”“这样……使其”这类对等形式，标记为“前后对应”，如实例 4－86 至实例 4－89 所示。

实例 4－86（来源：paratext_028）

原文：9. Kameramodul（1）nach Anspruch 1，dadurch gekennzeichnet，dass der Wandbereich（2a）der Objektaufnahme（2）bei der asymmetrischen Krafteinwirkung von aussen derartig verformbar ist，dass im unverformten Zustand ein durch die Reibschlussmittel（16）definierter Innenradius und/oder ein Abstand（r16）der Reibschlussmittel zur optischen Achse（12）oder Symmetrieachse kleiner als ein Aussenradius（r8）der Linsenfassung（8）ist，und im verformten Zustand ein durch die Reibschlussmittel（16）definierter Innenradius und/oder Symmetrieachse groesser als ein Aussenradius（r8）der Linsenfassung（8）ist.

译文：9. 根据权利要求1所述的摄像头模块（1），其特征在于，物镜座（2）的壳壁区域（2a）在不对称外力作用下可以适当变形，从而在未变形状态中使得通过摩擦锁和构件（16）确定的内半径和/或者摩擦锁合构件与光轴（12）或对称轴的距离（r16）小于镜筒（8）的外半径（r8），并且在变形状态下使得通过摩擦锁合构件（16）确定的内半径和/或者摩擦锁合构件与光轴（12）或对称轴的距离（r16）大于镜筒（8）的外半径（r8）。

实例 4－87（来源：paratext_030）

原文：Wuerde der UEberlauf radial aussen angeordnet，koennen Bereiche auf der Oberflaeche des Metallbads entstehen，in denen die Verweilzeit der Reststoffe so hoch ist，dass die Reststoffe Klumpen bilden und im Endeffekt nur noch schwer aus dem Reaktorbehaelter zu entfernen sind.

译文：如果溢出口是径向向外地布置，则可能在金属浴表面产生这样一些区域，在所述区域中残留物的停留时间很长，致使残留物结块并且最终更加难以从反应容器中清除。

实例 4－88（来源：paratext_071）

原文：Die Verschlussklappe 8 ist in Draufsicht（Fig. 5）rechteckig，wobei ihre Groesse so gewaehlt ist，dass sie die OEffnung 5（Fig. 1）vollstaendig ueberdeckt.

译文：在俯视图（图5）中，封闭盖8是矩形的，其中，封闭盖8的尺寸如此选择，使得封闭盖完全覆盖开口5（图1）。

实例 4－89（来源：paratext_080）

原文：Soll die Vorrichtung 10 nunmehr ein Kabel zugentlastend halten，dessen Durchmesser derart gering ist，dass die Quetschlamellen 14 des Huelsenbauteils 11 nicht gegen dessen Aussenoberflaeche gepresst werden koennen，wird der Einsatz aus Dichthuelse 15 und Haltehuelse 17 in die Aufnahme 23 des Huelsenbauteils eingesetzt.

译文：如果现在需要装置10去张力地保持一根电缆，该电缆的直径如此之小，以致管套构件11的挤压肋片14不能压到其外表面上，于是就将由密封套管15和保持套管17构成的嵌件装入到套管构件的支座23中。

4）对应的汉语译文中前后都没有标记，被标示为“零对应”，如实例 4－90 所示。

实例 4－90（来源：paratext_086）

原文：Sobald die Buerste mit reduziertem definierten Verschleissweg so weit abgenutzt ist，dass sich die Kontaktflaeche zwischen dieser Buerste und dem Kollektor aendert，wird ein entsprechendes Signal zur Anzeige gebracht；zugleich stellt die Buerste mit laengerem Verschleissweg immer noch in Kontakt mit dem Kollektor und traegt zur Stromuebertragung bei.

译文：一旦具有减小的限定磨损行程的电刷用到该电刷和集电器之间的接触面积变化的程度，则显示相应的信号，同时具有较长限定磨损行程的电刷仍然一直与集电器接触并传输电流。

5）“V/Adj. ＋到”类似结构。“V/Adj. ＋到”结构后面可以跟名词，表示动作或性质状态达到某种程度，后面加动词或小句表示状态达到的程度（吕叔湘，1994），如实例 4－91 和实例 4－92 所示。而“到”换成“得”就构成了动补结构，既可以引导结果补语，也可以引导程度补语（何善芬，2002）。

实例 4－91（来源：paratext_013）

原文：Die Verdampfungstemperatur von Magnesium kann bei Verminderung des Drucks bis unter die Temperatur des Schmelzpunktes abgesenkt werden und es ist eine Besonderheit dieses Metalls，dass sein Dampfdruck auch unterhalb des Schmelzpunktes noch so hoch liegt，dass es fuer eine technische nutzbare Resublimation hochreiner Magnesiumkristalle ausreicht.

译文：可以减小压力使得蒸发温度下降到沸点温度以下，并且该金属就有这样的特性：即使在熔点以下，其蒸汽压也足以使高纯镁晶体重新升华，有技术利用价值。

实例 4－92（来源：paratext_023）

原文：Die durch Schliessen des zweiten Strompfades 80 erzeugten Stroeme sind jedoch nicht so hoch，dass hierdurch Lichtboegen in ausgeloesten Sicherungen 400 entstehen koennten oder vor Schliessen des zweiten Strompfades 80 bereits bestehende Lichtboegen weiterbestehen koennen.

译文：但是闭合第二个电流通路80所产生的电流并非高到能够在触发的保险丝400中产生电弧的程度，或者在闭合第二个电流通路80之前就已存在的电弧能够继续存在。

其中，第四种“零对应”结构最为特殊，因为其他四种结构的汉译都保留了原文中被强调的形容词、副词等，而“零对应”结构的译文完全没有出现被强调的原文内容，而是将其融入译文，这种译文也很难回译为原文。

（3）本研究平行语料库检索结果的数据统计

据检索，专利文献译语文本与“so…，dass”等形式的结果从句对应的五类结构分别使用了下列对应词。

前对应：这样、适当；

后对应：使、使得、从而、以至、以便；

前后对应：如此……以致（至）、如此……使得、如此……以便、这样……使得、这样……以致（至）、这样……从而、适当……从而、适当……使得、很……使得、很……因此、很……致使。

对应结构频次和构成比例的统计结果见表4-20。

表4-20 “so…，dass”等形式的结果从句在本研究平行语料库中的对应结构频次和构成比例统计

形式	前对应		后对应		前后对应		零对应		V/Adj. +到类似结构		合计频次
so…，dass	4		17		62		2		2		87
derart…，dass	7		20		66		4		1		98
dergestalt…，dass	0		1		0		0		0		1
derartig…，dass	0		0		4		0		0		4
dermassen…，dass	0		0		0		0		0		0
solch-…，dass	0		0		0		0		0		0
合计频次（占比）	11	6%	38	20%	132	69%	6	3%	3	2%	190

从表4-20可知，在本研究平行语料库的德语子库中，“so…，dass”和“derart…，dass”使用相对更加频繁，其他较少，“dermassen…，dass”和“solch-…，dass”甚至没有出现。在其对应结构中，表面上看起来与“so…，dass”等结构最相近的“如此……以致（至）”这样的前后对应的

对应结构所占比例明显最高，多于一半，其次是后对应，所占比例最小的是“V/Adj. +到”结构。基于以上数据可以得出如下结论：人们通常认为最符合“so…，dass”意义和用法的，像“如此……以致（至）”这样的前后对应结构，实际上也是专利文献汉语翻译文本中最常见的结构。

（4）汉语因果关系用法梳理

然而事实上，上文列举的有些结构在汉语中比较罕见，严格来说也算不上固定的结构。按照吴竞存、侯学超（1982）的研究，现代汉语中与上述结构有关的关联词应该是：

因为（因）……所以（因此、因而）/由于……所以（因此）/之所以……是因为/其所以……是因为（就因为、正因为）/唯其……所以/因为（由于）……就（便、故）/因为（由于）……才

因为……/由于……/……所以/……故/……以致/……从而/……原来/……怪不得

这些结构表达的是汉语的因果关系。在容量为约25万字/词的本研究类比语料库原创子库中，“因为……所以”结构有2个，“因为……因此”结构有6个，“因此……由此”结构有1个，“由于……因此”结构有21个，“由于……所以”结构有7个，“由于……故”结构有1个，但这些结构的形式和内容与“so…，dass”都不对应。其他结构在该子库中并未出现，从意义上判断，它们与“so…，dass”也毫无关联。另外，在该子库中，单以“因为”出现在句首的索引只有7个，与“so…，dass”都没有对应关系。单以“所以”出现的句子有14个，单以“从而”出现的句子共70个，与“so…，dass”全不对应。此外，该子库中未检索到“原来”“怪不得”“以致”等其他表因果的结构。这说明，在以汉语作为源语言撰写的专利文献中，很难找到和“so…，dass”在形式上完全对应的结构。

实际上，如果进一步分析“so…，dass”等结构，就必须承认，这些表示结果从句的结构都是一种主从复合句的表现形式。以“so…，dass”为例，“so”等作为关联词在主句中起到强调作用，而后面的“dass从句”是关联从属结构，是表示程度的小句。德语还有另一种表结果的句法结

构，也就是结果并列复合句，它是说明前述事物产生的结果，通常使用副词性连词“daher”“darum”“deshalb”“demnach”“infolgedessen”等（王兆渠等，2001），它也更接近汉语中表因果关系的结构。换言之，“so…，dass”等结构更注重程度和结果之间的关系，不是普通的因果关系，汉语中缺少完全与之对应的固定结构。

（5）本研究类比语料库检索结果及比较

为验证已在本研究平行语料库检索到的“so…，dass”对应结构，特别是前后对应结构是否存在于类比语料库中，将“如此……以致（至）”“这样……使得”等作为类比语料库的检索项。检索结果显示，本研究类比语料库的原创子库中完全没有“如此……以致（至）”的结构；能够对应“so…，dass”意义的“这样……使得”有3例（见实例4－93），“非常……因此”有1例，“非常……从而”有1例（见实例4－94）；另外还在此基础上进一步扩展，检索到“足够……以（使）”2例（见实例4－95），“较……以”1例（见实例4－96）。也就是说，原创子库中可能与“so…，dass”相关的前后对应结构非常少，而且撰写者表述起来较为灵活，并非局限在固定框架内。

实例4－93[1]（来源：chi_001）

本发明的目的在于，以这样的方式设计用于座椅或椅子的支架，使得就座人员在胸部、肩部、腋部、手臂、体侧、头部等部位得到最佳的支撑。

实例4－94（来源：chi_008）

各像素4和生产用于驱动各像素4的驱动脉冲的像素驱动电路11之间的距离也非常近，因此能够抑制驱动脉冲发生延迟或变形。

实例4－95（来源：chi_024）

凸出部320具有一背向主体部310的外侧面322，优选地，该外侧面322至第二转轴312轴线的距离足够大，以使当凸出部320朝下时候，能够将本体10的后侧抬升。

实例4－96（来源：chi_016）

具体地，由于泵壳上设有连接排水电机的泵壳连接部，泵壳连接部的

[1] 如果将本实例译作德语，它更接近于“solch-…，dass”的结果从句结构。

径向尺寸一般较大以确保排水电机的安装稳定性，两泵壳连接部同时通过固定连接件11连接为一体并安装在洗衣机安装板12上。

然而，以上这几个句式虽然可以与“so…，dass”相对应，但很难被称为真正意义的结构，仅能算作临时性结构，更没有在平行语料库中检索出的“如此……以致（至）”等那么程式化。这和大家通常的认识不同，更与词典等为“so…，dass”给出的释义不同，即“如此……以致（至）”等并非汉语专利文献中常见和典型的句式，汉语原创文本几乎不使用这种前后对应的结构。

另外，尽管在类比语料库的原创子库中，“因此”一词共出现121次，但构成的是上文所述的汉语意义上的因果结构，与“so…，dass”等并不对等。此外，在原创子库中，“从而”出现了73次，“使得”有50次，“所以”有23次，“以使”有12次，“以便”有3次，“以致（至）”有0次。但在这几个词的使用上，同样很难明确地推测出所对应的德语结构，结果从句、结果并列复合句均有可能，甚至有时可能不表示结果意义。与之类似，在本研究原创子库中也未能检索出作为前对应结构标志的“这样”“适当”，即使检索到“特别”“非常”“很”，它们也并未构成与“so…，dass”等对应的汉语句式。换言之，类比语料库中，或者以汉语作为源语言所撰写的专利文献也没有前文为“so…，dass”等对应结构分类的后对应和前对应句式。

此外，为检验“V/Adj. +到”结构是否存在于专利文献汉语原创文本中，将“以”“到”“得”分别作为检索项，但与“so…，dass”等对应的结构为零。

正如上文所述，“so…，dass”等结构的第四种翻译类型，即“零对应”结构回译为德语原文比较困难。即便存在类似结构，也很难验证该结构就是对应“so…，dass”的。[1] 这与汉语自身的特点有关，因为按照一般的观点，汉语是意合语言，较少使用逻辑连接词。

---

[1] 笔者根据本研究的目的建立了德汉单向平行语料库和单语类比语料库，因此很难检索“零对应”结构，这也是本研究的瑕疵。如果基于语料库仅探讨“so…，dass”这种结果从句的汉语对应结构，那么最好建立双语双向平行语料库。未来在有条件的情况下，可以通过双语双向平行语料库和双语类比语料库更加详尽地研究这一问题。

4.2.1.3 结果与讨论

从本小节的实证分析可知：

首先，德语专利文献中使用较为频繁的“so…，dass”等形式的结果从句在汉语译文中共有五种对应结构，其中最主要的对应结构是“如此……以致（至）”及类似的“前后对应”式结构。

其次，在汉语表达中没有专门且固定的结构与之对应，表示结果关系的典型汉语结构与“so…，dass”等在意义上有所区别。

此外，尽管“前后对应”结构在汉语翻译文本中占绝对最大比重，但专利文献的汉语原创文本中与“so…，dass”等相近的“前后对应”形式却少之又少。

基于以上实证分析的结果，图 4－29 显示了在“翻译过程中的人←世界→篇章的三元关系”模型中，作为源语句法结构的“so…，dass”等形式的结果从句及其在本研究平行语料库中的目的语对应结构之间的对应关系。

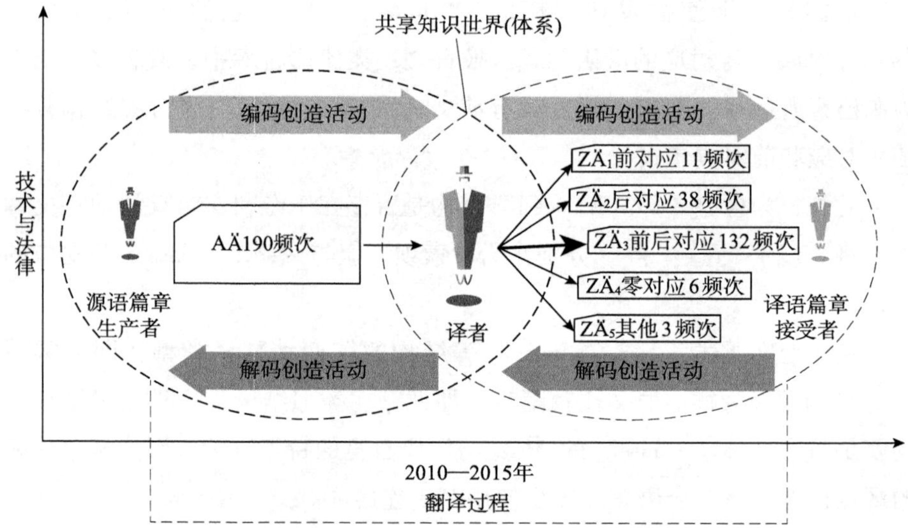

图 4－29 “翻译过程中的人←世界→篇章的三元关系”模型中“so…，dass”等形式的结果从句及其对应结构的对应关系

在图 4 - 29 中，AÄ 是 Ausgangsäußerung，指的是源语话语（也是源语语句）；ZÄ 是指 Zieläußerung，意思是目的语话语（也是目的语语句）。这样表述是为了突出本研究是在篇章语用学框架下进行的，因为句子是语言（[德] Langue/Kompetenz）单位，而话语是言语（[德] Parole）单位，是特定语境中的句子（布斯曼，2008）。此外，图 4 - 29 中的"世界"所提供的时间是 2010—2015 年，这是因为平行语料库中的专利文献的汉语译文的公开和下载时间是 2010—2015 年。"世界"所提供的空间在此是抽象的，指的是专利文献所处的领域，即"技术与法律领域"，这也和专利文献的篇章功能及篇章类别相关，时间和空间所构成的世界已不是翻译这一交际活动的中心，而是背景。译者是深浅两个颜色，以突出译者作为源语篇章接受者和译语篇章生产者的双重角色。图 4 - 29 还有一处需要关注，即指向目的语话语的最粗的箭头所表达的意思是，这一目的语话语在本研究平行语料库中出现的频次最多。此外，图 4 - 29 的特别之处是，代表源语"世界"的虚线椭圆形圆圈更粗，这也是为了说明对于"so…, dass"等形式的结果从句的翻译而言，译者受源语"世界"影响更大，翻译过程和翻译结果也是受源语"世界"影响更大。

如图 4 - 29 所示，"so…, dass"等形式的结果从句在本研究平行语料库中对应出现频次最多的目的语语句是"如此……以致（至）"及类似的"前后对应"式结构，然而，这并非汉语表示因果关系的固有结构。汉语属于典型的意合语言，较少使用逻辑连接词，但专利文献中的"so…, dass"等形式的结果从句被翻成汉语时，译语篇章因为源语的干预而偏离了目的语语言的一般模式，倾向于将逻辑关系外显（[英] explicit），这是因为译者在目的语"世界"中较难找到相关参照物，在源语"世界"的影响下模仿源语语句翻译。在从一种语言翻译成另一种语言时，译语篇章的这种以源语为导向的趋势被视作"源语透过效应"（李涛、陈勇，2015），因为源语对翻译结果——翻译文本产生了最为直接的影响。

4.2.2 被动结构[1]

主动（[德] Aktiv）和被动（[德] Passiv）是德语动词的重要语法范畴之一。王兆渠等（2001）在《现代德语实用语法》中指出：“在一个句子中，如果主语是动作的主体，即行为的发出者、施事者，则该句子是主动态；反之，主语是动作的对象，也就是行为的受事者时，该句子是被动态。”现代德语文章中主动态和被动态的使用分布不同，平均使用率的分配大致为：主动态 93%，被动态 7%（徐永红，1996）。不过科技文章中的被动态使用频率更高，甚至占到所有句子的 1/3 多（韩忠浩、田飞龙，1989）。被动态作为一种重要的语法现象，也不断成为研究对象，进而被认定为典型的专业语言、句法特点（朱建华，1991）。专利文献作为一种融合了法律文献和科技文献的语言特点的专用篇章类别，同样高频使用被动结构。根据对本研究平行语料库的检索，仅有标记被动[2]（[德] markiertes Passiv）就在德语子库中出现了 6000 多频次。被动态在德语专利文献中高频出现与被动态自身的功能和使用范围有关，因为使用被动态可以突出所要说明的对象、目的和结果，也可用来描述具有普遍意义的、可以重复的、有规律的行为的过程、状态、关系等，另外还能避免提及施事者以及动作的对象，特别是在科技文献中一般只需描写受事者（徐永红，1996）。此外，从语言使用的经济性来看，使用被动态的好处还包括只用一个助动词就可以把许多含有词义的动词同时放在句子末尾并由此同时强调好几个动作（徐永红，1996）（见实例 4－97）。综上，被动态是德语专利文献中高频出现的句法结构。

汉语同样有主动和被动之分。王力（1985）如此概括汉语的主动和被动：谓语所叙述的行为系出自主语者，叫作主动式；谓语所叙述的行为系

[1] 一般来说，被动在德语和汉语中说法不同，通常德语称为“被动态”，而汉语称为“被动式”，本研究对德语和汉语中的相近结构等同视之，选择了“被动结构”一词作为本小节的标题，它既可以指代德语的被动态，又可以用来称呼汉语的被动式。

[2] 在本研究中，德语的有标记被动包括过程被动态和状态被动态，其他形式被概括为无标记被动。

施于主语者，叫作被动式。[1] 由此可见，德语和汉语对于主动和被动的认识大体相同。王力（1985）还指出：汉语中在叙述行为的时候，主动式居多，被动式仅为特殊形式；被动式所叙述的事一般是对主语来说不如意或不期望的事情，可能引起不利的结果等；被动句的使用也随着汉语欧化变多。由此可见，德语和汉语对于主动和被动的认识大体相同。既然德语被动态和汉语被动式的意义接近，被动态又是德语专利文献倾向使用的表达方式，那么德语专利文献中的被动态都被译作汉语的被动式了吗，还是被译作汉语中最典型的被动结构——被字句？

实例 4 - 97（来源：paratext_001）

原文：Insbesondere kann ein eine Kreuzung oder Einmuendung markierendes Verkehrszeichen mit Hilfe der Kamera erfasst und der Abstand der Freiflaeche zu dem Verkehrszeichen abgeschaezt und als Abstand der Freiflaeche von einer durch das Verkehrszeichen markierten Kreuzung oder Einmuendung angenommen werden.

译文：尤其可以借助于摄像头检测标记交叉路口或道路入口的交通标志并且可以估算出该空地与交通标志之间的间距，而该间距可以被认定为空地与由该交通标志标记的交叉路口或道路入口之间的间距。

4.2.2.1 德语被动结构说明

德语的被动句和主动句形式上的区别在于动词谓语的被动标记形式。德语的被动结构由助动词“werden”和“sein”加动词的第二分词构成（Kautz，1991），它们分别形成过程被动态（［德］Vorgangspassiv）和状态被动态（［德］Zustandspassiv），表示主语的动作被动过程以及动作造成的具有被动意义的状态和结构。本研究将其归为德语中的标记被动。另外，德语中还有被动态的替代形式。常见的替代形式如下（王兆渠等，2001）。

[1] 国内的学者在“被动句”的称谓上尚没有完全统一，有人称为“被动式”，如王力；还有人称为“被动句”，如宋玉柱、范剑华；更多的学者甚至只谈论“被字句”（张兴旺，2008）。本书没有完全界定这个概念，同时为了和德语配合使用，不论德语还是汉语，均将其称为“被动结构”。

sein + zu + Infinitiv，该结构相当于带情态动词 müssen/können/sollen 的被动态。

sein + 以-bar/-lich/-wert/-würdig 为词尾的形容词，相当于带 können 的被动态。

es gibt/es gilt/es heißt + zu + Infinitiv，相当于带 müssen/können 的被动态。

bleiben/stehen/gehen + zu + Infinitiv，相当于带情态动词 müssen/können/sollen 的被动态。

lassen + sich + Infinitiv，相当于 können 的被动态。

带有必要的形容词的反身结构也可表示被动意义。

gehören + 第二分词，相当于带情态动词 müssen 的被动态。

此外，bekommen/erhalten/kriegen/bringen + 第二分词也是被动态的替代形式，甚至部分功能动词结构虽然是主动形式，但主要承担意义功能的动名词所表示的行为却是有被动意义的。

以上这些形式在本书中被称为德语的无标记被动（[德] unmarkiertes Passiv）。

综上，德语中的被动结构形式复杂，但考虑到研究的可行性和侧重点，本书着重探讨德语有标记被动的翻译。

4.2.2.2 实证分析

（1）实证分析的操作步骤

本部分的实证分析共有四步。

第一步：在本研究平行语料库中将“werden + 第二分词”“sein + 第二分词”两种有标记被动形式作为检索项，检索出源语文本中的有标记被动及其在译语文本中的对应语句。受限于技术，只能分别将“werden”和“sein”作为检索项，在此以“werden”为例，检索项设置如图 4 – 30 所示，检索结果如图 4 – 31 所示。

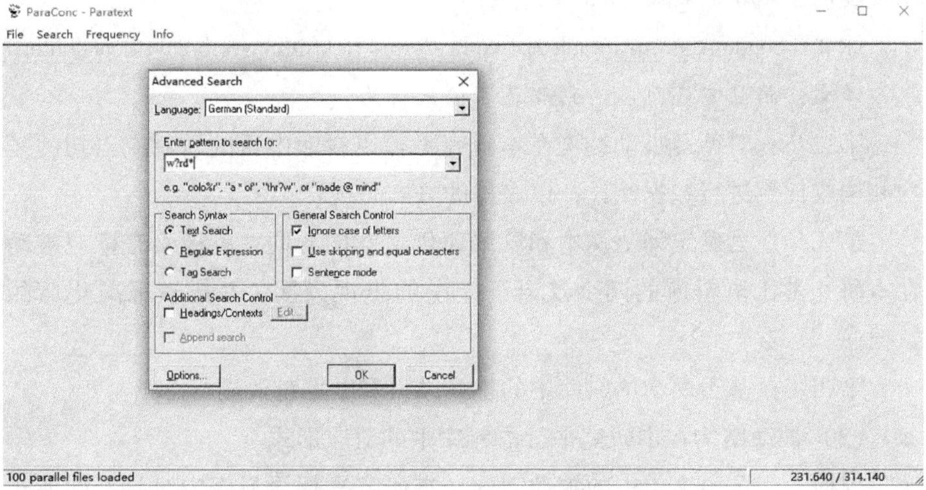

图 4-30 设置检索项"w? rd *"❶

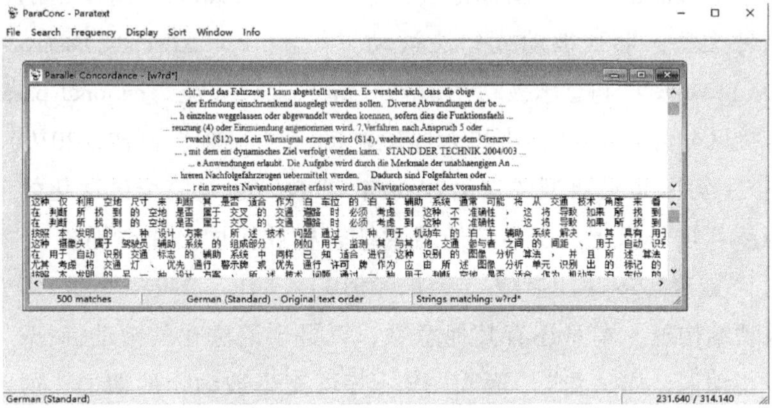

图 4-31 德语检索项"w? rd *"的 KWIC 模式显示

然后，在统计结果中剔除不符合的句子（明显翻译错的或不属于被动结构的句子，例如实例 4-98 的原文是无人称被动结构，代词"es"为形式主语，没有实际意义，但"es"却被翻作"它"，因此它属于明显翻译错误的情况）。随后，对本研究平行语料库中相对应的句法结构进行分类。

❶ 正则表达式"w? rd *"可检索出"werden""wird""wurden"和"wurde"等。

实例 4－98（来源：paratext_017）

原文：Sondern es wird auch ein verbessertes Relaxationsverhalten beobachtet.

译文：而且它还可以看到改善了松弛行为。

第二步：对德语被动结构在本研究平行语料库中目的语对应语句的频次和构成比例进行数据统计，以表格的方式呈现。

第三步：为确定译语文本和汉语原创文本的异同，将检索有标记被动在本研究类比语料库的两个汉语子库中的出现频次，并比较标准化后的数据。

第四步：基于两个语料库中的检索结果和数据统计进行总结。

（2）被动结构在本研究平行语料库中的对应形式

据检索，源语文本中的被动结构在本研究平行语料库中对应不同形式的目的语语句，可能是被动句，也可能是主动句。汉语的被动式形式也比较复杂，本书根据有无被动标记（［英］passive marker）将汉语的被动式分为两种类型：形式被动或句法被动（［德］syntaktisches Passiv，［英］syntactic passives）和意念被动（［德］Sinnpassiv，［英］notional passives），或者直接区分为有标记被动和无标记被动（胡显耀、曾佳，2010）。[1] 同时，“被字句”是最典型的汉语被动句，“被”也是完全语法化的被动标记，当然“被”字也可以和其他语素结合构成实词，如“棉被”“植被”“被告”“被迫”等（胡显耀、曾佳，2010）。“让”“叫”“给”等介词除引导被动结构外，本身还有其他意义，算是半语法化的被动标记；同时，还有一些动词，如“受”“遭”“挨”等可充当被动句的谓语，这些也被归入有标记被动（张兴旺，2008）。为了区分最典型的被动句，即“被字句”和其他有标记被动，本书还区分了有标记被动 a 和有标记被动 b，其中前者特指“被字句”，后者包括除“被字句”以外的有标记被动。意念

[1] 目前汉语语言学界对无标记被动句的称呼还未统一，例如受事主语句、意义被动句、意念被动句等与无标记被动句表示同一个概念。另外关于如何界定无标记被动句也并未形成一致意见。从意义的角度出发，被动句应分为有标记和无标记被动，无标记被动是指虽然缺少被动标记，但句式本身表达了被动意义；但从结构出发，所谓的无标记被动与主动式毫无差别，因此这一概念的被动不属于被动句范畴。按照王力在《中国现代语法》中的说法，没有“被”的被动式虽然形式上与主动句没有分别，但意义上还是属于被动句的范畴，也就是所谓的意念被动或无标记被动。本书依照这一分类方法。

被动，即无标记被动，大概有两种情况：一类是可以在句子中加入表示被动的介词，另一类是句子本身表示意念上的被动，不需任何标志词（张兴旺，2008）。另外，德语的被动结构也可被译作主动句，其中包括无主主动句、有主主动句，本来还可能存在模糊主语句（“人们”“有人”等作为主语），但本研究语料库中没有出现这种情况，因此不将其列为分类以及计入统计结果。最后，德语的被动结构在本研究平行语料库中还可能被译作特殊句型，如“把字句”和“是……的”句型等，以及其他不易分类的句型。德语被动结构在本研究平行语料库中对应的目的语语句分类如图4－32所示。

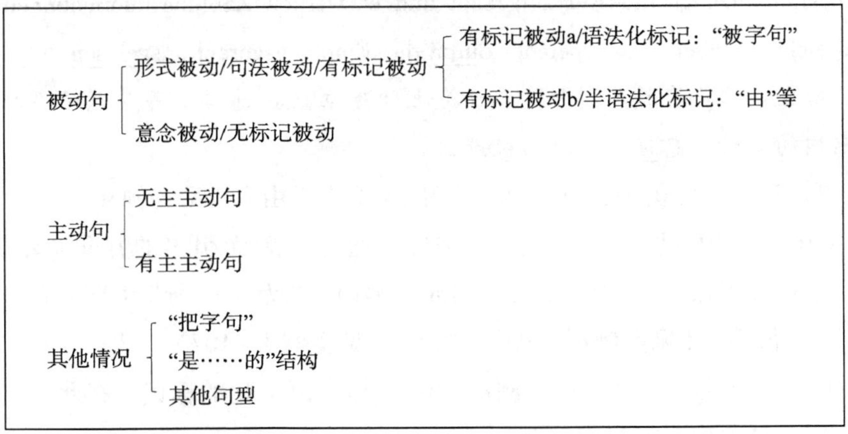

图4－32　被动结构在本研究平行语料库中的目的语对应结构

根据在本研究平行语料库中检索到的索引，源语的被动结构在目的语中的对应结构分为以下六类。

1）对应结构仍为被动结构，其中出现了“被”字这一完全语法化的标记。在此将其标记为第一种类型：有标记被动a，如实例4－99所示；有时，原句中的被动结构还通过“durch”“von”等介词引出动作的发出者或媒介，此时译文中除了有“被”字外，还会出现明显的“通过”“由”等字样，如实例4－100所示。

实例4－99（来源：paratext_001）

原文：Diese Ungenauigkeit muss bei der Beurteilung, ob eine gefundene freie Flaeche zu einem kreuzenden Verkehrsweg gehoert oder nicht, beruecksichtigt werden, was zur Folge hat, dass tatsaechlich als Parkplatz geeigenete freie Flaechen als solche nicht erkannt werden, wenn ihr Abstand zu einer Kreuzung oder Einmuendung geringer ist als die Messgenauigkeit des Navigationssystems.

译文：在判断所找到的空地是否属于交叉的交通道路时必须考虑到这种不确定性，这将导致如果所找到的空地与交叉路口或道路入口之间的间距小于导航系统的测量精度，则真正适合作为停车位的空地会被认定为不合适。

实例 4-100（来源：paratext_002）

原文：Es wird eine Datenverbindung zwischen dem Empfangsgeraet und dem Kraftfahrzeugschluessel aufgebaut und es werden Zahlungsinformationen in dem elektronischen Datenspeicher durch das Empfangsgeraet ausgelesen.

译文：这样在接收器和汽车钥匙之间建立数据连接，并且电子数据存储器内的支付信息通过接收器被选出。

2）对应结构仍为被动结构，其中出现了“由”（见实例4-101、实例4-102）、“通过”（见实例4-103，“通过”后面引出的并非施动者，而是途径和手段）、“受”（见实例4-104）、“为……所”（见实例4-105）、“得到”（见实例4-106）、“以”（见实例4-107）、“用”（见实例4-108）、“予以……”（见实例4-109）等半语法化的标记，在此将其标记为第二种类型：有标记被动b。

实例 4-101（来源：paratext_001）

原文：Als markierendes Verkehrszeichen, das von der Bildauswertungseinheit erkannt werden sollte, kommen insbesondere eine Ampel, ein Vorfahrt-Beachten-oder ein Vorfahrt-Gewaehren-Schild in Betracht.

译文：尤其考虑将交通信号灯、优先通行警示牌或优先通行许可牌作为应由所述图像分析单元识别出的标记的交通标志。

实例 4-102（来源：paratext_002）

原文：8. Navigationsgeraet zur Durchfuehrung des Verfahrens nach einem der vorhergehenden Ansprueche, umfassend eine Schnittstelle fuer eine mobile Kommunikationseinrichtung, insbesondere ein Smart-Handy, wobei eine Verarbeitungseinheit des Navigationssystems dynamisch sich aendernde Positionsdaten, die von der Kommunikationseinrichtung empfangen werden, derart verarbeitet, dass eine dynamische Zielfuehrung erfolgt.

译文：8. 一种用于执行前述权利要求中任一项所述的方法的导航装置，包括用于移动通信装置，特别是智能手机的接口，其中所述导航系统的处理单元如此地处理由所述通信装置接收的动态变化的位置数据，以便进行动态的目标导航。

实例4－103（来源：paratext_007）

原文：Die zentrale Stelle kann, im Sinne eines Cloud Based Service auch durch eine Vielzahl verteilter Datenverarbeitungseinrichtungen erbracht werden, die miteinander in Datenverbindung stehen.

译文：所述中央机构也可以在基于云计算服务的意义上通过很多相互处在数据连接中的、多个分散的数据处理装置来提供。

实例4－104（来源：paratext_023）

原文：Bei einem Stoerfall, z. B. durch mechanische Einwirkung bei einem Unfall eines batteriebetriebenen Fahrzeuges, kann die Isolation zwischen den Batteriezellen beschaedigt werden.

译文：当发生故障时，例如电动汽车发生事故时的机械作用引起的故障，电池单体之间的绝缘可能会受损。

实例4－105（来源：paratext_021）

原文：Sonstige Varianten zu geeigneten raeumlichen Ausformungen von kunststofffaserverstaerktem Kunststoff zu festen Gehaeusen sind dem Fachmann bekannt und muessen nicht naeher erlaeutert werden.

译文：其他适用的可以将碳纤维增强塑料成型为立体硬壳体的变型已经为专业人士所熟悉，在这里就不再详细阐述。

实例4－106（来源：paratext_010）

原文：Dadurch wird eine hoehere Akzeptanz beim Wartungspersonal erreicht.

译文：由此更能得到维护人员的认可。

实例4－107（来源：paratext_037）

原文：Die Lichtquellen koennen gepulst angesteuert werden.

译文：光源可以以脉冲形式控制。

实例 4 – 108（来源：paratext_037）

原文：Auch kann ein Ausfuehrungsbeispiel durch Merkmale eines weiteren Ausfuehrungsbeispiels ergaenzt werden.

译文：一个实施例还可以用另一个实施例的特征补充。

实例 4 – 109（来源：paratext_071）

原文：Bevorzugte Ausfuehrungsformen der Erfindung sind in den Unteranspruechen behandelt.

译文：实施形式在从属权利要求中予以说明。

3）虽然目的语对应结构中没有被动标记，但从意义来看，该对应结构表示被动含义，并且很多时候可以在该语句中添加“被”字，这就是所谓的意念被动。在此将其标记为第三种类型：无标记被动，如实例 4 – 110 至实例 4 – 112 所示。

实例 4 – 110（来源：paratext_002）

原文：Ein erstes Fahrzeug folgt einem zweiten Fahrzeug，wobei “folgen” nicht als unmittelbares Folgen verstanden werden muss.

译文：第一车辆跟随第二车辆，其中，“跟随”不必理解为直接地跟随。

实例 4 – 111（来源：paratext_006）

原文：Die Begriffe Lithium-Ionen-Zelle，Lithium-Ionen-Polymer-Zelle，Lithium-Ionen-Zelle-Batterie，-Akkumulator und-System werden weitgehend synonum benutzt.

译文：提及的锂离子电芯、锂离子聚合物电芯、锂离子电芯、锂离子电池、蓄电池和锂离子电池系统在很大程度上作为同义词使用。

实例 4 – 112（来源：paratext_003）

原文：Wird der Kraftfahrzeugschluessel 1 in den Empfangsbereich 7 gebracht，wird der NFC-Chip durch das Empfangsgeraet 6 mit Strom versorgt und ueber eine drahtlose Datenverbindung 5 ausgelesen.

译文：如果汽车钥匙 1 进入接收范围 7，NFC 芯片通过接收器 6 接通电流，并且通过无线的数据连接 5 被读取。

4）目的语对应结构是带有主语的主动句。在此被标记为第四种类型：有主主动句。这种情况下，原文中通常由“von”“durch”等引出的动作执行者或方式转变为译文中主动句的主语，如实例4-113至实例4-115所示；另外，译文会增译出原文中并未出现的主语，如实例4-116和实例4-117所示。这可能是译者根据经验添加的主语；或者原文是因为动词及物导致的被动结构，而译文的同一个动词却变成了有主语的主动结构，如实例4-118所示。

实例4-113（来源：paratext_003）

原文：Das hat den Vorteil, dass Benutzer nicht auf das Mitfuehren passender Bargeldbetraege angewiesen sind und auch von einem Anbieter einer solchen Bezahlfunktion keine Einrichtungen zur Annahme von Muenzgeld oder Geldscheinen bereitgehalten werden muessen.

译文：其优点是使用者无须随身携带适量的现金，而且此种支付功能的提供者不必准备用于接收硬币或纸币的设备。

实例4-114（来源：paratext_008）

原文：Die Remote Unit mit den Panels ueber Datenleitungen verbunden, so dass beispielsweise ueber ein Empfangsgeraet empfangene Daten in der Remote Unit ausgewendet und an die Panels weitergeleitet werden, wo sie von den Insassen des Luftfahrzeugs abgefragt werden koennen.

译文：所述远程机台通过数据线与仪表盘连接，这样例如在远端机台里分析评估通过接收器接收到的数据并将其继续传输至仪表盘，而飞行器的乘客可在该处问询这些数据。

实例4-115（来源：paratext_016）

原文：Durch diese Zugage von Inertgas wird zwar der Druckanstieg innerhalb der Retorte beschleunigt, wodurch die Intervalle, innerhalb derer das Sperrorgan 64 zum Zwecke der Druckkontrolle und - regelung geoeffnet werden muss, etwas kuerzer werden, jedoch ist diese Verkuerzung unerheblich, da nur geringe Inertgasmengen zur Freihaltung des Spalts notwendig sind.

译文：这种加入惰性气体的方式尽管会加速升高还原罐之内的压力，使得为了控制和调节压力而打开关闭机构64的间隔变得比较短，但是缩短程度并不明显，因为保持间隔通畅仅需少量的惰性气体。

实例 4－116（来源：paratext_017）

原文：Tatsaechlich stammt Recyclingsmaterial zum Teil von PET-Flaschen, die zu sogenannten PET-Flakes verarbeitet werden koennen, wie dies prinzipiell in der US 4 830 188 beschrieben wird.

译文：实际上，再循环材料一部分源于 PET（Polyethylene terephthalate，聚对苯二甲酸乙二醇酯）塑料瓶，所谓 PET 塑料瓶在原则上可以按照US 4 830 188 描述的方法加工。

实例 4－117（来源：paratext_019）

原文：Es wird ein Batteriesystem（100）mit einer Vielzahl von Batteriezellen（10）und einer Batteriemanagementeinheit beschrieben.

译文：本发明涉及一种具有多个蓄电池单体电池（10）和一个蓄电池管理系统单元的蓄电池系统（100）。

实例 4－118（来源：paratext_034）

原文：Uebersteigt bei diesem Ausfuehrungsbeispiel zumindest einer der beiden aktuellen Werte der erfassten physikalischen Groessen bzw. der Sensorsignale 12. 1，22. 1 nicht den korrespondierenden Schwellwert，dann wird das Verfahren beendet und kein Ausloesesignal 38. 1 ausgegeben.

译文：两个传感器信号 12. 1、22. 1 的两个当前值中至少其中之一没有超过对应的阈值，则方法结束并且不会输出触发信号 38. 1。

5）若德语原文中没有可作为主语的主动者，在翻译成汉语时无法补充并且没有必要补充时，可以把德语中的被动句译成无主语的主动句。也就是说，目的语对应结构虽然是主动形式，但缺少主语，在此将其标记为第五种类型：无主主动句，如实例 4－119 至实例 4－122 所示。

实例 4－119（来源：paratext_007）

原文：14. Verfahren nach einem der Ansprueche 10 bis 13，dadurch gekennzeichnet，dass zur Regelung oder Steuerung des Pumpensystems Pumpen（13）des Pumpensystems abgeschaltet und/oder zugeschaltet werden.

译文：14. 按照权利要求 10～13 中之一项所述的方法，其特征在于，为了调节或控制所述泵系统，将该泵系统的泵（13）关断和/或接通。

实例 4 – 120（来源：paratext_005）

原文：15. Verfahren nach einem der Ansprueche 11 bis 14，dadurch gekennzeichnet，dass der Preis des Kraftstoffs des jeweiligen Antriebs（21，22）abgefragt wird，wobei eine Preisdifferenz fuer den verbrauchten Kraftstoff einer mit mindestens zwei Antrieben（21，22）zurueckgelegten Strecke gegenueber einer mit nur einem Antrieb（21，22）zurueckgelegten Strecke berechnet wird und ueber eine Benutzerschnittstelle（15）angezeigt wird.

译文：15. 根据权利要求 11 ~ 14 中任一项所述的方法，其特征在于，询问各个驱动装置（21、22）燃料的价格，其中计算出使用至少两个驱动装置（21、22）行驶完成路程相对于仅使用一个驱动装置（21、22）行驶完成路程所消耗的燃料的差价以及通过输入设备（15）予以显示。

实例 4 – 121（来源：paratext_010）

原文：Die Erfindung wird nachstehend anhand eines Ausfuehrungsbeispiels naeher erlaeutert.

译文：下面根据实施例详细说明本发明。

实例 4 – 122（来源：paratext_096）

原文：Schliesslich ist in der Druckschrift US 6 850 803 B1 ein implantierbares Geraet mit einer abgeschirmten Ladespule offenbart.

译文：最后在 US 6 850 803 B1 的文献中公开了一种具有屏蔽的加载线圈的可植入医用设备。

6）第六种类型涵盖了一些较难被归入前几种类型的句式，故将包括“是……的”（见实例 4 – 123）在内的一些难确定的形式，特别是还包括某些处理较为灵活的译文，例如实例 4 – 124、实例 4 – 125 和实例 4 – 126 中的动词“erreichen”“verzichten”“vornehmen”均被内化到译文中，实例 4 – 127 至实例 4 – 130 的译文句式甚至发生了改变。

实例 4 – 123（来源：paratext_001）

原文：Das Abbiegen ist also geplant und es kann gefolgt werden.

译文：转弯都是计划的且能够实现的。

实例 4 – 124（来源：paratext_017）

原文：Insgesamt kann somit durch die Bereitstellung unterschiedlicher

Spruehstrahlarten in einer Sprueheinrichtung eine Verkuerzung der Zykluszeit erreicht werden.

译文：总而言之，由于在喷涂装置中准备了不同的喷涂射流类型，因此能够缩短循环时间。

实例 4－125（来源：paratext_037）

原文：In der nachfolgenden Beschreibung bevorzugter Ausfuehrungsbeispiele der vorliegenden Erfindung werden fuer die in den verschiedenen Figuren dargestellten und aehnlich wirkenden Elemente gleiche oder aehnliche Bezugszeichen verwendet, wobei auf eine wiederholte Beschreibung dieser Elemente verzichtet wird.

译文：在下文对本发明推荐的实施例的描述中，对于在不同的图中显示的和作用类似的因素使用相同的或相近的附图标记，其中对这种因素不再赘述。

实例 4－126（来源：paratext_005）

原文：Eine Unterscheidung der beschriebenen Ableiter hinsichtlich der Eignung fuer die positive oder negative Elektrode wird nicht vorgenommen.

译文：在针对正电极和负电极的适用性方面，所述导体没有区别。

实例 4－127（来源：paratext_47）

原文：Schutz wird auch fuer eine Spritzgiessmaschine mit einer erfindungsgemaessen Schliesseinheit begehrt.

译文：还要求保护一种具有按照本发明的合模单元的注塑机。

实例 4－128（来源：paratext_074）

原文：Die Bestimmung der Drehwinkelstellung einer Welle mit Hilfe eines Potentiometers ist durch dessen Verschleissanfaelligkeit benachteiligt.

译文：利用电势计确定轴转角位置的缺点是它的易磨损性。

实例 4－129（来源：paratext_075）

原文：Durch diese Begrenzung ist das Problem geloest, dass aufgrund einer zu starken Drehzahlaenderung, die eigentlich in Abhaengigkeit der vom Positionsregler ermittelten Abweichung durchgefuehrt werden muesste, ein Schaden in der Antriebseinheit aufgrund von Ueberbelastung auftritt.

译文：换句话说，通过这种限制可以解决的问题是，由于过大的转速变化，而这种变化本应该必须依据由定位调节器算出的偏差来执行，在传动单元容易因过载出现损坏。

实例 4－130（来源：paratext_028）

原文：Nach Wegfahren der Spannbacken 20 wird vorteilhafterweise wiederum das Bildsignal S1 ausgewertet, ob – wider Erwarten – eine Verschlechterung des Bildsignals aufgetreten ist.

译文：在夹板 20 离开之后，比较适宜再次分析图像信号 S1，无论图像信号是否——违背预期——变差。

按照上述对应分类，实际操作过程遵循了以下两个原则。

第一，如果为了语言使用的经济性，在源语文本中，一个助动词与多个动词第二分词配合使用形成被动结构时，应按照动词第二分词的数目计算被动结构的数目，例如按照这一原则，实例 4－97 译文中的被动结构应为 3 例。

第二，并非所有出现被动标记“通过”等介词的语句都是被动结构，因为很多主动句也可能使用这些介词，因此即便出现了这类标记，仍需进一步判断该语句是否为被动结构，应该属于哪一类。例如实例 4－132 的译文中既有第 1）类有标记被动 a 的标志“被”字，又有第 2）类有标记被动 b 的标志“通过”，但该句应被归为第 1）类；因为译文中的“通过这种方式”实际上是“auf diese Weise”的对应翻译，在句中充当说明语，与该句的主动或被动无关，同时译文中缺少主语，所以应被归为第 5）类。

实例 4－131（来源：paratext_034）

原文：In vorteilhafter Weise wird ein sichterheitsrelevantes System durch die zuverlaessige Crasherkennung zuverlaessig aktiviert und ein zu fruehes – und/oder Fehelausloesen aufgrund ungenauer Sensorsignale verhindert.

译文：优选一个与安全相关的系统是通过可靠的碰撞识别被可靠地激活并且阻止基于不准确的传感器信号发生提前触发和/或误触发。

实例 4－132（来源：paratext_087）

原文：Auch auf diese Weise wird der Verschleissweg der Kohlebuerste 3 begrenzt.

译文：通过这种方式还限制了碳刷 3 的磨损行程。

（3）平行语料库检索结果的数据统计

根据上文的目的语对应结构分类，检索结果归纳为表 4－21。

表 4－21 德语被动结构在本研究平行语料库中的目的语对应结构频次和构成比例统计

<table>
<tr><th colspan="2">汉语对应结构</th><th colspan="2">有标记被动 a</th><th colspan="2">有标记被动 b</th><th colspan="2">无标记被动</th><th colspan="2">有主语主动</th><th colspan="2">无主语主动</th><th colspan="2">其他情况</th><th>合计</th></tr>
<tr><td rowspan="2">德语被动结构</td><td>过程被动态</td><td colspan="2">405</td><td colspan="2">341</td><td colspan="2">568</td><td colspan="2">152</td><td colspan="2">2166</td><td colspan="2">79</td><td>3711</td></tr>
<tr><td>状态被动态</td><td colspan="2">197</td><td colspan="2">246</td><td colspan="2">1160</td><td colspan="2">136</td><td colspan="2">849</td><td colspan="2">180</td><td>2768</td></tr>
<tr><td colspan="2">合计（占比）</td><td>602</td><td>9%</td><td>587</td><td>9%</td><td>1728</td><td>27%</td><td>288</td><td>4%</td><td>3015</td><td>47%</td><td>259</td><td>4%</td><td>6479</td></tr>
</table>

注：虽然笔者在识别德语被动结构的汉语对应语句并为其对应分类时已采取各种措施将研究者的主观影响降到最低，但有时还是无法完全避免个人主观因素的影响，例如有时很难界定无标记被动和无主语主动。不过与本研究平行语料库以及类比语料库中被动结构接近万句的数量相比，个别语句的分类稍有差异并不会明显影响整体的研究结果。

由表 4－21 可得出以下结论。

结论一：专利文献源语文本中的有标记被动共 6479 例，平均每 10 万字/词中有 1906 个有标记被动结构，每篇源语文本中约有 65 句有标记被动；过程被动态使用多于状态被动态。

结论二：在专利文献的译语文本中，只有不到 20% 的源语被动结构被译作汉语的有标记被动句，其中“被字句”不足 10%；过程被动态绝大部分被译作无主语主动句，占 58%，其次是无标记被动，占 15%；状态被动态绝大部分被译作无标记被动，占 42%，其次是无主语主动；从整体来看，在目的语对应结构中，无主语主动所占比例最大，占 47%，其次是无标记被动，占 27%。这就是说，源语文本中的被动结构明显多于译语文本，并非每个源语文本中的被动态都会被相应地处理为汉语的被动句，其中近一半被翻译成无主语主动句，还有一部分被翻译为无标记被动等，而最典型的有标记被动——“被字句”仅占目的语对应语句的不足 10%。

之所以出现这种情况，分析原因可能有二。

第一，汉语自身的特点。王力（1985）指出，被动是汉语欧化的结果，而不是汉语传统用法。

第二，除汉语自身的原因外，篇章类别应该也起到一定的作用，因此需要数据支持。为此，下文比较翻译文本和原创文本中标准化后的有标记被动数目。

状态被动态绝大部分被译作无标记被动，而过程被动态主要被译作无主语主动句，其原因在于，德语的过程被动态和状态被动态侧重点不同，过程被动态侧重表达动作被动过程，因此多与汉语主动句产生联系，而状态被动态侧重描述动作造成的被动意义的状态和结构，因此不强调施事，译作主动句的可能性小，同时也不能突出强调“被”字。

另外，除最典型的被动标记“被”字外，有标记被动 b 分类还包括其他常见的标记，例如“通过”“由”“受”“得以”“为……所”“予以”等。译语文本中的有标记被动统计见表 4－22。

表 4－22　本研究平行语料库译语文本中的被动标记频次统计

被动标记	过程被动	状态被动	合计
被	405	197	602
通过	115	104	219
由	108	78	186
受	22	14	36
得以	22	5	27
得到	8	5	13
为……所	6	0	6
予以	5	0	5
其他	55	40	95
合计	746	443	1189

由表 4－22 可得出以下结论。

结论三：在译语文本的有标记被动结构中，“被”是最典型的被动标记，它在译语文本中出现的频次远远多于其他译文。事实上，“被字句”，即带有被动标记“被”的被动句是现代汉语中最为常见的被动式，在书面语和口语中都有使用（朱一凡、胡开宝，2014）。专利文献译语文本中，“被字句”在有标记被动所占的高比例表明，译语文本在使用被动结构时倾向于遵循汉语的语言习惯。实际上，译文中“被”字对应的大多是原文中的动词。紧随其后的被动标记是介词“通过”，而它大多对应原文中可能出现的介词“durch”“über”，强调动作发生的途径和方法；排在第三位的被动标记，即介词“由”，它多对应原文中的介词“von”，用来引出施事（[德] Agens）。

由于被动结构还可以根据有无施事被分为长被动（[德] langes Passiv，[英] long passives）和短被动（[德] kurzes Passiv，[英] short passives），实证分析过程还特地观察了源语文本及其翻译文本中的长短被动情况。据针对德语子库的检索，带施事的长被动不足10%，常由介词“von”引出，翻译时多被译为有主语的主动句。本研究在考察译语文本中长被动和短被动时只关注了有标记被动的情况：被动标记“为……所”“由”“通过”只能引导长被动，“被”既可以引导长被动，也可以引导短被动，“受”“得到”“得以”“予以”后多无施事；“被”所引导的长被动式结构相当复杂，施事可以是行为者，也可以是实施行为的工具和手段；有时，译语文本也会通过“由”引出行为者，介词“通过”“借助于”等引出工具和手段。总的来说，在专利文献的译语文本中，明确引出施事的情况也不多。

（4）本研究类比语料库检索结果及比较

为进一步考察专利文献译语文本的特点，本研究还检索和比较了本研究类比语料库。正如胡显耀、曾佳（2010）所说，无标记被动和半语法化、未语法化被动的识别和标记给语料库研究造成困难，毕竟语料库语言学主要通过形式来分析语言现象，因此这一比较过程的研究对象暂限于以“被字句”为主的有标记被动。

本研究类比语料库的翻译子库中的“被字句”共有860例，原创子库中有244例，在此过程中还剔除了一些不符合的情况（如实例4－133中的“被成像体”是一个词，不是被动结构，需要被剔除）。

实例4－133（来源：chi_023）

光学透镜210使来自被成像体的像光（入射光）成像在固态成像装置1的成像面上。

事实上，有标记被动的情况很多，除上文已述的完全语法化的被动标记“被”字外，本研究还选择了“通过”“由”“受”“得以”“为……

所”“予以”等半语法化的被动标记作为检索项。同样地，若一个语句中有多个被动标记，则只记为1例。为使比较结果更加精准，表4-23分别标准化了每10万字/词中有标记被动式频次并进行统计。

表4-23　类比语料库中有标记被动的分布

被动标记	翻译子库		原创子库	
	实际频次	频率（每10万字/词）	实际频次	频率（每10万字/词）
被	602	177	243	97
由	186	55	176	70
通过	219	64	94	37
受	36	11	93	37
得以	27	8	1	0
合计	1070	315	607	241

由表4-23可得出以下结论。

结论四：相对于汉语原创文本，翻译文本中的有标记被动，特别是“被字句”的使用频率更高。首先，像德语这样的西方语言使用被动结构的频率远高于汉语；其次，专利文献由于其特定的篇章类别和篇章功能而多用被动结构。因此，即使源语文本中只有少数有标记被动句被翻成译语文本的被动句，特别是有标记被动句，翻译文本仍然比原创文本的有标记被动多，这更加突出表现在“被字句”上。这样看来，如果将源语文本中的无标记被动计算在内，翻译文本中的有标记被动将比原创文本更多，因为源语文本中的一部分无标记被动也可能译作目的语的有标记被动。这也就验证了在专利文献中，汉语的常规表达是少用“被”字。原则上，包括德语在内的西方语言有过度使用被动句的倾向，这更加突出地表现在科技篇章中，而汉语通常倾向于避免使用被动式。因此也就解释了为何大多数源语文本中的被动结构未被译成被动句或“被字句”，而是译成无主语主动句。究其原因是专利文献的译语文本在处理源语文本中的被动结构时趋从了目的语的既有规范。

此外，被动结构还有特定的语义韵（[英] semantic prosody）。语义韵是指语言单位在长期与其他词语搭配或用于特定的语境而逐渐形成的语用意义。最基本的语义韵有肯定、否定和中性三种，汉语的被动结构大多具有负面和消极的意义（胡显耀、曾佳，2010）。但根据对本研究平行语料库以及类比语料库的考察，德语、汉语专利文献，包括汉语翻译文本，其中出现的被动结构的语义韵都是中性的，这也是科技类篇章的特点。

4.2.2.3 结果与讨论

基于本小节的实证分析，特别是通过对本研究平行语料库及类比语料库的量化考察，本研究有如下发现。

第一，专利文献的源语文本中有标记被动很多，过程被动态使用稍多于状态被动态。

第二，专利文献源语文本中的被动结构明显多于译语文本，这是因为并非源语文本中的每个被动结构都被相应地译为目的语被动结构；与此相反，大多数被动结构被译成目的语的无主语主动句。其中最为典型的有标记被动——“被字句”，仅占目的语对应语句的不足10%。

第三，在专利文献译语文本有标记被动结构中，“被”是汉语中最典型的被动标记，其出现的频次远远多于其他。这也表明，译语文本使用被动结构时倾向于遵循汉语的语言习惯。

第四，相对于汉语原创文本，专利文献翻译文本中的有标记被动，特别是“被字句”的使用频率更高。由此可见，汉语的常规表达是少用“被”字，因此专利文献的译语文本在翻译源语文本中的被动结构时，大多趋从目的语的既有规范，没有将其译为被动句或“被字句”，而是译成无主语主动句。

图4－33以图示方式呈现了上述发现。

图4－33中代表目的语“世界”的椭圆形虚线圈更粗，这也是为了说明对于德语被动结构的翻译而言，译者受目的语“世界”的影响更大，翻译过程和翻译结果也是受目的语“世界”的影响更大。

如图4－33所示，源语被动结构在目的语文本中有多种对应形式，但其中无主语主动所占比重最大，即源语被动结构并未被相应处理为目的语的被动结构。究其原因是被动句不是汉语的常规表达。王力（1985）指出，被动句的使用范围变宽是汉语欧化的重要表现之一，而翻译被视为被动句的主要来源之一。通过比较专利文献汉语翻译文本和原创文本的有标记被动句，特别是“被字句”的标准化频次可知，原创文本中的被动结构少于翻译文本，“被字句”表现更加明显。这一情况再次证实，即便在专利文献这一特定的篇章类别中，虽然德语作为有标记被动较多的源语对汉语翻译文本产生了一定的干扰，但由于汉语的常规是倾向于少用被动结构，因此从整体的数量来看，专利文献的译语文本在处理被动结构时仍然尽量趋向于“目的语既有规范”，即译语文本趋从目的语规范，以提高译文的可接受性。这种译语文本的规律性特征也常被称作“规范化”。

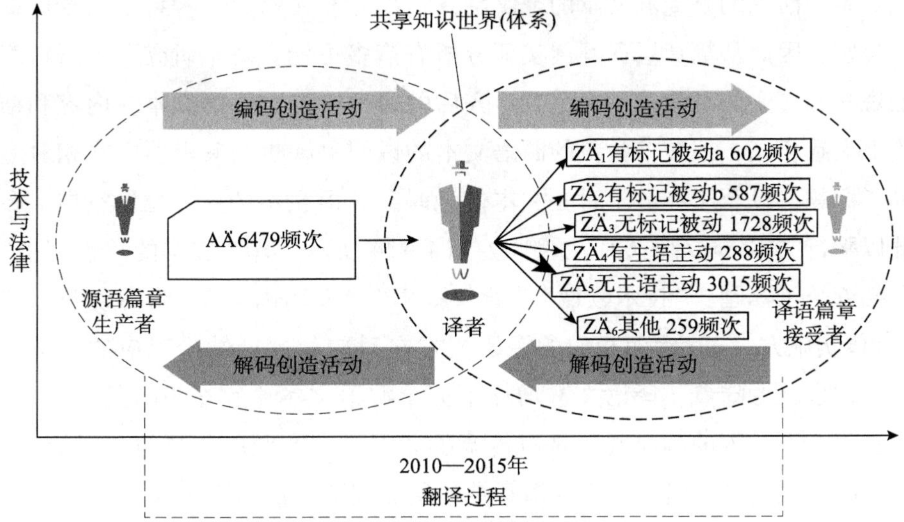

图 4-33 “翻译过程中的人←世界→篇章的三元关系”模型中被动结构及其对应结构的对应关系

此处所指的“目的语既有规范”首先指的是“目的语的语言规范”。如果进一步探讨德语和汉语两种语言中被动结构的差异，就不得不追溯到两种语言背后的文化差异。德汉两种语言在被动表达上的差异主要是因为两国的历史背景、宗教信仰、文化价值观、思维方式以及生活习惯不同所产生的文化差异造成的（孟向阳，2015）。正是在不同的文化背景下，德语语言中的被动结构要比汉语规范；德语被动态更注重语法结构的逻辑严谨性，从而使德语表述更明确、清楚；德语大量使用被动态，而汉语更倾向于直接用主动语态表达；汉语重视施事者；汉语的被动结构相对较少且多带有否定意义。语言与文化历来关系紧密，相互影响，语言使文化得以发展和传播，文化又影响和渗透到语言结构的各个层面。因此这里的“目的语既有规范”也包含着深层次的“目的语文化规范”。

综上所述，专利文献的译语篇章在处理被动结构时趋从于目的语语言和文化规范，呈现“规范化”的特征。

4.3 篇章结构层面的标题实证分析

本书研究的是专利文献的德汉翻译，而专利文献是一种特定的专用篇章类别，因此从篇章层面开展实证分析有诸多可能。对本研究平行语料库的观察和检索的结果显示，尽管对齐后的源语文本和译语文本在内容和结构上大致相同，但较多数量的源语文本的说明书缺少与其译语文本相对应的子标题，以至于在显示对齐文本信息时，源语文本的相关位置空白。在此以平行文本 paratext_001 为例。如图 4 - 34 所示，译语文本的“说明书”包括五个子标题：“技术领域”“背景技术”“发明内容”“附图说明”和“具体实施方式”，然而相应的源语文本在对应位置处缺少对应的源语标题，这也就意味着，译语文本增译了五个源语文本中完全没有的子标题。这种完全不对等的翻译现象是对传统翻译理论和实践所重视的“对等观”的挑战，因此本书将标题作为篇章结构层面实证分析的切入点。

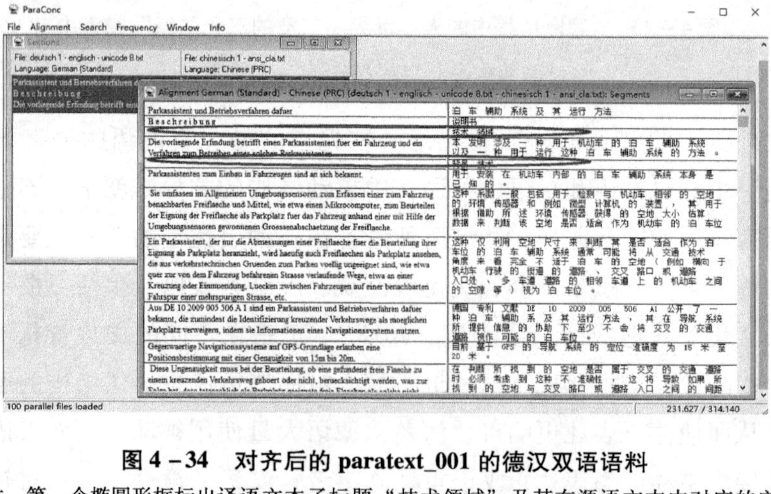

图 4 - 34　对齐后的 paratext_001 的德汉双语语料

注：第一个椭圆形框标出译语文本子标题“技术领域”及其在源语文本中对应的空白，第二个椭圆形框标出译语文本子标题“背景技术”及其在源语文本中对应的空白。

专利文献中的标题与篇章宏观结构有着紧密联系，而篇章宏观结构影响篇章生产和篇章理解，因此篇章宏观结构对于翻译也至关重要，毕竟从篇章语用学的视角来看，翻译是理解源语篇章和生产译语篇章的过程。因此，篇章结构层面的实证研究不仅围绕标题的翻译，而且通过在本研究平行语料库中对标题的检索以及对标题所在交际场景的观察，找到专利文献的程式化表达（[德] musterhafte Redewendung），并由此构建起专利文献的宏观结构，从而发现专利文献翻译篇章结构层面上的规律性特征以及标题与篇章宏观结构之间的联系。

篇章结构层面的实证研究以真实语料作为研究的数据，将平行语料库软件 ParaConc 作为语料库分析工具；不同之处在于，篇章结构层面的实证研究将以译语文本中的标题（包括子标题）作为研究起点，借助 ParaConc 软件检索它们在源语文本中对应的内容，并进行数据统计，同时也将对它们的交际场景进行观察，从而构建起专利文献的宏观结构并由此发现篇章结构层面的翻译规律。

4.3.1 标题检索

本小节的实证研究从目的语标题入手，因此首先将目的语标题设定为检索项。

（1）检索字段

由于汉语文本已被分词，例如“技术领域”这个字段此时由“技术”和“领域”两个部分组成，因此无法通过 ParaConc 软件直接检索到连续的“技术领域”字段，而必须在“技术”和“领域”两个词中间加入空格。图 4－35 显示的是将“技术 领域”设定为高级检索（[英] Advanced Search）的检索项。检索结果如图 4－36 所示。

但“技术领域”并非只能作为标题出现在目的语文本中，因此对检索结果进行人工检验，排除“技术领域”不作为标题的情况。

图 4－36 的检索结果还显示，不同译语文本中“技术领域”所处的交际场景相近，呈现一定的规律。本小节的实证研究除观察每个文本对的目

标语标题及其在源语文本中的对应情况，还观察其在译语文本中的交际场景及对应的源语文本。

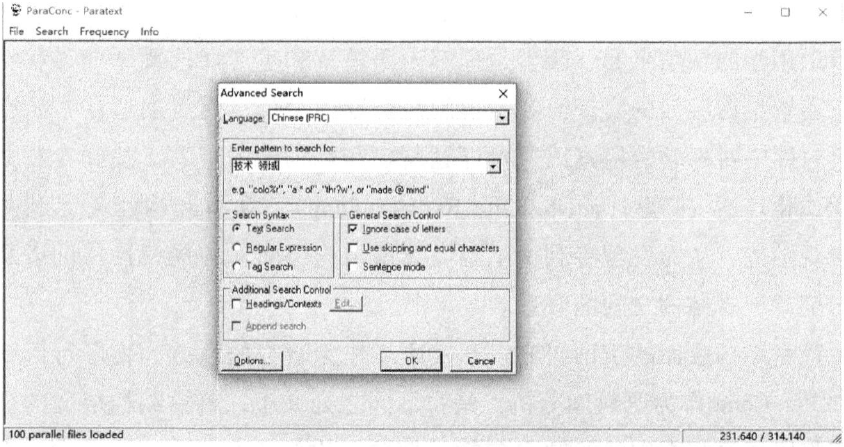

图 4－35　设置检索项“技术 领域”

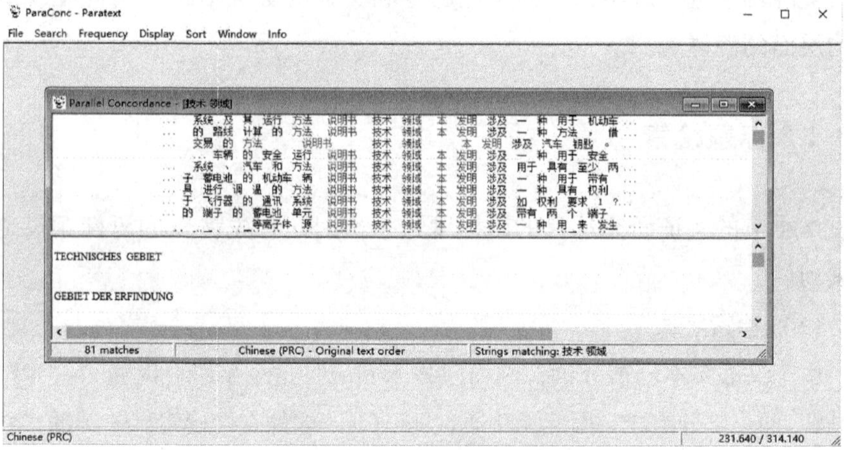

图 4－36　检索结果

（2）查看每个文本对

这一步骤关注目的语标题及其在源语文本中的对应情况，例如图 4－37 所显示的文本对 paratext_061。

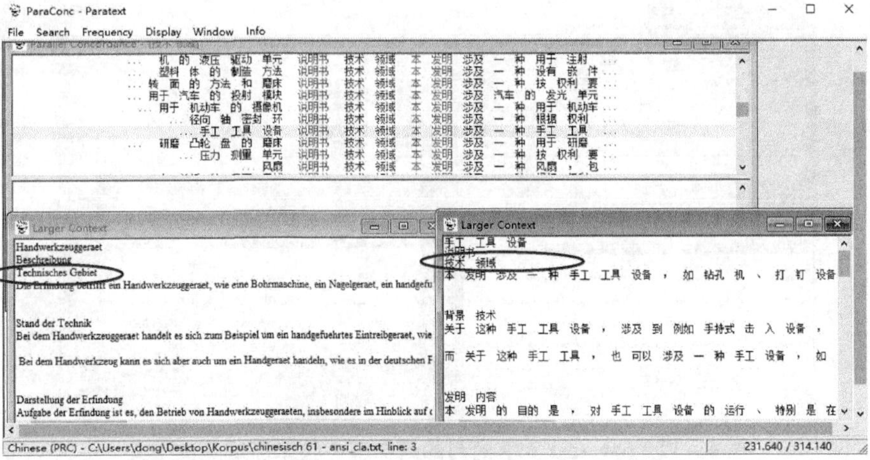

图 4-37 paratext_061 的目的语标题“技术领域”及其在源语文本中的对应情况

注：椭圆形框标出了译语文本子标题“技术领域”及其在源语文本中对应的空白。

并非所有“技术领域”都有对应的源语标题，如图 4-38 所示。

图 4-39 显示了“技术领域”这一目的语标题在每个译语文本中的交际场景及相应的源语文本。

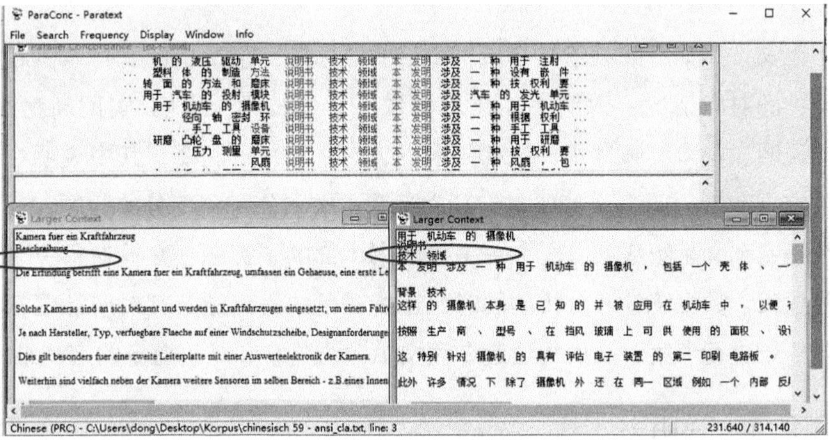

图 4-38 paratext_059 的目的语标题“技术领域”及其在源语文本中的对应情况

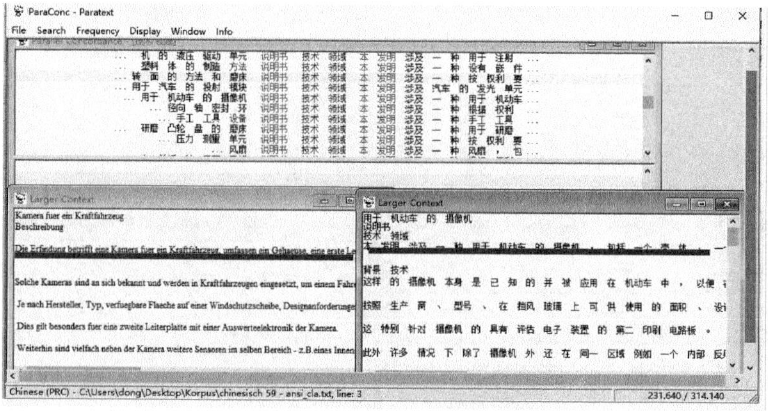

图 4-39　paratext_059 的目的语标题“技术领域”的下文及其在源语文本中的对应情况

下面基于以上检索步骤，对每一个目的语标题及其在源语文本中的对应情况进行数据统计，同时观察和分析该目的语标题的交际场景及其在源语文本中的对应情况。

4.3.2　数据统计和实例解析

下文按照如下顺利依次分析每个目的语标题（包括子标题）及其在源语文本中的对应情况：说明书、技术领域、背景技术、发明/实用新型内容、附图说明、具体实施方式、权利要求书、（说明书）摘要，其中说明书、权利要求书和（说明书）摘要是专利文献译语文本各组成部分的标题，而其他五个是专利文献组成部分之一——说明书内部的子标题。在针对每一个标题进行检索、数据统计和分析的同时，还将对目的语标题及其对应源语标题的交际场景进行考察，从而构建起专利文献源语篇章和译语篇章的宏观结构。

4.3.2.1　说明书

“说明书”是本研究所指汉语专利文献（或者译语文本）第一个组成部分的标题。它在汉语子库中作为标题出现了 100 频次，在本研究平行语料库中的源语对应标题只有一个。目的语标题“说明书”及其源语对应标题的频次和构成比例见表4－24。图4－40展示了“翻译过程中的人←世界→篇章的三元关系”模型中“说明书”及其源语对应标题的关系。

在图4－40中，AT是指Ausgangstitel，意思是源语标题，与之相对的是ZT，即Zieltitel，指目的语标题。具体到本研究，特别是本研究平行语料库中，图4－40中“世界”所提供的时间是2010—2015年，原因是平行语料库中的专利文献的汉语译文的公开和下载时间是2010—2015年，“世界”所提供的空间在此是抽象的，指的是专利文献所处的领域，即“技术与法律领域”，这也和专利文献的篇章功能及篇章类别相关，时间和空间所构成的“世界”已不是翻译这一交际活动的中心，而是背景。译者扮演源语篇章接受者和译语篇章生产者双重角色。本小节其他图示的情况与前文相同。

表4－24 “说明书”在本研究平行语料库中源语对应标题的频次和构成比例统计

目的语标题	频次	源语标题	频次	构成比例
说明书	100	Beschreibung	100	100%

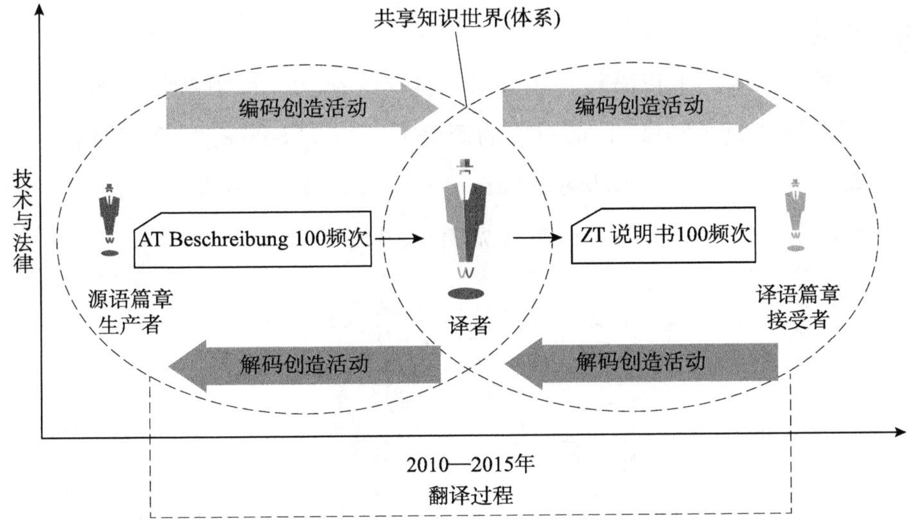

图4－40 “翻译过程中的人←世界→篇章的三元关系”模型中“说明书”及其源语对应标题的关系

实例解析：“Beschreibung”作为名词是专利领域（包括德语专利文献）的专用语。该词在源语文本中的位置不同，翻译也随之不同。源语词“Beschreibung”作为标题时只有一个目的语对应词（也是目的语对应标题）——说明书。除此之外，它在源语文本中还可能是动词“beschreiben”的名词化，此时常被译作“说明”或“描述”等。

本研究类比语料库的检索结果显示，原创子库中所有文本第一部分的标题都是“说明书”，与翻译子库一致。

专利文献标题的翻译研究同样置于“翻译过程中的人←世界→篇章的三元关系”模型中（见图4－40）。虽然源语词“Beschreibung”可能有多种翻译，但作为标题只有“说明书”一种目的语对应的可能，并且它和原创文本情况一致。这些都说明，目的语“世界”对于专利文献的标题翻译非常重要。同时，专利文献篇章所固有的类别和功能也影响和限定了标题的翻译。因此，译者根据目的语“世界”和专利文献篇章的要求将所有作为标题的“Beschreibung”都译作“说明书”。

综上，源语标题“Beschreibung”及其目的语对应标题“说明书”形成一对一的对应关系，这一目的语标题是以目的语文本和目的语“世界”为依据的。

此外，本研究平行语料库还显示，目的语标题“说明书”下面一定紧接着子标题“技术领域”，而对应的源语词“Beschreibung”后面或者紧接着子标题“Technisches Gebiet”“Stand der Technik”，或者紧接着以“Die Erfindung betrifft...”开头的正文（见图4－41）。

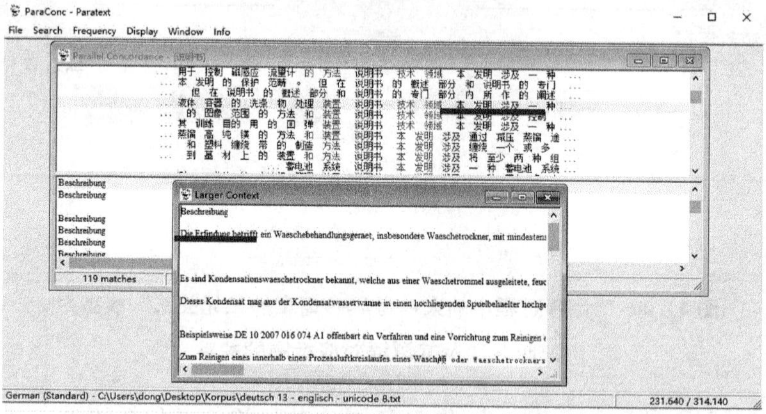

图4－41　paratext_013中目的语标题“说明书”和下文及其在源语文本中的对应情况

4.3.2.2 技术领域

在本研究平行语料库中，“技术领域”作为汉语专利文献（或者译语文本）说明书中的第一个子标题，出现了100频次，然而它对应的源语标题共有3种情况，源语标题的频次和构成比例见表4－25。“翻译过程中的人←世界→篇章的三元关系”模型中“技术领域”及其源语对应标题的关系如图4－42所示。

表4－25 “技术领域”在本研究平行语料库中的源语对应标题频次和构成比例统计

目的语标题	频次	源语标题	频次	构成比例
技术领域	100	Technisches Gebiet	5	5%
		Stand der Technik	5	5%
		Luecke	90	90%

注：Luecke表示“无标题”，实际上在语料库中不会出现“Luecke”这个词，后同。

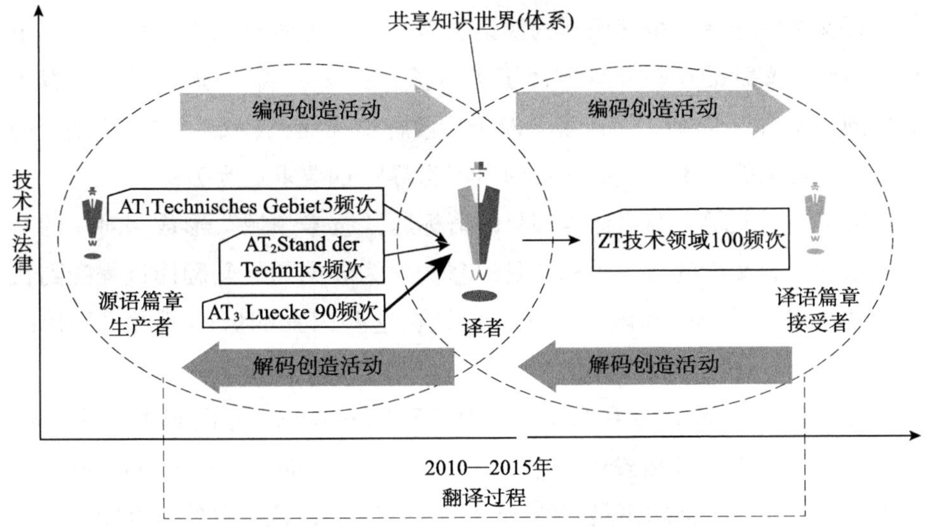

图4－42 “翻译过程中的人←世界→篇章的三元关系”模型中“技术领域”及其源语对应标题的关系

实例解析：由表4－25可知，目的语标题“技术领域”在源语文本中对应了3种情况，其中2个源语标题是“Technisches Gebiet”和“Stand der Technik”，此外还有一种情况是缺少源语标题。下面从源语文本出发进行考察。“Technisches Gebiet” 在字面上翻译成“技术领域”是可行的，它也是专利领域的专用语。因此，源语标题“Technisches Gebiet”和目的语标题“技术领域”是对等的。德语子库中还有5个源语文本中相应位置的子标题是“Stand der Technik”，它的字面解释应该是“技术水平”“现有技术”或“背景技术”等，但 ParaConc 软件对本研究平行语料库的检索显示，它们在本研究平行语料库中对应的并非类似表达的没目的语标题，而是改译为意义不对等的“技术领域”，这实际上是违背了翻译的“对等”原则。然而，如果从专利文献源语篇章所创设的交际场景来看，源语标题“Beschreibung”之下第一个子标题是“Stand der Technik”，并且对应了目的语标题“技术领域”，而在本该对应“背景技术”的位置上没有任何源语标题。也就是说，译者在翻译该源语篇章时完全没有考虑源语标题“Stand der Technik”原本的意义，而是根据汉语专利文献的说明书中应有的子标题顺序确定目的语标题“技术领域”。第三种情况也是如此，这90篇源语文本的译者，虽然面对的源语文本在相应位置处缺少子标题，但根据汉语专利文献的撰写要求增译了子标题“技术领域”，这显然也违背了翻译的“对等”原则。可以说，对于后两种情况而言，专利文献所创设的交际场景对于翻译更为重要，目的语“世界”的要求更为关键。

图4－42显示，源语标题和目的语标题“技术领域”形成多对一的对应关系。专利文献的目的语标题是以目的语为导向的，其翻译过程受到目的语“世界”的影响和限定，译者也是在这些因素的影响下做出翻译决策的。

此外，“Technisches Gebiet”作为“Beschreibung”（说明书）中的第一个子标题，随后自然段中的第一句话往往是“Die Erfindung betrifft…”；或者该位置处的子标题不是“Technisches Gebiet”，该位置处也可能缺少子标题，但随后自然段中的第一句话大多是“Die Erfindung betrifft…”（见图4－41），这句话的作用是引出要求保护的技术方案所属的技术领域，是对该申请文件所针对的发明/实用新型的一个概括性的限定。译语文本中的“技术领域”作为说明书的第一个子标题，紧接着的自然段中第一句话是“本发明涉及……”，这句话实际上是“Die Erfindung betrifft…”对应的翻译，其作用同样是引出要求保护的技术方案所属的技术领域。从某种意义上说，“技术领域”这一标题和“本发明涉及……”是一个整体，在汉语专利文献中不可分且必不可少。

4.3.2.3 背景技术

“背景技术”作为汉语专利文献（或译语文本）说明书的第二个子标题，在本研究平行语料库的汉语子库中出现了100频次，然而它所对应的源语标题共有4种情况，源语标题的频次和构成比例见表4-26，“翻译过程中的人←世界→篇章的三元关系”模型中“背景技术”及其源语对应标题的关系如图4-43所示。

表4-26 “背景技术”在本研究平行语料库中的源语对应标题频次和构成比例统计

目的语标题	频次	源语标题	频次	构成比例
背景技术	100	Stand der Technik	37	37%
		Technischer Hintergrund	1	1%
		Hintergrund der Erfindung	1	1%
		Luecke	61	61%

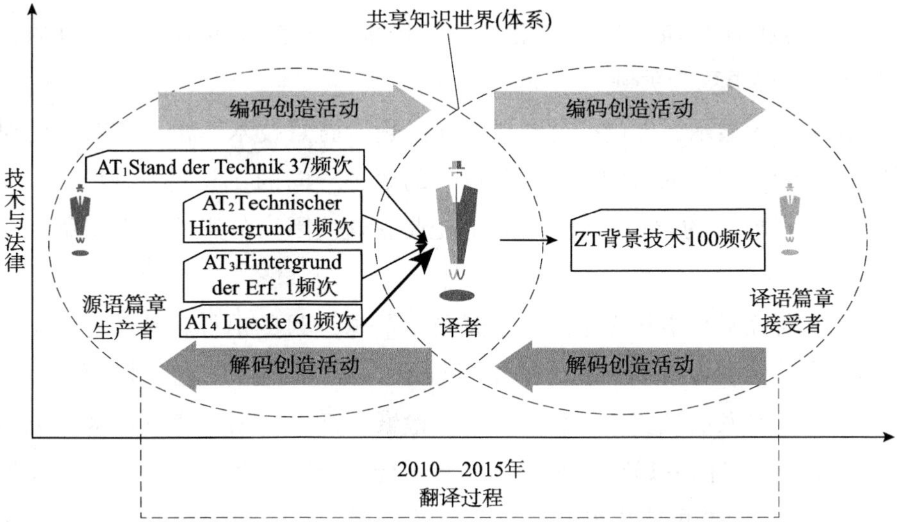

图4-43 “翻译过程中的人←世界→篇章的三元关系”模型中“背景技术”及其对应标题的关系

实例解析：由表4－26可知，目的语标题“背景技术”在源语文本中对应了4种情况，其中3个源语标题是“Stand der Technik”“Technischer Hintergrund”“Hintergrund der Erfindung”，此外还有一种情况是缺少源语标题。从源语标题出发考察：如果遵循字面翻译原则，“Stand der Technik”应被译成“技术水平”，“Technischer Hintergrund”应被译成“技术背景”，“Hintergrund der Erfindung”应被译成“发明背景”。尽管这三个源语标题的表达（[德] Bezeichnendes，Ausdruck）不同，但所指（[德] Bezeichnetes，Bedeutung）一致，而且源语文本中紧随这三个子标题的内容都是对最接近本发明的现有技术发展水平的描述。然而，当这几种表达作为专利文献说明书源语文本中的一个子标题时，即在专利文献源语篇章所创设的交际场景下，它们最好被译成专利领域的专用语，因此在本研究平行语料库中对应了目的语标题“背景技术”。与上文对目的语标题“技术领域”的分析相同，虽然德语子库中的61篇源语文本在相应位置处没有子标题，但对应的61篇译语文本全都增译了“背景技术”这一子标题，这一情况不符合基本的翻译“对等”原则，但在本研究平行语料库中占了大多数。因此，可以推断，译者在翻译德语子库中这61篇原本没有源语标题的源语文本时，根据汉语专利文献的撰写要求在相应位置增译了子标题“背景技术”，因为此时专利文献所创设的交际场景对于翻译更为重要，目的语“世界”的要求更为关键。

图4－43显示，源语标题和目的语标题“背景技术”形成多对一的对应关系。专利文献的目的语标题是以目的语为导向的，其翻译处理过程受目的语“世界”的影响和限定，译者也是在这些因素的影响下做出翻译决策的。

在本研究平行语料库中对“背景技术”这一目的语标题及其对应源语标题所在的交际场景进行观察的结果显示，“背景技术”这一标题所引领的内容包括对发明或实用新型的理解、检索、审查有用的背景技术（见实例4－134、实例4－135），某些情况下还会引证这些背景技术的文件（见实例4－136），并可能指出这些背景技术还存在一定的问题或局限性（见实例4－137、实例4－138）。由于具体表述存在多种可能性，下文仅列举其中一部分。

实例 4 – 134（来源：paratext_003）

原文：Es ist bekannt，Mobiltelefone mit einer Bezahlfunktion auszustatten，…

译文：已公开为移动电话配备支付功能，……

实例 4 – 135（来源：paratext_021）

原文：Geeignete kohlenstofffaserverstaerkte Kunststoffe sind dem Fachmann aus dem Stand der Technik bekannt.

译文：专业人士从背景技术中已知适用的碳纤维增强塑料。

实例 4 – 136（来源：paratext_001）

原文：Aus DE 10 2009 005 506 A1 sind ein Parkassistent und Betriebsverfahren dafuer bekannt，…

译文：德国专利文献 DE 10 2009 005 506 A1 公开了一种停车辅助系统，……

实例 4 – 137（来源：paratext_007）

原文：Daraus resultieren verschiedene Nachteile.

译文：由此造成各种缺点。

实例 4 – 138（来源：paratext_059）

原文：Auch die Produktion und Lagerhaltung verschiedener zweiter Leiterplatten fuer unterschiedliche Einbausituationen ist aufwendig.

译文：而且用于不同安装位置的各种第二印刷电路板的生产和仓储管理也是昂贵的。

由上述实例可知，目的语标题“背景技术”所概括的内容实际上是两个部分，指出现有技术（见实例 4 – 134 ~ 实例 4 – 136）和批判现有技术（见实例 4 – 137 和实例 4 – 138），从而才能引出该申请文件所针对的发明/实用新型的意义。不管源语文本中是否有相应的源语标题，源语文本中相对应的内容大多包括这两个方面的内容。

4.3.2.4 发明/实用新型内容

“发明/实用新型内容”作为汉语专利文献（或译语文本）说明书的第三个子标题，在本研究平行语料库的汉语子库中出现了 100 频次，源语对应标题共有 4 种情况，源语标题的频次和构成比例见表 4 – 27，“翻译过程中的人←世界→篇章的三元关系”模型中“发明/实用新型”及其源语对应标题的关系如图4－44所示。

表4－27 “发明/实用新型内容”在本研究平行语料库中的源语对应标题频次和构成比例统计

目的语标题	频次	源语标题	频次	构成比例
发明/实用新型内容	100	Offenbarung der Erfindung	35	35%
		Zusammenfassung der Erfindung	2	2%
		Darstellung der Erfindung	4	4%
		Luecke	59	59%

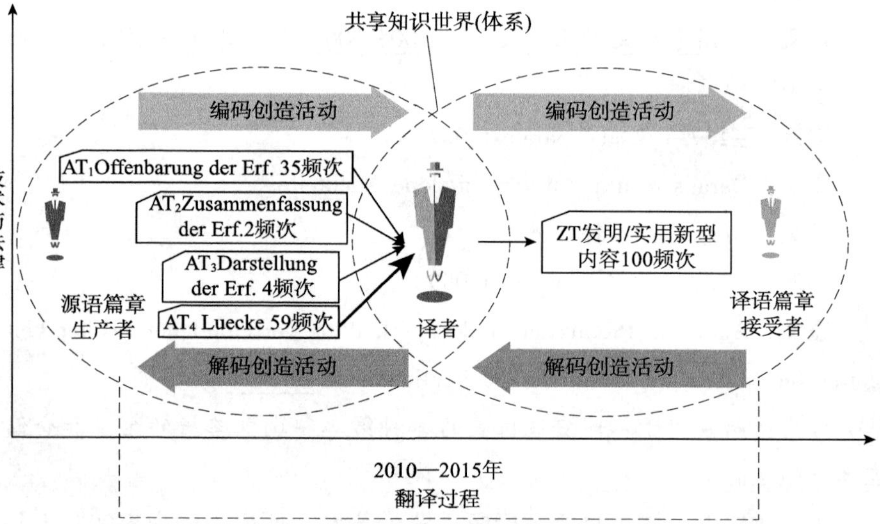

图4－44 “翻译过程中的人←世界→篇章的三元关系”模型中的“发明/实用新型内容”及其源语对应标题的关系

实例解析：由表4－27可知，目的语标题“发明/实用新型内容”在源语文本中对应了4种情况，其中3个源语标题是“Offenbarung der Erfindung”“Zusammenfassung der Erfindung”“Darstellung der Erfindung”，此外还有一种情况是缺少源语标题。从源语标题出发考察：如果遵循字面翻译原则，前三种情况应分别被译成“本发明的公开”“本发明的概述”和“本发明的描述”。尽管这三个源语标题的表达不同，但所指一致，引出的内容大多是发明或实用新型所要解决的技术问题以及解决该技术问题采用的技术方案。因此，当这几种表达作为专利文献说明书源语文本中的一个子标题时，即在专利文献源语篇章所创设的交际场景下，它们最好被译成专利领域的专用语，因此在本研究平行语料库中全都对应了目的语标题“发明/实用新型内容”。更具体来说，译语文本根据其围绕的发明对象属于发明还是实用新型而在两种表述“发明内容”或“实用新型内容”中选其一作为译语文本的子标题。与上文的分析相同，虽然德语子库中的59篇源语文本在相应位置处缺少子标题，但对应译语文本全部增译了“发明/实用新型内容”这一子标题，这一情况虽然不符合基本的翻译“对等”原则，但在本研究平行语料库中占了大多数。因此可以推断，译者在翻译这59篇缺少相应源语标题的源语文本时，根据汉语专利文献的撰写要求在相应位置增译了子标题“发明/实用新型内容”，即此时专利文献所创设的交际场景影响了译者的翻译决策，译者遵循了目的语“世界”的要求。

图4-44显示，源语标题和目的语标题“发明/实用新型内容”形成多对一的对应关系。专利文献的目的语标题是以目的语为导向的。

在本研究平行语料库中观察“发明/实用新型内容”这一目的语标题及其对应的源语标题所在的交际场景的结果显示，“发明/实用新型内容”这一标题所引领的内容包括发明或实用新型所要解决的技术问题（见实例4-139~实例4-141）、为解决该技术问题所采用的技术方案（见实例4-142~实例4-144）以及发明或实用新型相对于现有技术的有益效果（见实例4-145）。由于具体表述存在多种可能，下文仅列举出其中一部分。

实例4-139（来源：paratext_002）

原文：<u>Aufgabe der Erfindung ist es</u>, eine Vorrichtung und ein Verfahren anzugeben, die die Moeglichkeiten des bargeldlosen Bezahlens erweitern, um Benutzern eine bequeme Moeglichkeit zur bargeldlosen Zahlung insbesondere kleiner Betraege im Alltag zu bieten.

译文：<u>本发明的任务是</u>提供一种设备和方法，该设备和方法扩大无现金支付的可能性，以便为使用者在日常生活中进行无现金支付，尤其在小金额支付时提供便利。

实例4-140（来源：paratext_006）

原文：<u>Erfindungsgemaess wird</u> eine aluminiumbasierte Ableiterfolie fuer die negative Elektrodenseite einer Lithium-Ionen-Zelle zur Verfuegung gestellt, …

译文：依据本发明提供一种用于锂离子电芯的负电极侧的基于铝的导电箔，……

实例 4－141（来源：paratext_083）

原文：Ausgehend von diesem diskutierten Stand der Technik liegt der Erfindung daher die Aufgabe zugrunde, eine Kaffeemaschine mit einem Kaffeebohnenbehaelter, insbesondere mit einem in das Gehaeuse derselben integrierten Kaffeebohnenbehaelter, dergestalt weiterzubilden, dass diese, wenn gewuenscht, die Vorteile eines integrierten Kaffeebohnenbehaelters mit denjenigen eines Fassungsvermoegens vereint.

译文：基于所探讨的现有技术，本发明的任务在于，改进具有咖啡豆容器的咖啡机。该咖啡机特别是具有集成在其壳体中的咖啡豆容器，以便在需要时，可以使集成式咖啡豆容器的优点与更大容量的优点两者共存。

实例 4－142（来源：paratext_087）

原文：Diese Aufgabe wird erfindungsgemaess mit den Merkmalen der unabhaengigen Ansprueche geloest.

译文：所述目的根据本发明通过各独立权利要求的特征实现。

实例 4－143（来源：paratext_087）

原文：Die abhaengigen Ansprueche geben zweckmaessige Weiterbildungen an.

译文：从属权利要求给出了有利的改进方案。

实例 4－144（来源：paratext_091）

原文：Gemaess einer bevorzugten Ausfuehrungsform der vorliegenden Erfindung bilden die metallische Duennschicht und das Glas des Displays elektronische Filter.

译文：按照本发明的一种优选的实施方式，金属薄层和显示器的玻璃构成电子滤波器。

实例 4－145（来源：paratext_095）

原文：Die erfindungsgemaesse Loesung hat gegenueber dem bekannten Stand der Technik Vorteile sowohl im Hinblick auf die Montage als auch auf die

Fertigung.

译文：相比于公知的现有技术，本发明的解决方案无论在装配还是在制造方面都有优势。

通过上述实例可以发现，目的语标题“发明/实用新型内容”下设的内容主体包括两个方面，即介绍发明/实用新型（见实例4－139～实例4－144）以及列举该发明/实用新型的优点（见实例4－145），这也就意味着该申请文件所提出的发明/实用新型是有价值的。同样，不管源语文本中是否有相应的源语标题，源语文本中相对应的内容也包括这两个方面。

4.3.2.5 附图说明

“附图说明”作为汉语专利文献（或译语文本）说明书的第四个子标题，在本研究平行语料库的汉语子库中出现了100频次，其源语对应标题的情况较为复杂，共有5种情况。源语标题的频次和构成比例见表4－28，“翻译过程中的人←世界→篇章的三元关系”模型中“附图说明”及其源语对应标题的关系如图4－45所示。

表4－28 “附图说明”在本研究平行语料库中的源语对应标题频次和构成比例统计

目的语标题	频次	源语标题	频次	构成比例
附图说明	100	Zeichnung（en）	7	7%
		Kurzbeschreibung der Figuren	5	5%
		Bester Weg zur Ausfuehrung der Erfindung	1	1%
		Beschreibung bevorzugter Ausfuehrungsbeispiele der Erfindung	1	1%
		Luecke	86	86%

实例解析：由表4－28可知，目的语标题“附图说明”在源语文本中对应了5种情况，其中4个源语标题分别是“Zeichnung（en）”“Kurzbeschreibung der Figuren”“Bester Weg zur Ausfuehrung der Erfindung”“Beschreibung bevorzugter Ausfuehrungsbeispiele der Erfindung”，此外还有一种情况是缺少源语标题。首先从源语标题出发考察具体的翻译情况。如果遵循字面翻译原则，源语标题“Zeichnung（en）”可以译成“附图”，目的语

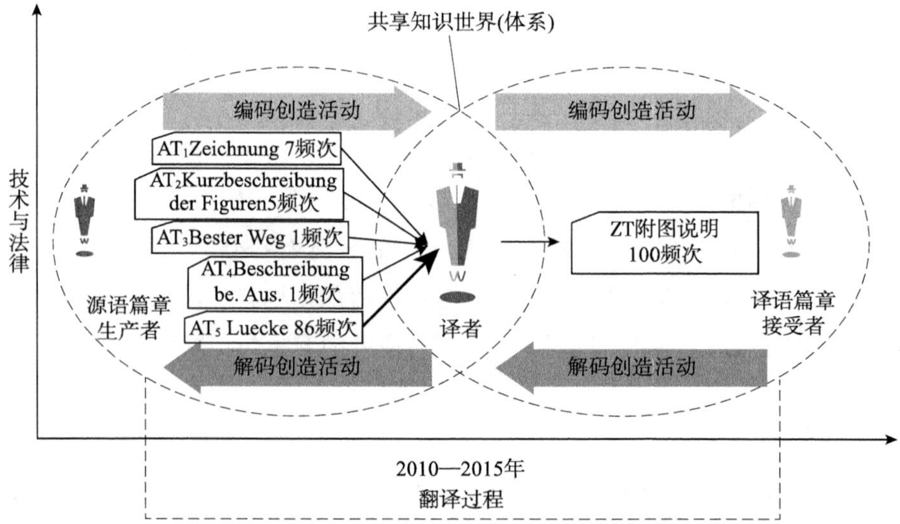

图 4-45 “翻译过程中的人←世界→篇章的三元关系”模型中“附图说明”及其源语对应标题的关系

对应标题“附图说明”增译了“说明”；源语标题“Kurzbeschreibung der Figuren”直译可以是“附图的简短描述”或“附图的简短说明”等类似说法，对目的语标题“附图说明”是基于原义的改译。因此，源语标题“Zeichnung（en）”和“Kurzbeschreibung der Figuren”被译为“附图说明”基本上是对应和可行的。然而，源语标题“Bester Weg zur Ausfuehrung der Erfindung”的意义是“实施本发明的最佳途径”，“Beschreibung bevorzugter Ausfuehrungsbeispiele der Erfindung”的意义是“对本发明优选实施例的描述”或“对本发明优选实施例的说明”，它们都与“附图说明”无关，但能够与说明书第五部分的内容——“具体实施方式”产生联系。这两个源语标题所在的源语文本将附图说明和具体实施方式两个部分合二为一，仅用一个源语子标题引领两个部分的内容，但对应的译语文本却在相应位置处改译出“附图说明”，并在下文中相应位置增译了“具体实施方式”的子标题。换言之，这是译者基于经验，根据专利文献源语篇章所创设的交际场景，并结合专利文献目的语篇章的交际场景所做的改译。同时，86 篇源语文本的相应位置处没有出现子标题，但相应的 86 篇译语文本增译了“附图说明”。无论是改译还是增译，都违背了翻译基本的“对等”原则，译者不再依据源语篇章，而是以专利文献目的语篇章所创设的交际场景为导向，目的语“世界”在此对翻译的影响更为关键。

图 4 – 45 显示，源语标题和目的语标题“附图说明”形成多对一的对应关系。专利文献的目的语标题是以目的语为导向的，其翻译处理过程受目的语“世界”的影响和限定，译者也是在这些因素的影响下做出翻译决策的。

此后，在本研究平行语料库中对“附图说明”这一目的语标题及其对应源语标题所在的交际场景观察的结果显示，“附图说明”这一标题所引领的内容就是简要介绍了说明书所配附图的形式及表现的内容。一般来说，专利文献常常使用一些程式化表达（见实例 4 – 146 和实例 4 – 147）引出对于附图形式和内容的具体介绍（见实例 4 – 148）。由于具体表述存在多种可能，下文仅列举出其中一部分。

实例 4 – 146（来源：paratext_001）

原文：Weitere Merkmale und Vorteile der Erfindung ergeben sich aus der nachfolgenden Beschreibung von Ausfuehrungsbeispielen unter Bezugnahme auf die beigefuegten Figur.

译文：本发明的其他特征和优点由以下参照附图对实施例的说明得出。

实例 4 – 147（来源：paratext_022）

原文：Ausfuehrungsbeispiele der Erfindung werden anhand der Zeichnungen und der nachfolgenden Beschreibung naeher erlaeutert.

译文：以下将根据附图和下文的说明进一步解释本发明的实施例。

实例 4 – 148（来源：paratext_066）

原文：Fig. 3 eine Schnittansicht des Hydrolagers der Figur 2 zeigt;

译文：图 3：图 2 所示的液压支座的剖视图；

以下列出一些在本研究平行语料库中检索出来的附图名称及其汉语译文，以供参考。

Figur	附图
Zeichnung	附图
Darstellung	附图/图示

schematische Darstellung	示意图/简图
vereinfachte Darstellung	简化图
Perspektive/perspective Ansicht	透视图
Schnitt/Schnittdarstellung	剖视图
Laengsschnitt	纵剖面图
Querschnitt	横剖面图
Skizze	略图
Seitenansicht	侧视图
Unteransicht	仰视图
Daraufsicht	俯视图
Stirnseitige Ansicht/frontale Ansicht/Frontansicht	主视图
Ruecksicht	后视图
Explosionsdarstellung	分解图
vergroesserte Ansicht	放大视图
eine isometrische Ansicht einer Explosionszeichnung	等比例放大图
Teildarstellung	局部视图
Detaildarstellung	细节图
Blockdiagramm/Blockschaltbild	框图
Flussdiagramm/Ablaufdiagramm	流程图
Prinzipdarstellung	原理示意图
Prinzipschaltbild	原理电路图

通过上述实例可以发现，目的语标题“附图说明”所引领的内容是对附图的简略说明（见实例 4 - 146 ~ 实例 4 - 148），这一方面是对译语篇章接受者阅读专利文献及所配附图的提示，另一方面也是在为说明书余下的内容做准备。同样，不管源语文本中是否有相应的源语标题，源语文本中相对应的内容与译语文本相同，是说明书的重要组成部分。

4.3.2.6 具体实施方式

“具体实施方式”作为汉语专利文献（或译语文本）说明书的第五个子标题，在本研究平行语料库的汉语子库中出现了 100 频次，其源语对应标题的情况较为复杂，共有 6 种情况。源语标题的频次和构成比例见表 4－29，“翻译过程中的人←世界→篇章的三元关系”模型中“具体实施方式”及其源语对应标题的关系如图 4－46 所示。

表 4－29 “具体实施方式”在本研究平行语料库中的源语对应标题频次和构成比例统计

目的语标题	频次	源语标题	频次	构成比例
具体实施方式	100	Ausfuehrung der Erfindung	3	3%
		Beschreibung von Ausfuehrungsbeispielen (des Ausfuehrungsbeispiels)	2	2%
		Genaue Beschreibung von Ausfuehrungs-beispielen	1	1%
		Kurze Beschreibung von Ausfuehrungs-beispielen	1	1%
		Ausfuehrungsform der Erfindung	5	5%
		Luecke	88	88%

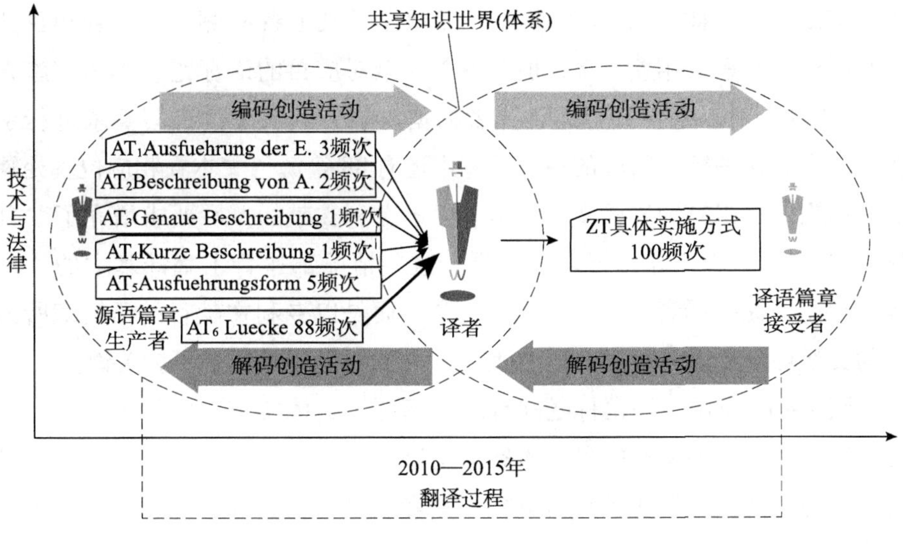

图 4－46 “翻译过程中的人←世界→篇章的三元关系”模型中“具体实施方式”及其源语对应标题的关系

实例解析：由表 4－29 可知，目的语标题“具体实施方式”在源语文本中对应了 6 种情况，其中 5 个源语标题分别是“Ausfuehrung der Erfindung”“Beschreibung von Ausfuehrungsbeispielen（des Ausfuehrungsbeispiels）”“Genaue Beschreibung von Ausfuehrungsbeispielen”“Kurze Beschreibung von Ausfuehrungsbeispielen”“Ausfuehrungsform der Erfindung”，此外还有一种情况是缺少源语标题。从源语标题出发考察具体的翻译情况：如果遵循字面翻译原则，“Ausfuehrung der Erfindung”应被译为“本发明的实施方式”或“本发明的实施方法”，并未出现目的语标题中的“具体”意义；“Beschreibung von Ausfuehrungsbeispielen（des Ausfuehrungsbeispiels）”应被译为“对实施例的描述或对实施例的说明”，“Genaue Beschreibung von Ausfuehrungsbeispielen”应被译为“对实施例的详细描述”，“Kurze Beschreibung von Ausfuehrungsbeispielen”应被译为“对实施例的简短描述”，这 3 个源语标题中包含的都是“实施例”，而非“实施方式”，“实施方式”和“实施例”的意义和用法有所差别（参见本书 4. 1. 3. 3 部分内容），因此和目的语对应标题“具体实施方式”并非完全对等，只能算是意义相差不大；“Ausfuehrungsform der Erfindung”应被译为“本发明的实施方式”，但也没有提到“具体”。以上 5 个源语标题在意义上各有侧重，尽管和目的语对应标题的意义相差不多，但都不能完全对应目的语标题“具体实施方式”，因此针对以上源语标题，译者根据汉语专利文献的撰写要求进行了改译。本研究平行语料库的德语子库中还有 88 篇源语文本在相应位置处缺少子标题，而相应的译语文本参考了汉语专利文献的撰写要求增译了“具体实施方式”。但不论增译还是改译，这些情况都违背了翻译基本的“对等”原则，此时译者不再依据源语篇章，而是以专利文献目的语篇章所创设的交际场景为导向，目的语“世界”在此对翻译的影响更为关键。

图 4 – 46 显示，源语标题和目的语标题“具体实施方式”形成多对一的对应关系。专利文献的目的语标题是以目的语为导向的，其翻译处理过程受目的语“世界”的影响和限定，译者也是在这些因素的影响下做出翻译决策的。

在本研究平行语料库中对“具体实施方式”这一目的语标题及源语对应标题所在的交际场景进行观察的结果显示，目的语标题“具体实施方式”所引领和概括的内容是该申请文件的申请人所认为的实施该发明/实用新型的优选方式及其优点（见实例 4 - 149 ~ 实例 4 - 151），并且必要时结合附图一起说明（见实例 4 - 152），这些是基本内容。除此之外，这一目的语标题还可能引出其他内容，例如在列举优选方式前指出专利文献附图标记的一致性（见实例 4 - 153），或者最后指出该说明书虽然只列举了部分实施方式，但不限于这些实施方式（见实例 4 - 154 和实例 4 - 155）。由于具体表述存在多种可能，下文仅列举出其中一部分。

实例 4 - 149（来源：paratext_048）

原文：Vorteilhafterweise lassen sich dadurch die Einsatzbedingungen des Feldgeraets 1 zur Auswahl der weiterfuehrenden Information beruecksichtigen.

译文：由此可能以有利的方式考虑现场仪器 1 的使用条件用于选择进一步的信息。

实例 4 - 150（来源：paratext_059）

原文：Ein zweites Ausfuehrungsbeispiel, das in der Figur 3 dargestellt ist, unterscheidet sich im Wesentlichen durch Folgendes: Die erste Leiterplatte 3 ist in diesem Ausfuehrungsbeispiel rechtwinklig zu der Laengsachse der zweiten Leiterplatte 7 ausgerichtet.

译文：一个在图 3 中所述的第二实施例的主要区别如下：第一印刷电路板 3 在本实施例中相对于第二印刷电路板 7 的纵轴线呈直角定向。

实例 4 - 151（来源：paratext_091）

原文：Gemaess einer bevorzugten Ausfuehrungsform der vorliegenden Erfindung wird leitfaehiges ITO（Indium-Zinn-Oxis）genutzt, um unsichtbar auf einem Display eine Antennengeometrie auszubilden und aus dem gleichen Material Filter zu gestalten, um so die Antennencharakteristik wie auch den Frequenzbereich zu optimieren.

译文：根据本发明的一种优选的实施方式，使用导电的 ITO（铟锡氧化物），以便以不可见的方式在显示器上构成一个天线几何结构和以便用相同的材料构成滤波器，以优化天线特性和频率范围。

实例 4 - 152（来源：paratext_001）

原文：Fig. 1 zeigt eine typische Anwendungssituation eines Parkassistenten.

译文：附图 1 示出的是泊车辅助系统的典型应用情景。

实例4－153（来源：paratext_014）

原文：In der nachfolgenden Beschreibung bevorzugter Ausfuehrungsbeispiele der vorliegenden Erfindung werden fuer die in den verschiedenen Figuren dargestellten und aehnlich wirkenden Elemente gleiche oder aehnliche Bezugszeichen verwendet，wobei auf eine wiederholte Bechreibung dieser Elemente verzichtet wird.

译文：以下实例均为本发明的优选实施例，不同附图中所示具有类似作用的元件均采用相同或类似的附图标记，不重复描述这些元件。

实例4－154（来源：paratext_005）

原文：Insbesondere laesst sich die Erfindung in mannigfaltiger Weise veraendern oder modifizieren，ohne vom Kern der Erfindung abzuweichen.

译文：尤其本发明可以各种各样的方式改变或变型，但不能偏离本发明。

实例4－155（来源：paratext_047）

原文：Die vorliegende Erfindung ist nicht auf die hier dargestellten Ausfuehrungsbeispiele beschraenkt.

译文：本发明不限于这里显示的实施例。

上述实例体现出，“具体实施方式”所概括的这一部分的主要内容是列举该发明/实用新型的优选实施方式或实施例并指出优点（见实例4－149～实例4－151），往往还伴随着其他程式化表达（见实例4－153～实例4－155）。同样，不管源语文本中是否有相应的源语标题，源语文本中相对应的内容都与译语文本相同，是说明书的重要组成部分。

如上文所述，“技术领域”“背景技术”“发明/实用新型内容”“附图说明”“具体实施方式”五个子标题及其引导的内容构成了译语文本的说明书，每个部分各司其职，最终形成专利文献译语篇章的有机整体。但不管源语文本相应位置处有无标题，源语文本说明书内部的结构和内容与译语文本大体相同。

4.3.2.7　权利要求书

“权利要求书”作为本研究所指汉语专利文献（或者译语文本）的第

二部分的标题，在汉语子库中作为标题出现了100频次，它在本研究平行语料库的德语子库中对应的源语标题不算复杂，只有3个。目的语标题“权利要求书”及其源语对应标题的频次和构成比例见表4-30，“翻译过程中的人←世界→篇章的三元关系”模型中“权利要求书”及其源语对应标题的关系如图4-47所示。

表4-30 “权利要求书”在本研究平行语料库中源语对应标题的频次和构成比例统计

目的语标题	频次	源语标题	频次	构成比例
权利要求书	100	Ansprueche	90	90%
		Patentansprueche	9	9%
		Schutzansprueche	1	1%

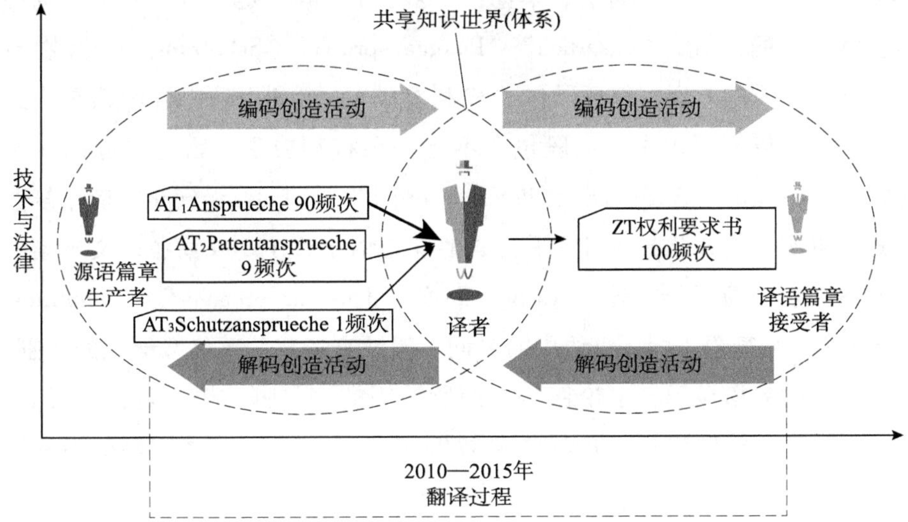

图4-47 “翻译过程中的人←世界→篇章的三元关系”模型中“权利要求书”及其源语对应标题的关系

实例解析：关于目的语标题“权利要求书”的翻译情况，从源语对应标题出发考察。表4-30中“权利要求书”共有3个对应的源语标题。首先，“Anspruch”的汉语解释为“期待”“权利”“要求”，在专利领域里，它作为专用语应翻作“权利要求”。其次，“Patentanspruch”是复合名词，由“Patent”和“Anspruch”两部分组成，它们在专利领域分别对应“专利”和“权利要求”，因此“Patentanspruch”的汉语翻译可以是“专利权利要求”，与“权利要求”没有本质区别。此外，如果要确定“Schutzanspruch”的意义和翻译，有必要参考专利领域中“权利要求”的意义。德国《专利法》（[德] Patentgesetz）第14条规定了“专利申请和专利的保护范围以专利的权利要求为准”❶，而《中华人民共和国专利法》第二十六条第四款规定了“权利要求书应当以说明书为依据，清楚、简要地限定要求专利保护的范围”。这些都说明，权利要求书所承担的法律职能就是规定了专利保护的范围，法律职能也是专利文献的首要功能，因此复合名词“Schutzanspruch”强调“保护”（[德] Schutz）并不为过。如果完全直译，“保护性权利要求”等类似的表达都不是恰当的专用语表达，将其简要地译成“权利要求”更为合适，毕竟“（专利）保护”是“权利要求”的固有特性。总的来说，“Anspruch”“Patentanspruch”“Schutzanspruch”在意义上没有本质的差别，都可译作“权利要求”。专利申请文件的第二个组成部分——权利要求书，一般包含不止一项权利要求，因此在源语文本中，作为标题的“Anspruch”“Patentanspruch”“Schutzanspruch”应用复数形式，事实正是如此，本研究平行语料库德语子库中100篇源语文本第二部分的德语标题包括“Ansprueche”“Patentansprueche”“Schutzansprueche”。与德语不同，汉语中的名词一般没有特定的单复数形式的区别。表4-30的数据显示，不论德语标题所采用的词是哪一个，是什么形式，对应的目的语标题都是“权利要求书”。根据本研究类比语料库的检索结果，原创子库中所有文本第二部分的标题都是“权利要求书”，与翻译子库的检索结果一致。

图4-47形象地显示出无论源语标题是什么，它们都只对应一个目的语标题。也就是说，源语标题和目的语标题“权利要求书”形成多对一的对应关系，同时专利文献的目的语标题是以目的语为导向的。

对目的语标题“权利要求书”及其源语对应标题的交际场景的观察结

❶ 参见 *Patentgesetz* §14。原文如下：Der Schutzbereich des Patents und der Patentanmeldung wird durch die Patentansprüche bestimmt. Die Beschreibung und die Zeichnungen sind jedoch zur Auslegung der Patentansprüche heranzuziehen.

果显示，不论是在源语文本还是译语文本中，权利要求的表现形式都不是句子，而是名词短语（［德］Nominalphase）。此外，每项权利要求都仅在结尾处有一个句号；大多数的权利要求分为两部分，前一部分写明要求保护的发明/实用新型的主题名称以及与最接近的现有技术共有的必要技术特征（见实例4－156）或写明引用的权利要求编号（见实例4－157、实例4－158），后一部分写明特有的技术特征。另外，源语文本中权利要求的形式多为“…，dadurch gekennzeichnet，dass …”“… gekennzeichnet durch …”“…，wobei…”。[1]

实例4－156（来源：paratext_001）

原文：Parkassistent fuer ein Fahrzeug，mit Mitteln（13）zum Erfassen einer zum Fahrzeug（1）benachbarten Freiflaeche（7，19），Mitteln（11）zum Beurteilen der Eignung der Freiflaeche（7，19）als Parkplatz fuer das Fahrzeug（1）und Mitteln（11，12）zum Abschaetzen des Abstands der Freiflaeche（7）von einer Kreuzung（4）oder Einmuendung，wobei die Mittel zum Abschaetzen des Abstands（11，12）eine Kamera（12）umfassen.

译文：一种用于机动车的泊车辅助系统，具有用于检测与机动车（1）相邻的空地（7、19）的装置（13）、用于判断该空地（7、19）是否适合作为机动车（1）的泊车位的装置（11）和用于估算该空地（7）与交叉路口（4）或道路入口之间的间距的装置（11、12），其中所述用于估算间距的装置（11、12）包括摄像头（12）。

实例4－157（来源：paratext_001）

原文：2. Parkassistent nach Anspruch 1，dadurch gekennzeichnet，dass die Mittel zum Abschaetzen des Abstands（11，12）ferner eine Bildauswertungseinheit（11）zum Erkennen eines eine Kreuzung（4）oder Einmuendung markierenden Verkehrszeichens（5）und zum Abschaetzen der Entfernung zwischen Fahrzeug（1）und Verkehrszeichen（5）umfassen.

译文：2. 如权利要求1所述的泊车辅助系统，其特征在于，所述用于估算间距的装置（11、12）还包括用于识别标记交叉路口（4）或道路入

[1] 对这几种德语表达的翻译探讨参见本书4.1.3.10和4.1.3.14部分的内容。

口的交通标志（5）以及用于估算机动车（1）与交通标志（5）之间的距离的图像分析单元（11）。

实例 4－158（来源：paratext_021）

原文：2. Das Gehaeuse nach Anspruch 1，wobei der Kunststoff ein Thermoplast ist.

译文：2. 根据权利要求1所述的壳体，其中塑料是热塑性塑料。

由实例4－156～实例4－158可知，译文无论在形式上还是内容上都是遵循原文的，同时译文也是遵守中国相关法律规定的。❶ 从结构上看，每项德语的权利要求都是通过说明类型和列举特征来具体界定该申请请求保护的范围，汉语译文同样如此。

4.3.2.8 （说明书）摘要

“（说明书）摘要”作为本研究所指汉语专利文献（或者译语文本）的第三部分标题，在汉语子库中作为标题出现了100频次。虽然它在本研究平行语料库中只有一个源语对应标题，但还有3篇源语文本缺少摘要。目的语标题“（说明书）摘要”及源语对应标题的频次和构成比例见表4－31，“翻译过程中的人←世界→篇章的三元关系”模型中“（说明书）摘要”及其源语对应标题的关系如图4－48所示。

表4－31 “（说明书）摘要”在本研究平行语料库中目的语对应标题的频次和构成比例统计

目的语标题	频次	源语标题	频次	构成比例
（说明书）摘要	100	Zusammenfassung	97	97%
		Luecke	3	3%

❶ 《专利审查指南》第一部分第二章规定了权利要求的形式要求（本书仅列出部分）：（1）每一项权利要求仅允许在权利要求的结尾处使用句号；一项权利要求可以用一个自然段表述，也可以在一个自然段中分行或者分小段表述，分行和分小段处只可用分号或者逗号，必要时可在分行或小段前给出其排序的序号。……（3）权利要求书中有几项权利要求的，应当用阿拉伯数字顺序编号。……（5）权利要求中的技术特征可以引用说明书附图中相应的标记，以帮助理解权利要求所记载的技术方案。但是，这些标记应当用括号括起来，并放在相应的技术特征后面，权利要求中使用的附图标记，应当与说明书附图标记一致。

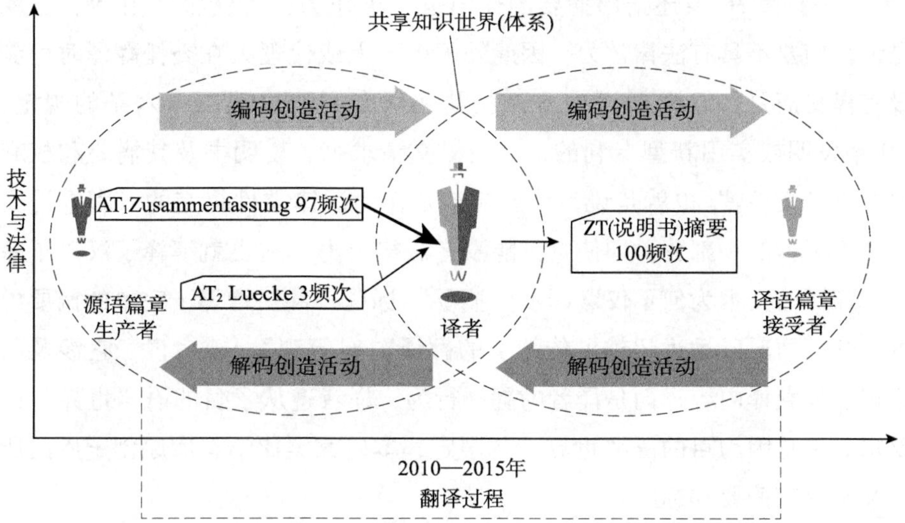

图 4-48 “翻译过程中的人←世界→篇章的三元关系”模型中“(说明书)摘要”及其源语对应标题的关系

实例解析：如表 4-31 所示，本研究平行语料库的德语子库中有 97 篇德语原文的第三部分标题均为“Zusammenfassung”，其在专利领域的目的语对应词（或者目的语对应标题）是“摘要”或“说明书摘要”。但德语子库中还有 3 篇源语文本缺少第三部分的标题，甚至缺少整个摘要。在这种情况下，译语文本不仅增译了摘要的标题，并且增译了摘要的内容，而且摘要的内容与第一项权利要求相同。摘要的功能和作用与说明书和权利要求完全不同，甚至德国申请人在本国提交专利申请文件时可能不提交摘要，因为德国《专利法》第 34 条第 3 款对专利申请文件内容的规定是：“专利申请应当包括如下内容：1. 申请人姓名；2. 专利授权请求书，其应当清楚简明地指出该发明；3. 一项或数项权利要求，说明寻求保护的主题；4. 该发明的说明书；5. 权利要求书或说明书所涉及的附图。”[1] 德国

[1] 参见 *Patentgesetz* § 34（3）。原文如下：Die Anmeldung muß enthalten：1. den Namen des Anmelders；2. einen Antrag auf Erteilung des Patents，in dem die Erfindung kurz und genau bezeichnet ist；3. einen oder mehrere Patentansprüche，in denen angegeben ist，was als patentfähig unter Schutz gestellt werden soll；4. eine Beschreibung der Erfindung；5. die Zeichnungen，auf die sich die Patentansprüche oder die Beschreibung beziehen.

《专利法》第36条还指出摘要的作用是“仅作为技术情报使用”❶，也就是说，摘要不具有法律效力。因此外国申请人或代理人在委托翻译时可能没有提交摘要。但根据《中华人民共和国专利法》第二十六条的规定，“申请发明或实用新型专利的，应当提交请求书、说明书及其摘要和权利要求书等文件。”也就是说，摘要应该是作为法律文件提交的专利申请文件必不可少的一部分，即使它可能没有法律效力，这也就解释了汉语子库的3篇译语文本为何不仅增译了“摘要”标题，甚至增译了完整的摘要内容。这一情况已远远超越了传统上的翻译“对等观”，或者说，它涉及的不仅仅是翻译内容，而是译者的翻译行为，译者遵从了目的语“世界”的要求。正是因为目的语“世界”的限定，本研究类比语料库原创子库的所有文本都有摘要和标题。

如图4－48所示，源语标题和目的语标题“(说明书）摘要”形成多对一的对应关系。目的语标题与原创文本一致，即专利文献的目的语标题是以目的语为导向的，其翻译过程受目的语“世界”的影响和限定。

在本研究平行语料库中对“(说明书）摘要”这一目的语标题及其源语对应标题以及它们所在的交际场景进行观察的结果显示，该目的语标题后的自然段中，第一句话往往是“本发明涉及……”，有时相应的源语文本中并未出现“Die Erfindung betrifft ...”等字样（见实例4－159）。

实例4－159（来源：paratext_060）

原文：Eine Radialwellendichtring（1），umfassend eine erste Dichtlippe（1）und eine zweite Dichtlippe（2），wobei in axialer Richtung zwischen der ersten Dichtlippe（1）und der zweiten Dichtlippe（2）eine mittlere Schutzlippe（3）positioniert ist，...

译文：<u>本发明涉及</u>一种径向轴密封环（1），其包括第一密封唇（1）和第二密封唇（2），其中，沿轴向方向在所述第一密封唇（1）和第二密封唇（2）之间有一个中间的保护唇（3），……

从内容上看，这部分内容大多与权利要求书中的第一项权利要求相同

❶ 参见 *Patentgesetz* §36。原文如下：Die Zusammenfassung dient ausschilieβlich der technischen Unterrichtung.

或接近，主要概括了该申请文件所针对的发明/实用新型的名称和所属的技术领域，并清楚地反映了所要解决的技术问题、解决该问题所需的技术方案的要点等，是对说明书内容的概括。尽管摘要并不具备法律效力，但它仍然是汉语专利文献必不可少的组成部分，因此在专利文献的译语篇章中不可缺少。

4.3.3 结果与讨论

由本节篇章结构层面的实证研究可知，专利文献的目的语标题及其源语对应标题之间基本上形成了两种对应关系，如图 4－49 和图 4－50 所示。

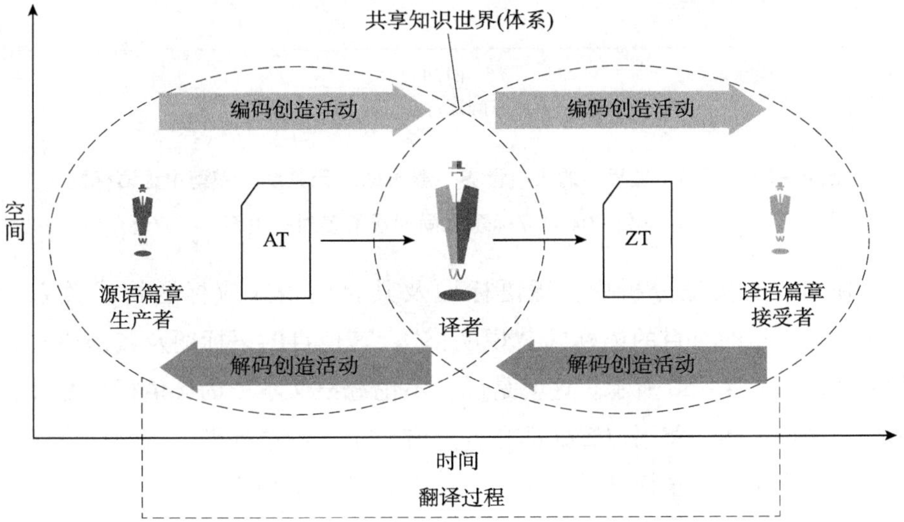

图 4－49 “翻译过程中的人←世界→篇章的三元关系”模型中源语标题及其目的语对应标题之间形成的一对一关系

在图 4－49 和图 4－50 中，AT 是指 Ausgangstitel，意为源语标题；ZT 是指 Zieltitel，意为目的语标题。另外，图中的“世界”所提供的时间是 2010—2015 年，这是因为本研究平行语料库中的专利文献的汉语译文的公开和下载时间是 2010—2015 年；空间在此是抽象的，指的是专利文献所处的专业领域，即“技术与法律领域”，时间和空间所构成的“世界”已不是翻译这一交际活动的中心，而是背景。两图中的译者身兼源语篇章接受者和译语篇章生产者双重角色。此外，图 4－50 中的 AT_n 表示第 n 个源语标题，$n>1$。

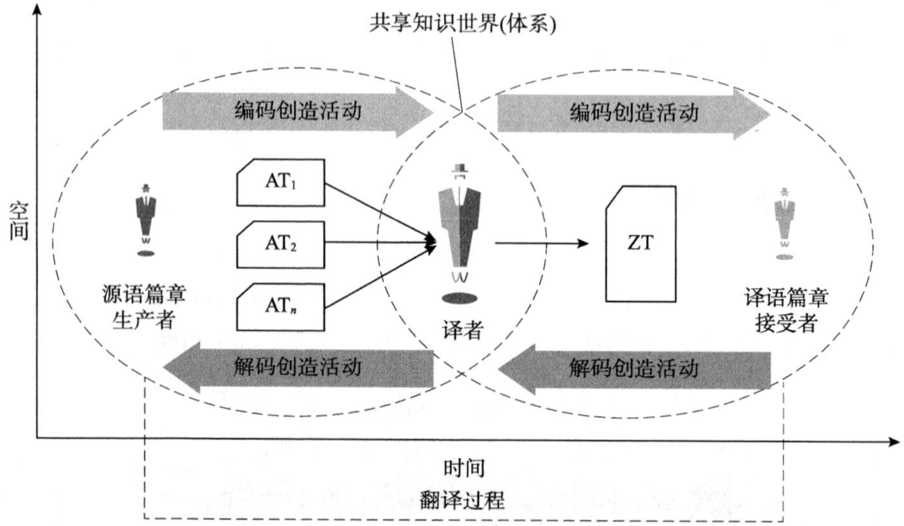

图 4－50　“翻译过程中的人←世界→篇章的三元关系”模型中源语标题及其目的语对应标题之间形成的多对一关系

在本节的实证分析中，源语标题及其目的语对应标题构成关系如图 4－49 所示的有目的语标题“说明书”，其他目的语标题及其源语标题的关系都如图 4－50 所示。这就是说，不论源语文本中的源语标题是什么情况，译语文本中相同位置处都有且只有一个目的语标题。特别是当源语文本中缺少标题或子标题时，译语文本全都增译了相应的目的语标题。换言之，专利文献译语文本中的目的语标题趋向一致。

经过对本研究类比语料库的检索可以发现，本研究平行语料库中所有译语文本的标题（包括子标题）都与汉语原创文本一致，或者说，专利文献译语文本的标题是以汉语原创文本为依据的。但如果继续追究其根源，就不得不考虑标题在专利文献中所履行的功能以及标题与专利文献篇章宏观结构之间的联系。

Van Dijk（1980）把话语的总体结构（［德］globale Struktur）称作宏观结构（［德］Makrostruktur，［英］macrostructure），并且提出，只有具有宏观结构的句列才能被视作话语，而这其实是语义层面的宏观结构。他认为，在同一话语中存在不同等级的宏观结构，整个话语既有最高层次的宏观结构，其中某些部分又可能有各自的宏观结构。人凭借自己的语言能力，可以通过删除、选择、概括、组编或归总等宏观原则，从微观结构（命题内部结构和句列结构）逐步推导出更大的篇章单位的意义，直至最终推理出整个篇章的宏观结构，即篇章主题（钱敏汝，2001）。此外，Van Dijk（1980）也肯定了可以将处理语义信息的宏观原则运用到语用宏观行为上，将言语行为分为主要行为（[德] Haupt-Handlung）和辅助行为（[德] Hilfs-Handlung）两种，并着重提到运用第三项和第四项宏观规则能删略那些作为一般性的前提、组成部分和结果的分行为及无关紧要的辅助行为，保留能作为主要行为的分行为或归纳出一个宏观行为来。Motsch 和 Viehweger（1981）把施为行为（[德] illokotive Handlung）视作篇章结构的基本单位，从语用角度提出了篇章中施为行为的层次结构（[德] Illokutionsstruktur），并指出任何一个言语行为序列中至少存在一个统领性施为行为（[德] dominierende Illokution），余下的言语行为起辅助或支持作用（[德] subsidäre Funktion）。Motsch 和 Viehweger 提出的这种篇章中的施为行为的结构与 Van Dijk 提出的宏观结构十分相似。按照这个观点，篇章可被视为言语行为的序列或施为行为的结构，而这些序列和结构与篇章命题的结构具有紧密联系，这种篇章的施为行为结构实际上是篇章的宏观语用结构（郎曼，2011）。说话人说话时需要在各种可能的手段中进行选择，从总体目的出发设立各种局部目标和相应的局部行为并逐渐具体化和详细化。听者在理解时也要再构建整个施为行为的层次结构（钱敏汝，2001）。如上文所述，篇章的宏观结构、篇章中的施为行为结构概念来自不同的学者，既相近又有所不同。郎曼（2011）也指出，篇章的宏观连贯具有两面性，篇章宏观结构不该只停留在语义层面，还应拓展到语用层面，即整个篇章的言语行为或施为行为的结构，它体现了篇章的意图。在本书中，为探求标题和篇章宏观结构的联系以及由此可能产生的对翻译的影响，通过对本研究平行语料库所收集的语料的观察和分析，绘制出专利文献篇章（包括源语篇章和译语篇章）的宏观语用结构，即专利文献篇章中的施为行为结构。[1] 在此之所以选择构建篇章的施为行为结构，是因为只有领会了篇章生产者的篇章意图，即推导出宏观语用结构或篇章的施为行为结构，才能在宏观层面上对整个篇章有更透彻的局部和总体理解，把握住整个篇章的主旨，因此推导和构建篇章中的施为行为结构是重建深层次篇章宏观连贯的关键，也是揭示在专利文献德汉翻译过程中标题与篇章结构之间联系的关键。专利文献篇章中的施为行为结构如图 4 –51 所示。

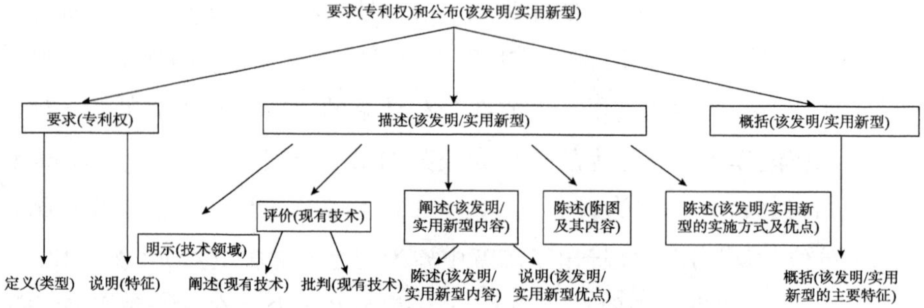

图 4 –51　专利文献篇章中的施为行为结构

由图 4 –51 可知，专利文献整体所执行的统领性施为行为包括了指令言语行为（［德］ direktiver Sprechakt）和肯定言语行为（［德］ repräsentativer Sprechakt）两种，具体而言就是篇章生产者要求获得专利权并且同时公布该发明/实用新型。权利要求书、说明书和摘要分别执行了三种施为行为：要求（专利权）、描述（该发明/实用新型）和概括（该发明/实用新型），从三个方面支持统领性的施为行为。此外，描述这一施为行为下设不同级别且更为具体的施为行为。

图 4 –51 还特别用方框形式突出了与专利文献译语篇章的标题（包括

---

[1] 笔者在绘制图4 –51所示的专利文献篇章中的施为行为结构时，首先根据 Ich – Jetzt – Hier – Origo 原则，确定所收集的每一篇语料（即专利文献篇章）中有哪些话语属于言语行为。在此必须指出的是，专利文献篇章中几乎不会出现人作为主语的情况，因此必须首先判断该话语是否属于间接性言语行为，同时，这些间接性言语行为的施动者是否是专利文献的源语篇章生产者（对于源语篇章而言）或译语篇章生产者（对于译语篇章而言，也就是译者）。此后，本研究借用了 Van Dijk 提出的四项宏观规则，并统计专利文献篇章中哪些言语行为所占比例最大，同时结合篇章主题展开（［德］ Themenentfaltung），分析源语篇章和译语篇章生产者展开主题时会分为哪几个阶段并根据交际目的确定每个阶段的言语行为类型。基于以上步骤，本书最后绘制完成图 4 –51 所示的专利文献篇章中的施为行为结构。

子标题）相重合的施为行为。除权利要求书、说明书和摘要分别执行了要求（专利权）、描述（该发明/实用新型）和概括（该发明/实用新型）三个施为行为外，明示（技术领域）指的是“技术领域”所引领的内容，评价（现有技术）对应了“现有技术”的内容，阐述（该发明/实用新型内容）指的是“发明/实用新型”的内容，陈述（附图及其内容）对应了“附图说明”这一目的语标题，陈述（该发明/实用新型的实施方式及优点）则指目的语标题“具体实施方式”及其引导和概括的内容。从这个意义上说，专利文献的目的语标题体现了专利文献译语篇章的宏观结构，是专利文献各部分内容的浓缩，进而概括了篇章的全局信息。事实上，专利文献篇章整体的形成正是依赖于篇章的宏观结构以及该篇章类别所特有的程式化表达。同时，由于专利文献的译语篇章和源语篇章在内容上是一致的，因此可以说，相对于专利文献的源语标题而言，目的语标题使专利文献的宏观结构显化，从而更有助于译语篇章接受者阅读、理解和接受。

但专利文献译语篇章中的目的语标题并非任意确定的，而是以目的语“世界”中的法律法规为依据。《中华人民共和国专利法实施细则》第十七条规定了说明书的结构应当包括：技术领域、背景技术、发明内容、附图说明、具体实施方式。

《专利审查指南》第二部分第二章除指出说明书应撰写的内容外，还特别提出“发明或者实用新型的说明书应当按照上述方式和顺序撰写，并在每一部分前面写明标题，除非其发明或者实用新型的性质用其他方式或者顺序撰写能够节约说明书的篇幅并使他人能够准确理解其发明或者实用新型”。

综上所述，专利文献译语篇章中标题的翻译明显违背了传统翻译研究中的“对等”原则，译者在翻译时并没有完全拘泥于源语篇章，而是通过对等翻译、改译、增译等方式使译语篇章中的目的语标题在形式和内容上趋于一致，并趋从或甚至夸大目的语的文化规范，这样不仅使得专利文献译语篇章的宏观结构外显，而且也更容易为译语篇章接受者所理解和接受。总的来说，专利文献标题的翻译呈现“规范化”的特征。

4.4 本章小结

本研究在篇章语用学框架下完成，因此篇章是实证研究的出发点和落脚点。篇章固然是一个整体，但同时也是多层次（多等级）、多分支的结构体，所以本研究从不同层次探讨专利文献篇章翻译的规律性特征。

首先，从专利文献源语文本的主题词出发，考察了几个专利文献主题词的目的语对应词，进而发现主题词的源语词和目的语对应词之间基本上形成了三种对应关系：一对一、多对一和一对多。特别是在一对多的关系中，总有一个目的语对应词的使用频次明显多于其他目的语词，即主题词的目的语对应词趋同。同时，最终趋同使用的目的语词大多能在本研究类比语料库中检索到，并且它们在原创文本中相近位置高频次出现。这就表明，专利文献的译语篇章在为主题词源语词选择和确定目的语对应词时消除了源语词表达的多样性，趋从目的语的语言和文化传统规范，因此呈现“规范化”特征。

其次，句法层面的考察将专利文献源语文本中高频出现的结果从句和被动结构作为考察项，这部分的实证研究仍然从源语文本出发。

（1）“so…，dass”等形式的结果从句在专利文献译语文本中共有五种对应结构，其中最主要的对应结构是“如此……以致（至）”及类似的“前后对应”式结构，然而在汉语表达中其实没有专门且固定的结构与之对应，表示结果关系的典型汉语结构与“so…，dass”等在意义上有所区别。此外，尽管“前后对应”结构在专利文献的汉语翻译文本中占绝对最大比例，但专利文献汉语原创文本中与“so…，dass”等相近的“前后对应”却少之又少。这些都表明，对于“so…，dass”这一德语特有而汉语欠缺的句法结构，译语篇章通常将逻辑关系外显，这样译语篇章就在源语的干预下明显偏离了目的语语言的一般模式，即呈现“源语透过效应”。

（2）专利文献源语文本中有标记被动使用很多，过程被动态使用稍多于状态被动态。虽然有标记被动在译语文本中共有六种对应结构，但源语文本中的被动结构在绝大多数情况下并未被相应地译为译语文本中的有标记被动，目的语对应语句中比例最大的是无主语主动句。另外，通过比较专利文献汉语翻译文本和原创文本的有标记被动句，特别是“被字句”的标准化频次可知，原创文本中的被动结构少于翻译文本，“被字句”表现更加明显。这一情况再次证实，即便在专利文献这一特定的篇章类别中，虽然德语常用被动结构，特别是有标记被动，源语对译语篇章必定产生一定干扰，但由于汉语的常规是强调施事，少用被动，因此专利文献的译语篇章在处理源语篇章的被动结构时仍然尽量趋从目的语既有规范，以提高译语篇章的可接受性。目的语既有规范既包括显性的目的语语言规范，又包括隐性的目的语文化规范。译语篇章的这种趋势也常被称作“规范化”。

最后，将标题作为篇章结构层面实证研究的切入点，但这部分实证研究不只围绕标题的翻译。基于本研究平行语料库的实证分析结果显示，源语标题与目的语标题形成一对一或多对一的关系，即不论源语文本的标题（包括子标题）情况如何，译者通过对等翻译、增译或改译的方式使所有译语文本的标题（包括子标题）统一。此外，还通过对本研究平行语料库进行检索和观察，特别是对标题所处交际场景进行观察和分析，获得专利文献篇章（包括源语篇章和译语篇章）的宏观语用结构，并进而发现专利文献的目的语标题趋从或夸大目的语文化规范，这样不仅使得专利文献译语篇章的宏观结构外显，而且也更容易为译语篇章接受者理解和接受。总的来说，专利文献标题的翻译呈现“规范化”的特征。

综上，实证研究采取了双语平行语料库与单语类比相结合的对比模式，结合了量性和质性研究方法，并且在描写与解释相结合的原则指导下完成实证分析。译者在为主题词选定目的语对应词、处理被动结构和翻译篇章标题时趋从甚至夸大目的语的语言或文化规范，呈现“规范化”特征；然而，译者在翻译处理源语语言特有而目的语语言中欠缺的结果从句时，因源语的干扰偏离了目的语语言的一般模式，这就是“源语透过效应”。

那么“规范化”和“源语透过效应”能否被视作专利文献德汉翻译的翻译共性？它们彼此是否矛盾？产生的原因是什么？如果它们能够被视作专利文献德汉翻译的翻译共性，那么基于这两个翻译共性能够提出哪些宏观层面的专利文献翻译策略的建议呢？这些问题都留待后文解答。

5 关于专利文献的翻译共性的探讨

前文已基于专利文献德汉单向平行语料库，并参考专利文献汉语类比语料库，在篇章语用学框架内，分别从词汇、句法和篇章结构层面开展了实证研究。在这一过程中，专利文献德汉翻译不仅表现出“规范化”特征，而且体现了“源语透过效应”。那么“规范化”和“源语透过效应”都是专利文献德汉翻译的翻译共性吗？它们彼此之间是否矛盾？本章将首先回答以上问题。

发现和描述翻译现象并非本研究的最终目标，揭示专利文献的翻译共性也并非本研究的终点。除发现翻译共性外，本研究所承担的另一个使命是从篇章语用学视角，基于本研究构建的“翻译过程中的人←世界→篇章的三元关系”模型阐释翻译共性的成因。因此，本章还将结合这一模型，分别从世界、篇章和人的角度探索它们的成因。

综上所述，本章是基于语料库的实证研究的延展和深化，在理论层面上进一步探讨专利文献德汉翻译的翻译共性，因而也是专利文献德汉翻译研究的重要组成部分。

5.1 专利文献德汉翻译的翻译共性

如前文所述，本研究所依据的“翻译共性”是源语型共性，即译语文本与源语文本相比呈现出的典型的、跨语言的、抽象的和有一定共性的特征，但它并非仅通过语料库的数据获得，而是应该在量性和质性研究相结合的基础上抽象而得。该定义还需要结合具体的研究对象，因此本研究的“翻译共性”具体指的是针对专利文献这一特定篇章类别的、德汉这一特定语言对之间的、单向的源语型翻译共性。

5.1.1 规范化

在语料库翻译学中，“规范化”是英语词“normalization”的汉译，它也称范化、保守化、常规化等。这一概念已得到国内外语料库翻译学研究者的广泛认同。本研究基于自建语料库，自下而上地从语料入手，通过不同层面的归纳和分析得出专利文献译语文本的规律性特征。专利文献译语文本所呈现的一类特征与“规范化”翻译共性的意义相符，因此本研究确定使用“规范化”这一概念。“规范化”作为翻译共性可被定义为“译者在翻译过程中存在遵从甚至夸大目的语典型特征和做法的趋势”（Baker, 1996）。该定义指出：第一，翻译文本（或译语文本）的规范化趋势以目的语语言文化规范为参照系；第二，译者在翻译过程中不仅遵从目的语的典型特征，甚至可能夸大这些特征。“规范化”这一概念与术语的标准化（[德] Standardisierung）意义接近，但并不完全相同。术语标准化或专业语言标准化是为了实现专业领域中最优化、最经济的交流而将概念统一命名（朱建华、李佳，2010）。两个概念的研究领域、研究对象和强调重点不同。“规范化”是语料库翻译学中的一种翻译共性，它关注翻译文本的语言特征并揭示翻译的本质，强调目的语的语言文化规范的重要性；术语标准化是术语研究或专用语研究中的重要概念，它并不局限于翻译研究或者语言学研究，而是可能与各个专用领域交叉；更为重要的是，术语标准化突出的是术语自身的特征，但并不区分源语中的术语和目的语中的术语。因此本书倾向使用“规范化”概念并将其作为专利文献德汉翻译的翻译共性之一，“规范化”对应的德语词是“Normeinhaltung”。

在本研究所探讨的专利文献德汉翻译中，专利文献的译语文本在多个方面呈现“规范化”翻译共性。

首先，专利文献源语文本中的主题词是跨技术领域的，是所有专利文献源语文本共有的典型词汇。尽管主题词的源语词表述可能不一，但它们的目的语对应词往往一致，或者尽管有时主题词的源语词有多个目的语对应词，然而总有一个目的语对应词的使用频次明显多于其他。最终趋同使用的目的语词都高频出现在类比语料库的原创子库中，并且是在与平行语料库文本相同或相近的位置。另外，其中一些源语词和目的语词的对应关系在德中两国的专利法中有据可查。这些都说明，专利文献的译语文本在为主题词源语词确定目的语对应词时趋从目的语的语言和文化传统规范，特别是文化传统规范，这是因为译者在翻译时如果倾向于采用“安全”的做法，使用目的语中的典型表述，而非创新词汇，那么译语篇章就更容易为译语篇章接受者所理解和接受。

其次，被动结构，尤其是有标记被动是专利文献源语文本中的惯用句法结构。然而它在译语文本中并未被相应地翻成汉语的有标记被动，而是在大多数情况下被翻成无主语主动句、无标记被动句等。检索专利文献汉语类比语料库的结果显示，专利文献译语文本中的有标记被动多于汉语原创文本，“被”作为最典型的被动标记表现更加突出。由此可见，汉语的常规表达是少用“被”字，因此专利文献的译者在翻译源语文本中的被动结构时，大多趋从目的语的既有规范，没有将其翻译成被动句或“被字句”，而是翻译成无主语主动句。目的语既有规范不仅包括“目的语语言规范”，而且包括“目的语文化规范”，毕竟语言与文化历来关系紧密，汉语相较于德语少用被动有其深层次的文化原因。因此专利文献德语被动结构的汉译处理方式也是趋从目的语文化规范。

最后，译者在翻译专利文献的标题时不仅遵从目的语文本的文化规范，甚至通过增译、改译等方式夸大目的语的文化规范。这样一方面使得专利文献译语文本的宏观结构外显，从而更易被译语篇章接受者阅读、理解和认可；另一方面也符合中国相关的专利法律规定，从而避免了多余的法律程序，可以更顺利地被授予专利权。

在本研究中，专利文献德汉翻译在以上几个方面呈现“规范化”特征，而“规范化”实际上是翻译文本固有的特征，毕竟翻译文本的语言载体是目的语，因此翻译文本以目的语为语言载体这一属性，决定了翻译文本中规范化趋势的存在（胡开宝，2011）。“规范化”揭示了专利文献德汉翻译的本质，应被视作专利文献德汉翻译的翻译共性。

5.1.2 源语透过效应

“源语透过效应”是与“规范化”意义相反的另一翻译共性,[1] 侧重强调源语对译文产生的影响。类似的语言学术语很多，例如“语言污染”“语言干涉”“代码转换”“语言杂糅”“语言介入”“语言渗透”“翻译腔”等（戴光荣，2013a），但这些术语在意义上有所区别，有些还带有一定的感情色彩。相对而言，“源语透过效应”更加中性，是客观看待源语对于翻译的影响的表达。具体来说，“源语透过效应”是指翻译文本中某一特定的语言现象被直接转移到目的语文本中。这种现象的发生，可能是由于源语中的词、短语、习语、隐喻、术语或句法结构被直译到译文中。在国内外英语界，“源语透过效应”作为翻译共性被关注的时间并不长，但它的意义和使用已得到语料库翻译学研究者的认可。本研究仍然沿用“源语透过效应”这一概念，它对应的德语词可以是“Durchstrahlungseffekt”。[2]

在专利文献德汉平行语料库中，“so…, dass”等结果从句的翻译体现了“源语透过效应”。德语作为形合语言的一种，多用连接词构成连贯的篇章，其中包括并列连词和主从复合句连词；而汉语作为意合语言，篇章的衔接手段与之不同，大多少用或不用连接词。在德汉语言差异的背景下，对于一些汉语中原本不存在的语言现象，特别是衔接手段，译者经常采取整体或部分地直接转移或者借用源语中句法结构的翻译处理方式，这种“模仿式”的翻译方法可以尽可能确保译文在意义上不偏离原文。例如，“so…, dass”等形式的结果从句在本研究平行语料库中共有五种对应结构，其中最主要的对应结构是“如此……以致（至）”及类似的“前后对应”式结构。然而，一方面汉语表达中完全没有专门且固定的结构与之对应，表示结果关系的典型汉语结构也与“so…, dass”等在意义上有所

---

[1] “源语透过效应”源于英语词“Source Language Shining-through Effect”，国内也有学者将其翻译为“源语透射效应”。

[2] 本研究在此为“源语透过效应”确定的德语词是“Durchstrahlungseffekt”，当然还可译作“Durchdringungseffekt”。

区别；另一方面，专利文献汉语原创文本中与“so…，dass”等相近的“前后对应”形式也很少。这意味着，源语句法结构“so…，dass”等明显干预了译者的翻译表达。译者处理目的语中原本没有的句法结构时，为避免意义错误，借鉴了源语的句法结构，从而使译语文本明显偏离了目的语语言的一般模式，但客观来看，这种源语影响下的表达方式并不影响译语篇章接受者的理解和接受，反而更加准确地表现出了源语篇章所要表达的内容。伴随着语言的发展，“如此……以致（至）”这样的“前后对应”式因果表达会越来越为目的语的使用者所接受，甚至可能进一步融入目的语中。

在本研究中，“so…，dass”等形式的结果从句的翻译体现了源语对译者翻译选择的客观影响，并进而反映在译语文本中，即专利文献的译语文本表现出“源语透过效应”。源语的干涉是任何翻译都具有的本质属性，因此“源语透过效应”也是一种揭示专利文献德汉翻译本质的翻译共性。

5.1.3 “规范化”和“源语透过效应”的关系

“规范化”和“源语透过效应”都能够揭示专利文献德汉翻译的本质，是一对看似矛盾却又共存的翻译共性。

任何人都不能武断地判定，某一篇章类别的翻译在任何层面、任何角度、任何语言对上都呈现出唯一的翻译共性，因为翻译“很可能是整个宇宙进化过程中所产生的最复杂的一项活动”（卞建华，2008），它不仅是单纯的语言代码之间的转换，而且是一项复杂的跨文化交际活动，它涉及方方面面，必然受到源语和目的语两种语言及文化等因素的影响或限定。因此只能说，专利文献的翻译在某个方面、某个角度受到某个因素的影响更为明显，这也是“规范化”和“源语透过效应”这两种明显对立的翻译共性在专利文献德汉翻译中共存的原因。

任何译语篇章都是源语语言、文化和目的语语言、文化相互作用的产物。胡开宝（2011）指出，如果目的语语言、文化的影响大于源语，则译语篇章总体上表现的规范化趋势就更加突出；反之，译语篇章总体上表现的规范化趋势就不太显著。但规范化始终是译语篇章固有的特征，译语篇章总会在不同程度上表现出规范化的趋势；反之，源语语言、文化的影响也是始终存在，只是表现强弱有所区别。

在本研究中，专利文献的译语篇章更多时候是以目的语语言、文化为导向，趋从目的语的语言和文化传统规范，而当目的语中缺少与源语对应的语法结构时，目的语就以源语为蓝本，借鉴源语表达，使译语篇章的表达更贴近源语的含义。不过综合来看，对于专利文献德汉翻译而言，源语对译语篇章的影响远没有目的语大，即“规范化”特征表现强于“源语透过效应”。

翻译本身是一个矛盾的过程，在译语篇章中，源语和目的语相互角力，谁胜谁负取决于多种因素，例如译者、语言、文化、篇章类别等。但不可否认，这两种相互矛盾的倾向“此起彼伏”地共存提供给翻译研究更大的空间，而描述这一现象的具体特征或许能向揭示翻译这一跨语际行为的本质及其特殊的思维方式迈出重要的一步。

5.2 专利文献翻译共性的成因探析

篇章语用学视角下的“翻译”是一种动态的、有目的的、跨文化的人类交际活动。基于这一定义，本书构建了“翻译过程中的人←世界→篇章的三元关系”模型。这一模型不仅贯穿于实证研究的始终，而且是揭示专利文献翻译共性成因的依据。

5.2.1 翻译过程中的人←世界→篇章的三元关系

图5－1所示为“翻译过程中的人←世界→篇章的三元关系”模型，该模型是基于钱敏汝提出的“以世界为中心的人←世界→篇章的三元关系”模型以及Nord提出的“翻译过程”模型创建的，模型中各符号的意义已在本书2.1.4小节中有所介绍。以下具体结合专利文献的德汉翻译解释该模型。

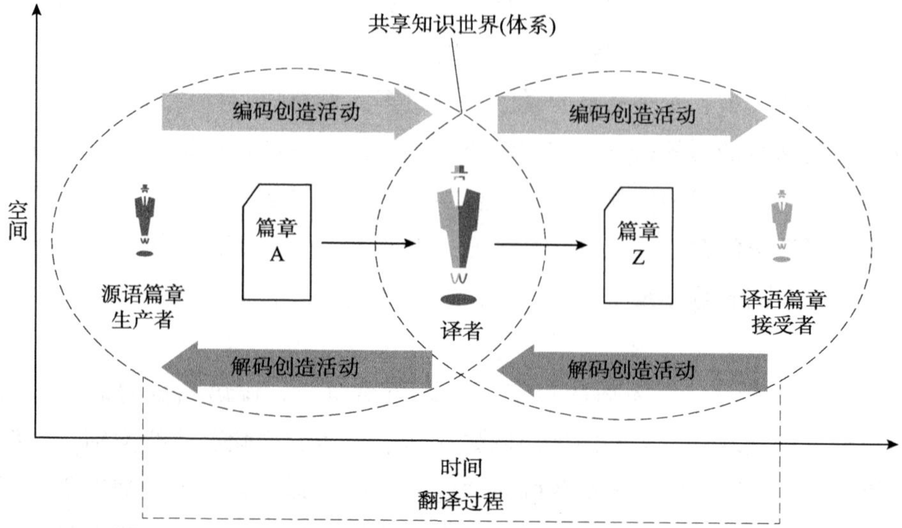

图 5-1 “翻译过程中的人←世界→篇章的三元关系”模型

这个模型与“以世界为中心的人←世界→篇章的三元关系”模型的相同之处在于其中的“世界”提供了时间和空间两个维度，“世界”不再是互动关系的中心，而是背景，是人类一切活动的背景，包括翻译活动。除了为“人”和“篇章”提供时间和空间两个维度外，这里的“世界”包罗万象，不仅分为客观世界/现实世界和精神世界/思想世界，还包括语言世界，即所有可能对翻译产生影响的要素，例如共享场景、知识体系、文化意识等。

这一模型与“以世界为中心的人←世界→篇章的三元关系”模型又有所不同。首先，翻译过程关联两个篇章，既包括篇章 A，即源语篇章，在本研究中指已被翻译的专利文献的德语篇章，又包括篇章 Z，即译语篇章，在本研究中指已翻译完成的专利文献汉语篇章。本书所介绍的翻译研究是在双语单向平行语料库的支持下开展的，它是不同于传统翻译研究的一种新的翻译研究范式，源语篇章和译语篇章被置于同等重要的地位，而这一模型恰好突出了源语篇章和译语篇章在翻译过程中相同的重要性；此外，翻译活动不同于一般的篇章生产和篇章理解活动，它涉及三个人——源语篇章生产者、译者和译语篇章接受者。源语篇章生产者在本研究中指德语专利文献的撰写者，可能是专利申请人或其代理人，因而源语篇章生产者最重要的意图是说服专利审查员给予该专利申请法律保护，此外还有公开专利申请文件等辅助意图。译者在本研究中指专利文献的译者，其集源语篇章接受者和译语篇章生产者两个身份于一身，是翻译这一交际过程的核心人物，统领着整个翻译过程。译语篇章接受者在本研究中指中国国家知识产权局的专利审查员或将专利文献作为技术情报的社会公众，不同的译语篇章接受者与译语篇章形成不同的相互作用。另外，翻译过程不仅是编码创造活动和解码创造活动的结合，而且是双重的编码和解码创造活动，这是因为源语篇章和译语篇章分别是语言符号的编码和解码活动。译者作为源语篇章接受者与源语篇章之间是相互作用的，形成编码创造活动和解码创造活动，即源语篇章是翻译的基础，是译者进行翻译活动时必须依据的信息。然而译者也不能仅仅依赖源语篇章提供的信息，更需要在充分认识交际、认知、场景、文化背景和社会关系等影响因素的基础上激活已有知识理解源语篇章。在本研究中，译者在理解专利文献的德语原文前有必要充分了解专利文献源语背景下的相关知识和文化，例如德国专利领域的法律法规、德语专利文献的撰写方式、德语的语言、文化和思维等。这些既是译者所主导的翻译过程的背景，又是译者已储备的知识。这个篇章理解的过程是下一步——译语篇章生产的前提。此时，译者作为译语篇章生产者和译语篇章之间再次形成了编码创造活动和解码创造活动。一个合格的译者在进行翻译活动前应了解目的语背景下的交际、认知、场景、文化和社会关系等翻译影响因素，除源语背景下的相关知识和文化，还应具备目的语背景下的相关知识和文化，例如中国专利领域的法律法规、汉语专利文献的撰写方式、汉语的语言、文化和思维等。在译者和译语篇章之间的互动关系中，译者激活已有知识，特别是已经存储的专利文献这种篇章类别的程式化表达，例如最具典型特点的词汇单位和句法结构。这些知识都可能帮助译语篇章生产者——译者快速、准确地完成译语篇章的构建。当然，上述设想都是理想状态。在实际的翻译过程中，即便是在类似度极高的场景条件下，面对同一个源语篇章，译者的个体差异都可能导致其对源语篇章的理解不同，因此生产出的译语篇章不同。这也就解释了为何同是专利文献，但产出的译语篇章虽有相同之处，但又不会完全相同。以上都说明，在整个翻译过程中，译者的主体性不可忽视。

这个模型与Nord提出的“翻译过程”模型也不相同。在这个模型中，翻译作为交际过程开始于源语篇章生产者，终结于译语篇章接受者。虽然译者翻译时面对的是源语篇章，但在实际的翻译过程中，为确保达到所谓的“忠实”或“对等”，译者有必要依据源语篇章推测源语篇章生产者的意图，这样才能更好地从事翻译活动。特别是专利文献的译者在翻译时必须推测源语专利文献撰写者的意图，尽量满足他的申请需求并尽可能扩大保护范围，从而使其获得更多的法律权限。

在本书所创建的“翻译过程中的人←世界→篇章的三元关系”模型中，翻译过程中的世界、篇章和人应做如下理解。

首先，翻译过程中的“世界”是包罗万象的，它指所有可能对翻译，特别是专利文献翻译产生影响的要素。

其次，翻译过程中的“篇章”包括篇章A和篇章Z，即源语篇章和译语篇章都应被考虑在内。

最后，翻译过程中的“人”包括源语篇章生产者、译者和译语篇章接受者，其中译者是翻译交际过程的核心人物，统领着整个翻译过程。考虑到本书篇幅的限制以及译者在翻译交际过程中的作用，下文将主要阐释译者与专利文献翻译共性的联系。

综上所述，在本研究所构建的“翻译过程中的人←世界→篇章的三元关系”模型中，翻译作为动态的、有目的的、跨文化的人类交际活动，与世界、篇章和人都有联系，其中译者是翻译过程的核心。换言之，篇章与人和世界的互动关系影响到翻译的全过程，体现在翻译过程和翻译结果上，因此有必要从这个角度来诠释翻译共性产生的原因。本书依次从世界、篇章和人的角度分析专利文献翻译共性的成因。

5.2.2 世界

在“翻译过程中的人←世界→篇章的三元关系”模型中，“世界”是一个大概念，构成了翻译活动的背景，它包括目的语“世界”和源语“世界”，特别是两个“世界”的交叉部分对译者影响更大。如图5-1所示，译者恰好处于两个世界交叉的位置。

“世界”是一个很难界定的概念，包含的内容很多，下文仅通过它的几个下位概念分析专利文献德汉翻译的翻译共性成因。

第一是“法律法规”。作为具有法律效力的篇章，专利文献的翻译过程明显受制于源语和目的语世界专利领域的法律法规，其中目的语法律法规起到的作用更为关键。最为典型的是目的语的相关法律法规对体现篇章宏观结构的标题有明确规定。《中华人民共和国专利法实施细则》第十七条规定了说明书的结构应当包括：技术领域、背景技术、发明内容、附图说明、具体实施方式。

《专利审查指南》第二部分第二章再次指出，说明书应当包括上述组成部分并详细说明了每部分需要撰写的内容，还特别提出“发明或者实用新型的说明书应当按照上述方式和顺序撰写，并在每一部分前面写明标题，除非其发明或者实用新型的性质用其他方式或者顺序撰写能够节约说明书的篇幅并使他人能够准确理解其发明或者实用新型。”这也就解释了为何在源语篇章缺少标题或子标题的情况下，译语篇章仍然无一例外地补全了所有标题和子标题。

译语篇章在为主题词的源语词选择和确定目的语对应词时也是如此。例如德国《专利管理条例》第 9 条规定了“权利要求应该以整体的或者通过前序部分和特征部分（两部分）的形式对请求得到专利保护的范围给予说明”,❶“如果以两段式说明权利要求，前序部分应包括现有技术已知的本发明的特征；特征部分使用‘dadurch gekennzeichnet, dass’或‘gekennzeichnet durch’或类似的用语写明该发明区别于前序部分的现有技术的技术特征”。❷ 针对“dadurch gekennzeichnet, dass”或“gekennzeichnet

---

❶ 参见 *Patentverordnung* §9（1）。原文如下：In den Patentansprüchen kann das, was als patentfähig unter Schutz gestellt werden soll（§34 ABS3 Nr. 3 des Patentgesetzes）, einteilig oder nach Oberbegriff und kennzeichnendem Teil geteilt（zweiteilig）gefasst sein. In beiden Fällen kann die Fassung nach Merkmalen gegliedert sein.

❷ 参见 *Patentverordnung* §9（2）。原文如下：Wird die zweiteilige Anspruchsfassung gewählt, sind in den Oberbegriff die durch den Stand der Technik bekannten Merkmale der Erfindung aufzunehmen; in den kennzeichnenden Teil sind die Merkmale der Erfindung aufzunehmen, für die in Verbindung mit den Merkmalen des Oberbegriffs Schutz begehrt wird. Der kennzeichnende Teil ist mit den Worten„ dadurch gekennzeichnet, dass “oder„ gekennzeichnet durch “oder einer sinngemäßen Wendung einzuleiten.

durch”这样的源语词，译语篇章依照《中华人民共和国专利法实施细则》第二十一条的相关规定，在权利要求的特征部分使用“其特征是……”或者类似的用语，写明发明或者实用新型区别于最接近的现有技术的技术特征，确定了“其特征是……”是适当的目的语对应词。根据本研究的统计数据，本研究平行语料库中几乎所有目的语文本都为源语词“dadurch gekennzeichnet，dass”或“gekennzeichnet durch”选择了“其特征在于”的译法。这一实例表明，目的语的相关法律法规是专利文献德汉翻译的译语篇章需要遵循的第一标准。本研究中的“法律法规”主要包括德国的《专利法》《专利管理条例》和《中华人民共和国专利法》《中华人民共和国专利法实施细则》《专利审查指南》。

第二是“文化知识”。此处指与专利或专利文献相关的文化知识，但不包括法律法规，也不具备法律法规的强制性效力。一般来说，译语篇章接受者，即专利文献译文的读者所熟知的文化知识是专利文献的译语篇章所应遵循的文化知识。只有遵循这些文化知识，译语篇章接受者才更容易接受这些译语篇章。以专利文献的德汉翻译为例，中国国家知识产权局的专利审查员或将专利文献作为技术情报的社会公众是译语篇章接受者。当译语篇章接受者是审查员时，译语篇章一旦不为读者接受，该专利申请轻则需要重复修改补救，重则影响最终的审查结果，此时一些特别关系到审查过程的内容翻译至关重要。当译语篇章接受者是将专利文献作为技术情报的社会公众时，译语篇章必须关注目的语读者的接受和理解能力，只有被充分理解，该专利文献源语篇章所公开的技术方案才能为本领域技术人员所理解和实施。在本研究中，主题词的目的语对应词大多是符合目的语文化知识的，例如在本研究平行语料库中出现的所有“Ausfuehrungsbeispiel”对应的目的语词都是“实施例”，而“实施例”是目的语篇章的表达。

第三是“思维方式”。思维方式又和语言联系紧密。Humboldt（1985）如此说明思维和语言的关系，即“语言是思想的塑造机构。纯粹精神的、完全内在的和在一定程度上不留痕迹等瞬息即逝的理性活动通过言语中的声音转向外部并能被知觉接受”。在他看来，思维和语言是不可分割的整体，思维只有借助语言才成为可能，不同民族之间语言的差异也反映了不同思维体系的差异（葛囡囡，2014）。按照“规范化”的意义，译语篇章为了更容易为译语篇章接受者理解和接受而在确定某些目的语词或目的语句法结构时倾向于遵循目的语语言规范，然而从更深层次分析，译语篇章其实遵循的是目的语文化规范，因为语言的差异体现的是文化的差异。例如在本研究中，大多数的源语被动结构在翻译文本中未被处理为目的语被动结构，这是因为汉语的常规是倾向于少用被动结构，而德汉两种语言在被动表达上的差异却是由两国的历史背景、宗教信仰、文化价值观、思维方式以及生活习惯不同所产生的文化差异造成的（孟向阳，2015）。又如本研究中关于“so…，dass”等形式的结果从句的德汉翻译研究结果表明，译语篇章在处理一些目的语语言中原本不存在的语言现象时，可能整体或部分地将源语的句法结构直接转移到目的语中。重视衔接手段的德语是形合语言，而少用连接词的汉语是意合语言，两种语言在衔接手段上的差异本质上源于两种思维方式的差异。

5.2.3 篇章

“篇章”是本书的研究对象。具体来说，这里的“篇章”包括专利文献源语篇章和专利文献译语篇章，在此首先不区分源语篇章和译语篇章，而是将专利文献作为单独的专用篇章类别（［德］Fachtextsorte）理解和阐释。

专用语的研究对象是在科学技术等各专业各层次交际范围内用于专业交往的亚层次语言（［德］Subsprache）。随着篇章语言学的发展，专用语的研究范围也不再局限于术语或者专用词汇，而是将专用篇章纳入研究范畴。事实上，专用篇章是专业语言研究的具体实体材料（［德］Gegen-stand）（钱敏汝、梁镛，1990；朱建华，1991）。按照Hoffmann（1985）的观点，专用篇章研究可从两个方面展开，包括对专用篇章结构总体和交际功能总体两个方面的研究：前者是尽可能从不同层次，由大到小、自下而上地对专用篇章进行系统的累积分析（［德］Kumunative Analyse），其中包括篇章宏观结构、连贯、句法、词汇、语法范畴和其他符号的应用；后者是将专用篇章视为功能总体（［德］funktionale Ganzheit），从交际语用方面对专用篇章进行观察和分析。本研究认为，尽管前一个研究角度属于篇章语法学和篇章语义学范畴，后一个研究角度隶属于篇章语用学，它们分别对篇章内部和篇章外部因素进行分析和考量，但两个研究角度相辅相成，专用篇章的结构总体是其作为交际功能总体的具体呈现，而专用篇章作为交际功能总体决定了该专用篇章在宏观结构、句法等方面可能具有某些固定的模式。例如，专用篇章基于其交际功能在句法语体功能方面常常具有匿名化、语言经济等特点，而这在德语专利文献中就表现为多用被动态。专用语言的基本功能和由交际目的所决定的专用篇章功能是决定专用篇章基本类别和根据专用篇章类别划分的具体语言表现形式（[德] Textdeklaration）的关键因素（朱建华，1991）。总之，专用篇章功能、专用篇章类别、专用篇章的具体语言表现形式是内在相关的。

专利文献是一种独立的专用篇章类别，它在本研究中被限定为由说明书、权利要求书和说明书摘要三个部分组成，因此应该分别从它的各个组成部分出发分析和阐释专利文献的专用篇章类别以及专用篇章功能。本研究在此依据 Möhn 和 Pelka 对于专用篇章类别的划分，即专用篇章根据其交际目的所决定的专用篇章功能而被划分为“提供信息型”（[德] informativ）、“启示型”（[德] instruktiv）和“指令型”（[德] direktiv）三种类别（朱建华，1991）。首先，权利要求书是具有法律效力的部分，决定了专利申请的保护范围，这也是法院在处理侵权案件时，判断是否侵权的法律依据。例如德国《专利法》第 14 条规定了“专利申请和专利的保护范围以专利的权利要求为准，说明书和附图可以用来解释专利权的要求”。[1]《中华人民共和国专利法》第二十六条第四款对权利要求规定如下：“权利要求书应当以说明书为依据，清楚、简要地限定要求专利保护的范围。”权利要求书所承担的法律职能是专利文献的首要功能。由此可见，专利文献的撰写者——大多是申请人或者申请人的代理人期待通过篇章实现的首要功能就是通过专利文献获取和维护专利法所赋予的法律权利，因此撰写

[1] 参见 *Patentgesetz* § 14。原文如下：Der Schutzbereich des Patents und der Patentanmeldung wird durch die Patentansprüche bestimmt. Die Beschreibung und die Zeichnungen sind jedoch zur Auslegung der Patentansprüche heranzuziehen.

专利篇章的策略是尽可能按照专利局的要求公开其发明，这样对于申请人而言，可以最大限度地保护自己的法律权利，也就是既要向专利审查员证实该文献所论述的发明或实用新型与现有技术相比具有新颖性、创造性和实用性，从而促使专利审查员为其授予专利权，又要通过公开其专利来保护专利权，防止被他人侵权。译者在翻译委托方的要求时同样受上述情况的限定。专利文献由此是启示型的专用篇章，特别是基于权利要求书的法律意义，专利文献也算作法律文献。其次，说明书是权利要求书的依据和来源，是对权利要求的全面阐释和解读。例如德国《专利法》第 14 条规定“说明书和附图用来解释专利权的要求”。[1]《中华人民共和国专利法》第二十六条第三款指出：“说明书应当对发明或者实用新型作出清楚、完整的说明，以所属技术领域的技术人员能够实现为准；必要的时候，应当有附图。摘要应当简要说明发明或者实用新型的技术要点。”因此专利文献中的说明书的撰写要求是要准确地表述发明或者实用新型的技术内容，以保证本领域技术人员正确理解该发明或实用新型。说明书的撰写者在撰写说明书时应考虑这一要求，翻译委托方也对译者提出相同要求。从这个角度出发，专利文献属于提供信息型的专用篇章。最后，说明书摘要是说明书记载内容的概述和浓缩，它仅是一种技术信息，不具有法律效力，也是提供信息型的专用篇章。虽然专利文献各组成部分所承担的主要功能有所差异，但专利文献实际上是一个整体，因此分析专利文献的篇章功能时，不应割裂各组成部分之间的联系。总的来说，专利文献作为一个整体，所承担的最主要功能是劝说专利审查员授予该发明或实用新型专利权。虽然它还有提供信息的功能，但从整体上看仍然属于启示型篇章。虽然本研究关于专用篇章功能和专用篇章类别的分析开始于源语篇章，但按照 Krause（2000）提出的翻译互文性（[德] translatorische Intertextualität），源语篇章被译作译语篇章时，源语篇章的篇章功能和类别也随之转移到译语篇章上，即在专利文献从德语原文被译作汉语译文的过程中，专利文献的篇章功能和篇章类别没有改变。因此专利文献的译语篇章作为与源语篇章相同的专用篇章类别，仍然执行相同的专

[1] 参见 *Patentgesetz* § 14。原文如下：Die Beschreibung und die Zeichnungen sind jedoch zur Auslegung der Patentansprüche heranzuziehen.

用篇章功能，只是在目的语的框架内完成。

如上文所述，专利文献作为特定的专用篇章类别，它的交际功能决定了它的结构总体，这其中可能包括篇章宏观结构、连贯、句法、词汇、语法范畴和其他符号的应用。这也就意味着，专利文献的译者在生产译语篇章时没有充分的自由来选择和议定篇章的措辞，大多需要遵守特定的语义、语法规则以及相同篇章结构框架中的某些措辞范式，特别是选用程式化表达，译者面对主题词（或者术语）时，往往采用规范化的翻译策略。从总体上看，在翻译过程中，译者具体的参照系是目的语原创文本，或者说目的语的语言和文化传统规范。这也解释了为什么专利文献德汉翻译呈现“规范性”翻译共性。

另外，作为特定功能与文化的载体，源语篇章集合了众多的篇章构成方法。但一些对于源语接受者而言看似约定俗成或者不经意的表达技巧，对于译者来说可能是很大的挑战（戴光荣，2013a）。“源语透过效应”可能表现在语音、词汇、语法、标点符号等各个层面，例如本书所探讨的“so…，dass”等形式的结果从句的翻译就是语法层面的实际案例。然而，“源语透过效应”的产生更多是源自于源语语言、文化和目的语语言、文化之间的差别，很难从篇章的角度得到解释。

5.2.4 人

根据动态篇章观，篇章、世界都是动态的，翻译过程也是动态的。相对而言，翻译过程中的“人”，即译者才是整个动态的翻译过程中的决策者和主导者，是真正意义上的翻译主体。翻译过程中的“译者主体性”指的是作为翻译主体的译者，在尊重客观外部翻译要素（主要是源语作者、源语篇章、译语读者、两种社会语言文化等）和承认其自身主观认知状况制约的情况下，在整个翻译活动中所表现出来的主观能动性，主要体现为创造性（金胜昔、林正军，2016）；同时，译者主体性是能动性和受动性的矛盾统一体（Douglas，2001），即译者翻译过程中表现出来的创造性是能动性和受动性的辩证统一（金胜昔、林正军，2016）。译者主体性的受动性是指译者总是受到各种内外部要素的制约。因为源语作者、源语篇章的内容和形式、译语读者、源语和目的语的文化制约等构成了不以译者主观意志为转移的客观外部翻译环境。具体到本研究中，即在“翻译过程中的人←世界→篇章的三元关系”模型中，本研究所阐释的“篇章”和“世界”分别作为篇章内因素和篇章外因素，构成了客观的外部翻译环境，而这些因素在一定程度上或多或少地制约了译者主体性的发挥。除上述客观外部因素的影响外，译者在翻译过程中还受到其自身主观认知情况的制约。在篇章语用学的动态篇章观中，译者的已有知识——语言知识、百科知识和互动知识影响了译者对源语篇章的解构，进而关系到译者对译语篇章的建构，而这些主要体现在译者翻译时如何处理源语和目的语之间的关系以及目的语语言层面上的具体操作。译者主体性中的“主动性”是指译者在受到篇章内外因素、主客观因素限定的同时还发挥着主观能动性，即译者能够对源语篇章生产者的意图性和译语篇章接受者的认知需求进行判断和识别，并且在语言层面通过合理操作来构建译语篇章，完成翻译任务。然而翻译不是对源语信息的简单复制，更不是简单地将一种语言的信息和符号代码转换为另一种语言的信息和符号代码，翻译是译者对源语篇章所进行的一种“创造性模仿”（钱敏汝，2001）。“创造性”是说译者充分发挥其主观能动性，在词、句、篇章等各个层面上对译语篇章进行合理改造，在源语和目的语之间权衡和选择；“模仿”则是说译者不能无视源语篇章作者的意图性，不能完全脱离源语篇章。但究竟是“创造性”占上风还是“模仿”占主导，译语篇章究竟应是趋从于目的语的语言文化规范还是尽可能模仿源语的语言和文化，最终还是由译者做出决断。不过译者应有所为、有所不为，因为翻译过程中，译者的受动性总是制约着译者的能动性，这就要求译者在建构主体性时承认受动性，在受动性的范围内最大限度地发挥主观能动性，变被动为主动，以便最终构建起译语篇章。

由于本研究收集的翻译语料下载自中国国家知识产权局的官网，是已被公开和认可的翻译文本，因此这些翻译语料的译者[1]——这些译者可以

[1] 由于本研究平行语料库收集的语料的译者是匿名的，因此无法确定这100篇译语篇章的译者是谁，也无法确定译者的数量，毕竟可能存在某一个译语篇章由几个译者共同翻译完成或者本语料库中多个译语篇章是由同一个译者翻译完成的情况。但可以确定的是，本书所研究的译者不是代表某个人，而是专利文献译者整个群体。

代表大多数从事专利文献翻译的译者可被认定为专业的译者，或者说可被认定为专利领域的专家，而非普通的译员或仅仅精通两种语言的翻译从业人员。这些专利文献的译者不仅掌握源语和目的语的语言知识，更对专利文献的篇章内和篇章外影响因素、源语和目的语文化非常精通，因此译者有能力在承认译者受动性的同时正确理解源语篇章，充分发挥译者的主动性，通过增译、删译或改译等具体的翻译方式生产译语篇章，使其符合目的语文化背景下的专利申请或公开的要求。另外，目前还没有任何专利词典或者翻译规范明确给出专利文献德汉翻译各层面、各部分的对应情况，特别是由于德汉两种语言及其背后文化的差异，专利术语并不一定全都具有一对一的目的语对应词。包括专利领域在内的任何一个专业领域，其专用语的第一个特点就是具有一个较大范围的、部分已术语标准化的词汇系统以及一套相应的区别性很强的构词法规则（布斯曼，1990，2003）。换言之，这个存在于专业人士头脑之中的词汇系统是专利领域主要的信息载体。与此同时，专利专用语作为一类专用语在句法和篇章层面上还具有其他特征，例如文章结构和语义连贯都有明显的标志等。这些信息也应是专利领域从业人员已知的或者在专利领域从业人员之间约定俗成的知识。因此，在翻译专利文献时，译者首先激活其头脑中相关的词汇系统和其他相关信息，同时受到这种约定俗成性的影响，趋从甚至夸大目的语的语言、文化传统，而译语篇章也就呈现“规范化”特征。

然而，作为翻译过程中的“人”，专利文献的译者也可能有认知的局限性，因而自由、灵活处理特定语言现象的能力也会受到一定程度的限制。特别是当这些译者遇到源语篇章中难以处理的语言现象时，出于规避困难的考虑，会下意识地以源语的语言文化为导向，尽可能保留源语篇章的词汇或句法结构等，对其不做较大的改动。此时，源语对于译者和译语篇章都产生了影响，译语篇章相应地呈现出“源语透过效应”。这一条尤其适用于本研究中对“so…，dass”等形式的结果从句的翻译处理方式。

总之，译者是“翻译过程中的人←世界→篇章的三元关系”模型中的“人”，是翻译过程的决策者和主导者。译者在尊重篇章内外因素、主客观翻译环境的前提下，充分发挥主观能动性从事翻译活动。译者在翻译活动中必然有所能、有所不能，在能力所达范围之内，相对自由灵活处理翻译活动，在能力所达范围之外，相对谨慎地应对翻译活动。

5.3 本章小结

本章是围绕着“翻译共性”这一核心概念对实证研究结果的进一步探讨，是实证研究的延续和深化。

首先，进一步分析和思考实证研究的结果显示，尽管“规范化”和“源语透过效应”分别强调目的语语言文化和源语语言文化对翻译过程、翻译结果的影响，看似相互矛盾，但同时并存于专利文献德汉翻译中。对于专利文献德汉翻译而言，“规范化”的影响强于“源语透过效应”。

其次，结合本研究所创建的“翻译过程中的人←世界→篇章的三元关系”模型依次分析了世界、篇章和人三大要素和翻译共性之间的关系。第一，本书分别从“法律法规”“文化知识”“思维方式”三个方面阐释了“世界”和翻译共性的联系，“世界”这一要素或多或少都影响到“规范化”和“源语透过效应”。第二，专利文献是一种特定的专用篇章类别，它的专用篇章功能和专用篇章类别决定了它的具体语言表现形式，同时也在一定程度上导致“规范化”的出现。第三，译者是翻译过程的核心人物，在尊重篇章内外因素、主客观翻译环境的前提下，充分发挥主观能动性从事翻译活动，既可能被篇章内外因素、主客观翻译环境影响而趋从“规范化”，又可能受到源语的语言文化的限定而相对谨慎地处理翻译问题，从而使“源语透过效应”影响到翻译过程和翻译结果。虽然篇章、世界和人对于翻译共性的产生均有影响，但人在翻译活动中的主体作用不应被忽视。

专利文献翻译共性的提出不仅是本研究理论上的创新，更对专利文献翻译的实践具有指导意义。下一章基于前文的研究提出指导专利文献德汉翻译实践的策略建议。

6 专利文献翻译策略

有专利翻译的从业人士指出，从翻译实践来看，在评定一篇专利文献译文质量的参照体系时，法律、技术和语言是必不可少的三个方面（黄翀、赛音托娅，2016）。其中，法律和技术都是通过语言表现的，任何翻译问题最终都会体现在语言上，所以最终考察翻译质量还是需要从语言入手。他们还指出，在专利文献的语言要素方面，决定质量的两个方面是语法问题造成的影响和是否遵循直译原则，这决定了专利文献能否在准确严谨的基础上达到通顺的要求。然而考察专利文献的翻译时，对语言的考量也远远不止语法或直译这么简单。翻译语言是错综复杂的，是多层次、多维度的，专利文献原文和译文的实现形式都是篇章，而非零散的篇章碎片，因此在探讨专利文献的翻译策略（[英] translation strategy）时不应将翻译策略简单地限定为直译或者意译、语法正确还是错误，也不能简单地认为单句翻译得是否准确能够代表整篇专利文献翻译的优劣。如前文所述，本书最终是以指导专利翻译实践为研究目的，那么就需要提出能够指导专利文献篇章翻译的翻译策略。翻译策略应该是翻译活动中，为实现特定的翻译目的所依据的原则和所采纳的方案的集合（熊兵，2014）。翻译策略可微观可宏观，例如 Chesterman（2005）认为，翻译策略应该是并且应该只是宏观层面上的一种解决问题的方案（[英] plan）。由于本书探讨的是跨技术领域的专利文献德汉翻译的翻译共性，因此基于前文发现的翻译共性，提出在宏观层面上对专利文献翻译实践具有指导意义的翻译策略。此外，本书实证研究的数据基础是自建的专利文献德汉平行语料库，所有语料均真实、可靠，特别是下载自中国国家知识产权局、欧洲专利局和世界知识产权组织的专利文献汉语译文，已经是被本领域专业人士认可的、可用的译文。因此，在提出宏观层面的翻译策略建议的同时，还将基于本研究平行语料库，从微观层面给出具体的专利文献德汉翻译的建议。这些翻译建议可被视作包括具体翻译实例的专利文献德汉翻译术语词汇表（[德] terminologisches Glossar）。最后，必须说明，所有的翻译建议均来自本研究平行语料库，仅作为翻译建议，并非强制性的翻译标准或翻译规范。

6.1 宏观层面的专利文献翻译策略

6.1.1 尊重规范

“尊重规范”是指译者在翻译过程中应尊重目的语中相近的词汇、句法结构、篇章形式及已有的翻译传统，因为基于本研究语料库的研究发现，专利文献的德汉翻译在为主题词的源语词确定目的语词及处理句法结构和篇章标题时，都遵循甚至夸大目的语的语言和文化规范；译者在翻译专利文献时大多习惯性地在译文中选择与目的语原创篇章相同的、类似的或常用的目的语译文，这其实都是对规范的翻译方法的尊重。不可否认，读者对译语篇章的期待会受到目的语中类似篇章形式及已有翻译传统的影响，具有法律效力的专利文献更是如此。为满足读者对译语篇章的期待，同时也为了“说服”读者，译者必然要选择遵从目的语中已存在的类似篇章形式及翻译规范，必要时不拘泥于源语篇章，对源语篇章做适当的增译、删译或改译。这与功能主义目的论有异曲同工之处。在目的论的理论框架内，翻译需要在目标背景下及目标语境内为目标接受者制作一种文本，相对而言，源语文本处于从属地位（Nord，2001）。本研究探讨的“规范化”翻译共性以及在此提出的“尊重规范”翻译策略都在某种程度上肯定了源语篇章在实际翻译过程中的从属地位，肯定了译者应更加关注译语篇章带给目的语读者的感受。

6.1.2 循法原则

本研究将专利文献译语篇章遵循专利法的现象归入“规范化”的翻译共性，但基于专利法律法规的重要作用，在此有必要将其单独列为一条翻译策略。“循法原则”指专利文献的汉译应遵循所在国家的相关法律规定。大多数情况下，专利文献的译语篇章将作为法律文件呈交给我国相关部门审查，它必然要受到相关法律条文的约束。这些法律条文代表着国家和整个社会对专利文献的权威要求，是译者必须遵循的强制性原则。这一点尤其体现在专利文献汉译的篇章标题、专用语上。

循法原则是一种非常特殊的强制性翻译原则，是翻译活动在一个国家或地区存在和进行的前提，任何违背当地相关法律的翻译行为都不可能被认可（刘彬，2014）。一般来说，对于其他的翻译原则，译者可以选择遵守或不遵守，但对于循法原则，译者只能遵从，否则翻译产品就无法被目的语国家、地区或相关部门接受。

6.1.3 兼顾原文

基于平行语料库对源语文本及其译语文本之间关系的分析，“规范化”和“源语透过效应”两种翻译共性共存，这两种相互矛盾的倾向“此起彼伏”地共存提供给翻译研究更大的空间。因此，“尊重规范”翻译策略的提出并不意味着译者对于已有的翻译规范绝对遵从，有些情况下必须兼顾源语篇章，适当的直译或借用源语篇章的句式和表达也是可行的，这样可以避免过分强调目的语文本、目的语语言及文化规范而导致源语篇章及其译文发生不必要的脱离。又或者，译者在遇到目的语中尚无对应词的技术新词时，可以根据源语词的形式或内容创造新词，但创造的过程不能脱离源语篇章，必要时需要在译文后加括号补充原文。

以上三个翻译原则是基于本书所论证的翻译共性提出的翻译策略，是宏观性的指导方法，主要针对专利文献翻译中的非技术翻译。

专利文献的译者需要同时具备语言、技术、法律等知识背景，并精通这些知识，才能做好专利文献的翻译工作，但目前业内这样的专利文献翻译优质译员非常稀缺（黄翀、赛音托娅，2016）。当前，从事专利文献翻译的译者多是技术背景出身，具有语言专业背景的较少。本书旨在从不同角度，为不同背景的译者提供基本的策略建议。对于技术背景的译者而言，他们可以通过本研究掌握翻译时所需要掌握的最基本的语言处理方法；对于语言背景的译者而言，他们可以了解通过什么方式确定最佳的目的语对应词、对应语句和对应标题，更为重要的是，本书至少可以帮助译者将最基本的专利翻译理念融入翻译过程，希望他们能够主动地查阅目的语文献，将目的语的语言和文化规范作为重要的参照。这正是本研究的实践意义。

6.2 微观层面的专利文献翻译建议

从微观层面来看，以下具体的翻译建议可被视为专利文献的程式化表达，它们一方面是构成专利文献篇章整体的基本单位，另一方面是专利文献这一专用篇章类别语言特点的具体呈现。本节仅列出一部分包括翻译实例的专利文献德汉翻译建议，仅供参考（见表6-1~表6-8）。

表6-1 标题

德文	中文
Einrichtung	设备
Vorrichtung	装置
Verfahren	方法

表6-2 说明书——技术领域

德文	中文
technisches Gebiet/Aufgabenbereich einer Erfindung/das Einsatzgebiet/der Einsatzbereich	技术领域
Die Erfindung betrifft ..., insbesondere ...	本发明涉及……，特别是……
Die Erfindung betrifft ... mit den Merkmalen aus dem Oberbegriff des Patenanspruchs 1.	本发明涉及具有权利要求1前序部分特征的……

表 6－3　说明书——背景技术

德文	中文
Es ist allgemein bekannt，dass...	已公知……
Aus DE 10223865A1 ist ... bekannt，...	由德国专利文件 DE 10223865A1 公知……
Die DE 10223865A1 offenbart...	德国专利文件 DE 10223865A1 公开了……
Bei den bekannten Ausfuehrungen der gattungsgemaessigen Art ist ...	在本类型的已知实施例中，……

表 6－4　说明书——发明内容

德文	中文
Offenbarung/Zusammenfassung/Darstellung der Erfindung	发明内容
Loesung	解决方案
Anspruch/Patentanspruch/Schutzanspruch	权利要求
unabhaengiger Patentanspruch	独立权利要求
abhaengiger Patentanspruch/Unteranspruch	从属权利要求
der kennzeichnender Teil/der Oberbegriff des Anspruchs	权利要求的前序部分
Die Erfindung schliesst die technische Lehre ein，dass ...	本发明包括这种技术原理，即……
Aufgabe der vorliegenden Erfindung ist/Daher liegt der Erfindung die Aufgabe zugrunde，... zu schaffen/anzugeben/vorzuschlagen/bereitzustellen.	本发明的任务是提供……
Aufgrund des eingangs genannten Standes der Technik/In Hinsicht auf diesen Stand der Technik liegt der vorliegenden Erfindung die Aufgabe zugrunde，...	有鉴于/基于现有技术，本发明的任务是……
Im Hinblick auf den Stand der Technik stellt sich die Erfindung der Aufgabe，...	有鉴于现有技术，本发明的任务是……
Die Aufgabe wird dadurch geloest，dass ...	该任务通过以下方式解决，即……
Diese Aufgabe wird mit ... mit den Merkmalen des Anspruchs 1 geloest.	该任务通过具有权利要求 1 特征的……得以解决。
Die Aufgaben werden ausgehend von... gemaeß dem Anspruch 1 in Verbindung mit dessen Merkmalen geloest.	该任务从依据权利要求 1 所述的……出发并结合其特征得以实现。

续表

德文	中文
Die Loesung der gestellten Aufgabe fuer … besteht darin, dass …	该任务的解决方案是……
Gemaess dem kennzeichnenden Teil des Patentanspruchs 1	根据权利要求 1 的特征部分

表 6-5 说明书——附图说明

德文	中文
Zeichnungen/Kurzbeschreibung der Figuren	附图说明
Die Erfindung wird im Folgenden anhand der Figuren an Ausfuehrungsbeispielen naeher erlaeutert. Es zeigen:	以下借助于附图及实施例进一步说明（描述）本发明。图示：
Weitere Merkmale und Vorteile der Erfindung ergeben sich aus der nachfolgenden/nachstehenden Beschreibung von Ausfuehrungsbeispielen unter Bezug auf die beigefuegten Figuren.	本发明的其他特征和优点将参照附图在下列实施例的说明/描述中给出。
In den Zeichnungen ist der Erfindungsgegenstand in einem Ausfuehrungsbeispiel dargestellt.	在附图中，以实施例示出本发明的主题。
Es zeigt die einzige Figur in prinzipieller und nicht massstaeblicher Darstellung des erfindungsmaessigen …	唯一的视图示出依据本发明的……原理图，但不是按照标准比例。
Wie aus dem Schnitt der Figur 6 deutlich/erkennbar/ersichtlich/zu erkennen ist/sind, …	由图 6 的剖面图可知，……
Die im folgenden aufgefuehrten Merkmale und Vorteile beziehen sich sowohl auf das erfindungsgemaesse Verfahren als auch auf die erfindungsgemaesse Vorrichtung, soweit es nicht ausdruecklich anders beschrieben ist.	下面详细介绍的特征和优点既涉及依据本发明的方法，又涉及依据本发明的装置，就此而言不在表达上做其他描述。
Vorteilhafte Weiterbildungen sind in den abhaengigen Anspruechen beschrieben/angegeben.	从属权利要求说明/给出本发明的有利改进方式。
Vorteilhafte Ausgestaltungen der Erfindung sind den Unteranspruechen zu entnehmen.	从属权利要求给出/说明本发明的有利结构形式。

表 6-6 说明书——具体实施方式

德文	中文
Ausfuehrung der Erfindung/Ausfuehrungsform der Erfindung/Beschreibung von Ausfuehrungsbeispielen (des Ausfuehrungsbeispiels)/Genaue Beschreibung von Ausfuehrungsbeispielen/Kurze Beschreibung von Ausfuehrungsbeispielen	具体实施方式
Anwendungsbeispiel/Ausfuehrungsbeispiel	实施例
Ausfuehrungsform/Ausfuehrung	实施方式
bevorzugtes Anwendungsbeispiel/Ausfuehrungsbeispiel	优选实施例
Bezugszeichen	附图标记
Bezugszeichenliste	附图标记列表
Eine vorteilhafte Ausfuehrungsform der Erfindung sieht vor, dass ...	本发明的一个有利实施方式规定……
Alle neuen, in der Beschreibung und/oder Zeichnung offenbarten Einzel - und Kombinationsmerkmale werden als erfindungsgemaess angesehen.	所有在说明书和/或附图中公开的新的单一特征和组合特征均被视为符合本发明。
Die verschiedenen Merkmale koennen je einzeln fuer sich oder zu mehreren in beliebigen Kombinationen bei Varianten der Erfindung verwirklicht sein.	不同特征可在本发明的单个变型或任意变型的组合中得以实现。
Die Erfindung ist nicht auf das Ausfuehrungsbeispiel beschraenkt, sondern im Rahmen der Offenbarung vielfach variabel.	本发明并不仅局限于该实施例，而是在公开的范围内具有多种变形。
Alle anderen Vorteile sind dem Fachmann unmittelbar und ohne weitere Erlaeuterungen verstaendlich.	对于本领域技术人员，所有其他优点无须进一步解释可立即理解。
Die Erfindung ist anhand eines Ausfuehrungsbeispiels beschrieben worden, ohne den Umfang der Ansprueche zu verlassen, und ergeben sich fuer einen Fachmann zahlreiche weitere Ausgestaltungen, die Erfindung verwirklichen zu koennen.	已借助于实施例说明了本发明，但未超过权利要求的保护范围，同时给出本领域技术人员无数其他可能实现本发明的结构方案。
Alternativ (oder ergaenzend) dazu, ...	作为替代（或补充）方案，……
Weterhin ist es bei dieser Ausfuehrungsform moeglich, dass...	此外在此实施例中，……是可行的。
Vorteilhaft bei... ist/sind .../ Fuer... ist es vorteilhaft, dass ...	……的有利之处是……/有利的是……
Es kann (als) ... vorgesehen/ausgebildet sein.	可设计/构造为……
Nachteilig an dieser Loesung (Erfindung) ist, dass ...	这种解决方案（本发明）的缺点是……

表 6 – 7 权利要求书

德文	中文
Ansprueche/Patentansprueche/Schutzansprueche	权利要求书
Einrichtung, mit ..., wobei ...	……设备，带有……，其中……
... nach Anspruch 2, wobei ...	如权利要求 2 所述的……，其中……
Produkt/Verfahren nach Patentanspruch 1/nach einem der vorhergehenden Ansprueche, dadurch gekennzeichnet, dass ...	根据权利要求 1 所述的/前述权利要求之一所述的产品/方法，其特征在于，……

表 6 – 8 说明书摘要

德文	中文
Zusammenfassung	摘要
Die Erfindung betrifft ...	本发明涉及……

6.3 本章小结

本章分别从宏观和微观两个层面给出了专利文献德汉翻译的策略建议。首先，基于前文论证的专利文献德汉翻译的翻译共性，在宏观层面上提出了三项指导专利翻译实践的专利文献翻译策略：尊重规范、循法原则和兼顾原文。其次，基于自建的专利文献德汉平行语料库，总结了专利文献德语文献的程式化表达及其汉译。由此，本章回答了本书开始时所提出的最后一个问题，同时希望可以为致力于专利翻译的译者提供便利，这正是本研究的实践意义。

7 结束语

7.1 本书研究内容概述

本研究在当代跨学科语言学基本理念的指导下，在语料库语言学研究方法的支持下，通过自建小型专利文献德汉单向平行语料库，辅以自建专利文献汉语类比语料库，于篇章语用学框架内并基于大量语料发现专利文献德汉翻译的翻译共性；同时结合本书构建的“翻译过程中的人←世界→篇章的三元关系”模型探究上述翻译共性产生的原因；最后提出指导专利文献翻译实践的建议。

依据实证分析和理论阐释，在此对本书绪论部分提出的三个问题做出以下回答。

1）在篇章语用学的框架内，基于专利文献德汉单向平行语料库和汉语类比语料库，专利文献德汉翻译在词汇、句法和篇章结构层面上呈现哪些具体的规律性特征？

实证研究结合了量化和质化研究方法，既对本研究平行语料库，以及在需要情况下对类比语料库进行检索，分别对词汇、句法和篇章结构层面上的各类翻译对应情况进行数据统计和描写，并在此基础上汇总研究结果，进而发现专利文献德汉翻译的规律性特征。

①词汇层面。

主题词是词汇层面实证分析的核心。实证研究表明，专利文献主题词的源语词和目的语对应词之间基本上形成了三种对应关系：一对一、一对多和多对一，并且在一对多的关系中，总有一个目的语对应词的使用频次明显多于其他目的语词。这就是说，专利文献主题词源语词的目的语对应词总是趋向一致，本质是专利文献译语篇章在选词时趋向目的语的语言和文化规范，因而呈现“规范化”的特征。

②句法层面。

句法层面以两种德语专利文献中高频出现的句法结构——结果从句和被动结构为例进行实证分析。

德语专利文献中使用较为频繁的“so…，dass”等结构的结果从句在译语文本中共有五种对应结构，其中最主要的对应结构是“如此……以致（至）”及类似的“前后对应”式结构，然而在汉语表达中没有专门且固定的结构与之对应，表示结果关系的典型汉语结构与“so…，dass”等在意义上有所区别，同时专利文献的汉语原创文本中与“so…，dass”等相近的“前后对应”却少之又少。这就意味着，译语篇章因为源语的干预而明显偏离了目的语语言的一般模式，“源语透过效应”发挥作用。

专利文献源语文本中的有标记被动很多，但并非每个源语文本中的被动态都会被相应地处理为汉语的被动句，而是大多被译作无主语主动句，“被字句”作为最典型的有标记被动仅有不足10%。原创文本中的被动结构少于翻译文本，“被字句”表现更加明显，这再次证实，即便在专利文献这一特定的篇章类别中，虽然源语对译语篇章产生一定干扰，但由于汉语的常规是少用被动，专利文献的译语篇章在处理源语篇章的被动结构时仍然尽量趋向于目的语既有规范，既包括显性的目的语语言规范，又包括隐性的目的语的文化规范。

③篇章结构层面。

标题是篇章结构层面实证研究的切入点，然而这部分实证研究不仅围绕标题的翻译，而且将标题与篇章的宏观结构联系起来。实证分析结果显示，源语标题与目的语标题形成一对一或多对一的关系，即不论源语文本的标题（包括子标题）情况如何，译者仍然通过对等翻译、增译或改译的方式使所有译语文本的标题（包括子标题）统一。此外，通过对本研究平行语料库的检索和观察，特别是对标题所处交际场景的观察和分析，本研究得出专利文献篇章（包括源语篇章和译语篇章）的施为性言语行为结构，也就是宏观语用结构，并进而发现专利文献的目的语标题之所以趋从或夸大目的语文化规范，是为了使得专利文献译语篇章的宏观结构外显，因此也更容易为译语篇章接受者理解和接受。总的来说，专利文献标题的翻译呈现了“规范化”的特征。

综上所述，专利文献译语篇章具有“规范化”和“源语透过效应”的规律性特征。

2）这些规律性特征能否上升为翻译共性？它们彼此之间是否冲突？如果是，这些翻译共性产生的原因是什么？如何从篇章语用学的视角解释翻译共性的成因？

本研究的“翻译共性”在此被限定为专利文献这一特定篇章类别所具有的、德语和汉语这一特定语言对之间的、单向的源语型翻译共性。基于实证研究所发现的“规范化”和“源语透过效应”最终都揭示了专利文献德汉翻译的本质，因此是一对看似矛盾的翻译共性，但相对而言，“规范化”的翻译共性表现更为突出。

“翻译”在本研究中被定义为将一种语言的信息和符号代码转换为另一种语言的信息和符号代码的、动态的、有目的、跨文化的人类交际活动。在这一过程中，语言符号常以篇章形式呈现。在此基础上，本研究创建了“翻译过程中的人←世界→篇章的三元关系”模型，并借助这一模型分别从世界、篇章和人的角度阐释专利文献翻译共性的成因。首先，本书分别从“法律法规”“文化知识”和“思维方式”三个方面阐释了“世界”和翻译共性的联系，“世界”这一要素或多或少都影响到“规范化”和“源语透过效应”。其次，专利文献是一种特定的专用篇章类别，它的专用篇章功能和专用篇章类别决定了它的具体语言表现形式，同时也在一定程度上导致“规范化”的出现。最后，译者是翻译过程的核心人物，在尊重篇章内外因素、主客观翻译环境的前提下，充分发挥主观能动性从事翻译活动，既可能被篇章内外因素、主客观翻译环境影响而趋从“规范化”，又可能受到源语的语言文化的限定而相对谨慎地处理翻译问题，从而使“源语透过效应”影响到翻译过程和翻译结果。虽然世界、篇章和人对于翻译共性的产生均有影响，但人在翻译活动中的主体作用不应被忽视。

3）基于本研究可以提出怎样的指导专利翻译实践的建议？

本研究基于前文提出的专利文献德汉翻译的翻译共性——规范化和源

语透过效应，在宏观层面上提出了三项指导翻译实践的专利文献翻译策略：尊重规范、循法原则和兼顾原文。同时，基于自建的专利文献德汉平行语料库，总结了专利文献德语文献的程式化表达及其汉译，并进而从微观层面给出具体的专利文献德汉翻译建议。本书希望这些建议可以为致力于专利文献德汉翻译的译者提供便利，这也是本研究的实践意义。

7.2 本研究的创新之处

本研究在以下四个方面有所创新。

第一，本研究首先在篇章语用学的框架下重新理解了“翻译”，在此基础上，将人与篇章和世界的三元互动关系与翻译过程模型结合，创建了“翻译过程中的人←世界→篇章的三元关系”模型，并结合此模型探究专利文献翻译共性的成因，这是本研究在理论上的贡献和创新。

本研究通过阐述篇章的定义梳理了篇章语言学的发展历程，并明确了作为篇章语用学视角下动态篇章观的基础“篇章”的定义，即钱敏汝提出的“篇章作为人类语言的一切使用形式，是一种有结构、有意图的符号编码和解码创造活动”。尔后从篇章语用学视角出发重新定义了“翻译”，翻译不仅是简单的语言信息和符号代码转换活动，同时也是一种动态的、有目的的、跨文化的人类交际活动，在这一过程中，语言符号常以篇章形式呈现。这一翻译定义奠定了本研究的基调。

更为重要的是，围绕篇章语用学视角下的翻译定义，依据钱敏汝提出的篇章与人和世界的三元互动关系，并参照 Nord 提出的“翻译过程”模型，本研究构建出“翻译过程中的人←世界→篇章的三元关系”模型。在这一模型中，“世界”是包罗万象的，它指所有可能对翻译——特别是专利文献翻译产生影响的要素；翻译过程中的“篇章”既包括源语篇章又包括译语篇章，两者被等同视之；翻译过程中的人包括源语篇章生产者、译者和译语篇章接受者，但译者作为翻译过程中的“人”具有源语篇章接受者和译语篇章生产者的双重身份，是翻译交际过程的核心人物，统领着整个翻译过程；人、世界、篇章共同影响翻译的过程和结果。这一模型正是本研究的理论贡献，是对篇章语用学的继承和发展。

此外，本研究所创建的“翻译过程中的人←世界→篇章的三元关系”模型不只是单纯的理论创新，而是已经融入研究整体，它贯穿于实证分析的全过程，同时又作为诠释专利文献翻译共性成因的基础和依据。

第二，本研究中实证研究部分的基础是自建的小型“专利文献德汉单向平行语料库”，另外还建立了服务于该平行语料库的“专利文献汉语类比语料库”，这些语料库不仅可以用于本研究，还可以作为实际的语言材料用作翻译实践的参考，它们是本研究在应用上的“有形”成果和贡献，也是德汉翻译领域的一项开拓性尝试。

本研究自建的“专利文献德汉单向平行语料库”收录了100篇德语专利文献及相应的汉语译文，语料库的总规模达到近60万字/词。所有语料均为可用语料，公开和下载时间为2010—2015年。在语料库建设过程中，首先收集了真实并有代表性的德汉双语语料，然后按照平行语料库软件ParaConc的要求对语料进行切分、汉语分词、对齐后加载和保存。在此过程中，还解决了ParaConc软件不读取德语特殊字符和不易对齐双语语料的难题，这些都是本研究在德汉平行语料库建设实践上的贡献。“专利文献德汉单向平行语料库”是本研究的核心语料库，本研究的基础研究数据来源于这一语料库。

此外，还建设了服务于平行语料库的“专利文献汉语类比语料库”，它包括翻译子库和原创子库，其中翻译子库是平行语料库的汉语子库，原创子库收录了30篇专利文献汉语原创文本。类比语料库总规模约为59万字/词。该语料库的建设过程与平行语料库大体相同。

本研究采用了双语单向平行语料库和单语类比语料库相结合的研究模式，既避免了走上依靠单语类比语料库而使源语文本和译语文本脱离的老路，又通过单语类比语料库验证双语平行语料库的研究结果或将该研究结果向前推进一步，以得出更有价值的结论。

第三，本研究利用语料库方法，在篇章语用学的框架内，从词汇、句法和篇章结构三个层面较为全面和系统地描述了专利文献德汉翻译的译语篇章的规律性特征，并把对这些特征的分析上升到对翻译共性的探讨，这是本研究的独特价值和德汉翻译研究的独特着眼点。

本研究是在篇章语用学框架下开展的，篇章是研究的出发点和落脚点。篇章固然是一个整体，但同时也是多层次、多分支的结构体，所以完全可以从不同层次、不同维度探讨专利文献篇章整体的翻译特点。本研究选取了具有代表性的切入点研究专利文献的德汉翻译，具体来说，本研究采用语料库方法，客观描述了体现专利文献篇章类别词汇特征的主题词和专利文献篇章高频出现的句法结构的德汉翻译；另外还将标题翻译作为切入点，建立了专利文献篇章的宏观结构并挖掘出标题翻译与篇章宏观结构之间的关系；最后总结出专利文献德汉翻译的译语篇章的规律性特征，并进一步探讨这些特征能否上升为翻译共性。

首先，实证分析结合了量性研究和质性研究的方法，在语料库的数据支持下客观地描述了专利文献的译语篇章各层面的规律性特征，得出译语篇章的两个特征："规范化"和"源语透过效应"。

其次，根据对翻译共性定义的论述和剖析已经确定了本研究"翻译共性"的定义，即针对专利文献这一特定篇章类别的、德汉这一特定语言对之间的、单向的源语型翻译共性。根据这一定义可知，"规范化"和"源语透过效应"两种翻译共性是一对彼此矛盾但共存的翻译共性。

翻译不仅是单纯的语言代码之间的转换，而且是一项复杂的、跨文化的交际活动，它涉及方方面面，必然受到源语和目的语两种语言及文化等因素的影响或者限定，因此"规范化"和"源语透过效应"两种明显相对立的翻译共性可以共存于专利文献的德汉翻译中。但具体来看，专利文献的目的语文本更多时候是以目的语语言、文化为导向的，趋从目的语规范，只有当目的语中缺少与源语对应的语法结构时，目的语才以源语为蓝本，借鉴源语表达，使译语文本表达更贴近源语的含义。换言之，对于专利文献德汉翻译而言，"规范化"特征表现强于"源语透过效应"。

最后，还根据"翻译过程中的人←世界→篇章的三元关系"模型阐释了专利文献翻译共性产生的原因。世界、篇章和人作为三大要素对于翻译共性的产生均有影响，但译者在翻译活动中的主体作用不能忽视，毕竟人是翻译过程中真正的翻译决策者。

专利文献的翻译共性是贯穿本研究的红线，将基于语料库的、多层面的实证分析整合在一起，它既是实证分析的终点，又是翻译策略建议的起点。同时，本研究在分析专利文献德汉翻译的翻译共性时，遵循着由浅入深、从理论到实践、最终又回归理论的研究路线。

第四，本研究基于翻译共性和自建平行语料库分别提出了指导专利文献德汉翻译实践的宏观翻译策略和微观层面的专利文献翻译建议，这些既是本研究的实践意义，也是对现有专利翻译研究的拓展。

本研究的最终目的是指导翻译实践，因此并未停留在对理论的探讨上。本研究探讨的是跨技术领域的专利文献德汉翻译的翻译共性，因为专利文献虽然是法律篇章和技术篇章的集合，但它涵盖技术领域之广，使得个人很难完成针对所有技术领域的专利文献的翻译研究，所以本研究提出的翻译共性与技术领域无关，它针对的是非技术要素。本研究基于翻译共性提出了对翻译实践具有指导意义的宏观层面的翻译策略建议：尊重规范、循法原则和兼顾原文。

同时，本研究还基于自建的专利文献德汉平行语料库总结了专利文献德语文献的程式化表达及其汉译，将其作为翻译建议提供给专利文献的译者作为参考。

7.3 本研究的局限性及对未来研究的展望

尽管本研究在篇章语用学框架下，从词汇、句法和篇章结构层面出发探讨了专利文献篇章整体的翻译语言特征和翻译共性，并在篇章语用学框架内构建了“翻译过程中的人←世界→篇章的三元关系”模型后探究上述翻译共性产生的原因，但还是具有一些不足和局限性。首先，虽然基于语料库，但对于具体语言现象的识别和标注仍然主要依赖人工工作，特别是对于句法结构的译法划分可能受主观认识的限制，具体的分类和数据统计可能因为操作者的不同而稍有差异，当然这也是研究中无法避免的问题。其次，已建语料库容量有限，基于研究目的也没有对所有语料进行词法和句法标注，这就导致可研究的视角有限，虽然足以应对当前的研究，但如果需要基于这一语料库开展其他研究，就需要增加标注和提高标注的精度。再次，受限于获取语料的难度，本研究仅建立了德汉单向平行语料库，因此只能探讨单向的翻译研究，如果能够建立德汉双向平行语料库，就可能产生不同的研究结果。另外，专利文献德汉翻译可以有很多研究切入点，例如冠词、起连接作用的代词，或者时态等，限于本书篇幅和笔者精力，本书无法囊括所有，只能选择几个有代表性的切入点研究。除此之外，本研究关注的是跨技术领域的专利文献的法律特征，但这不代表本研究否定专利文献作为技术篇章所具有的技术特征。事实上，技术专用语和技术篇章的其他特征更能直接指导翻译实践以及推动专利文献的机器翻译或机器辅助翻译研究。最后，本研究对于创建的“翻译过程中的人←世界→篇章的三元关系”模型的阐释还相对简单。

鉴于以上的不足和缺憾，将来可以从以下几个方面考虑这一研究的后续工作。

1）进一步完善德汉语料库各语言特征的机器标注和人工标注原则，最大限度地限制主观因素的影响。

2）进一步扩大现有的专利文献德汉平行语料库，从更多视角出发探究专利文献德汉翻译和汉德翻译的特点。

3）建设包括不同篇章类别的德汉/汉德通用平行语料库，全面考察德汉和汉德翻译特点和翻译语言特征。

4）将现有的语料库语言学研究和其他研究手段结合，例如从专利文献汉语译文的可接受度研究入手，对专利文献翻译文本和原创文本的篇章接受者（专利审查员和其他相关人士）进行问卷调查，以比较两种文本的差异以及对审查结果的影响，从而提出更具说服力的专利文献翻译策略。

5）进一步完善本研究创建的“翻译过程中的人←世界→篇章的三元关系”模型并且更加具体、深入地阐释该模型，同时选取语言层次更加复杂的文本检验这一模型。

上述不足虽是本研究的缺憾，但也为后续研究提供了空间和机会。本研究期待这一尝试性工作可以为今后该领域的其他研究提供基础和参考，也期待更多的研究者关注专利文献翻译和德汉平行语料库及其相关研究。

参考文献

外文文献

[1] BAKER M. Corpus Linguistics and Translation Studies: Implication and Applications [C] //Baker Mona, Francis Gill and Tognini-Bonelli Elena (edited). Text and Technology: In Honour of John Sinclair. Philadelphia, Amsterdam: John Benjamins Publishing Company, 1993: 233 -250.

[2] BAKER M. Corpora in Translation Studies: An Overview and Some Suggestions for Future Research [J]. Target, 1995 (7): 223 -243.

[3] BAKER M. Corpus-based Translation Studies: The Challenges that Lie Ahead [C] // Somers Harold. Terminology, LSP, and translation. Amsterdam: John Benjamins Publishing Company, 1996: 117 -186.

[4] BAKER M. Towards a Methodology for Investigating the Style of a Literary Translation [J]. Target, 2000 (2): 241 -266.

[5] De BEAUGRANDE R, DRESSLER W. Einführung in die Textlinguistik [M]. Tübingen: De Gruyter, 1981.

[6] BLOOMFIELD L. A Set of Postulates for the Science of Language [J]. International Journal of American Linguistics, 1949 (4): 153 -164.

[7] BRAUN M. Aspekte der Patentübersetzung (Sammelband) [M]. Berlin: BDÜ Fachverlag, 2014.

[8] BRINKER K. Zum Textbegriff in der heutigen Linguistik [C] //Sitta Horst, Brinker Klaus. Studien zur Texttheorie und zur deutschen Grammatik: Festgabe für Hans Glinz zum 60. Geburtstag. Düsseldorf: Athenäum, 1973: 9 -41.

[9] BRINKER K. Linguistische Textanalyse: eine Einführung in Grundbegriffe und Methoden [M]. 4. durchgesehene und ergänzte Auflage. Berlin: Erich Schmidt Verlag, 1997.

[10] BUSSE D. Juristische Fachsprache und öffentlicher Sprachgebrauch. Richterliche Be-

deutungsdefinitionen und ihr Einfluß auf die Semantik politischer Begriffe [C] //Liedtke Frank, Wengeler Martin, Böke Karin, Strategien des Sprachgebrauchs in der Politik. Opladen: Springer, 1991: 160 - 185.

[11] CHESTERMAN A. Beyond the Particular [C] //Mauranen A, Kujamaki P. Translation Universals: Do They Exist? Amsterdam: John Benjamins Publishing Company, 2004a: 33 - 39.

[12] CHESTERMAN A. Hypothesis about Translation Universals [C] //Hansen Gyde, Malmkjaer Kirsten and Gile Daniel. Claims, Changes and Challenges in Translation Studies. Amsterdam: John Benjamins Publishing Company, 2004b: 1 - 13.

[13] CRYSTAL D. A Dictionary of Linguistics and Phonetics [M]. 3rd ed. Oxford: Blackwell, 1991.

[14] Van DIJK T A. Textwissenschaft. Eine interdisziplinäre Einführung. Deutsche Übersetzung von Christoph Sauer [M]. Tübingen: De Gruyter, 1980.

[15] DOUGLAS R. Who Translates? Translator Subjectivities Beyond Reason [M]. Albany: State University of New York Press, 2001.

[16] FELDER E, MÜLLER M, VOGEL F. Korpuspragmatik. Thematische Korpora als Basis diskurslinguistischer Analysen [M]. Berlin, Boston: De Gruyter, 2012.

[17] FRAWLEY W. Prolegomenon to a Theory of Translation [C] //Frawley William (eds.). Translation: Literary, Linguistic and Philosophical Perspectives. London, 1984: 159 - 175.

[18] GANSEL C, JÜRGENS F. Textlinguistik und Textgrammatik: Eine Einführung [M]. Wiesbaden: Vandenhoeck & Ruprecht, 2002.

[19] HARTMANN P. Text als linguistisches Objekt [M] //Stempel Wolf-Dieter (Hrsg.). Beiträge zur Textlinguistik. München: Wilhelm, 1971: 9 - 29.

[20] HARWEG R. Pronomina und Textkonstitution [M]. München: Wilhelm Fink Verlag, 1968.

[21] HEINEMANN W. Das Isotopiekonzept [C] //Brinker Klaus, Antos Gerd, Heinemann Wolfgang, Sager Sven F. (Hrsg.). Text-und Gesprächslinguistik: ein internationales Handbuch zeitgenössischer Forschung (Linguistics of text and conversation). Berlin, New York: De Gruyter, 2000: 54 - 60.

[22] HEINEMANN W. Textpragmatische und kommunikative Ansätze [C] //Janich Nina (Hrsg.). Textlinguistik, 15 Einführungen. Tübingen: Narr Francke Attempto, 2008:

113 - 145.

[23] HEINEMANN W, Viehweger D. Textlinguistik [M]. Tübingen: De Gruyter, 1991.

[24] HOFFMANN L. Kommunikationsmittel Fachsprache. Eine Einführung [M]. Zweite völlig neu bearbeitete Auflage. Berlin: Sammlung Akademie-Verlag, 1985.

[25] HOPKINSON C. Factors in Linguistic Interference: A Case of Study in Translation [J]. SKASE Journal of Translation and Interpretation, 2007 (1).

[26] HORN-HELF B. Kulturdifferenz in Fachtextsortenkonventionen, Analyse und Translation, Ein Lehr und Arbeitsbuch [M]. Frankfurt: Perter Lang, 2007.

[27] Horst Polenz. Das japanische Patentdokument: linguistische Analyse und sichere Translation [M]. Tübingen: Verlag Dr. Kovac, 2010.

[28] HUMBOLDT von W. Schriften zur Sprache [M]. Stuttgart: Reclam, Ditzingen, 1985.

[29] JOHANSSON S. Seeing Through Multilingual Corpora [M]. Amsterdam: John Benjamins Publishing Company, 2007.

[30] KAUTZ U. Aktiv und Passiv im Deutschen und Chinesischen: Eine konfrontative-übersetzungswissenschaftliche Studie [M]. Heidelberg: Julius Groos Verlag Heidelberg, 1991.

[31] KENNEDY G. An Introduction to Corpus Linguistics [M]. London: Addison-Wesley, 1998.

[32] KENNY D. Lexis and Creativity in Translation: A Corpus-based Study [M]. Manchester: Routledge, 2001.

[33] KENNY D. Parallel Corpora and Translation Studies: Old Questions, New Perspectives? Reporting that in Gepcolt: A Case Study [C] //Geoff Barnbrook, Pernilla Danielsson, Michaela Mahlberg (eds.). Meaningful Texts: The Extraction of Semantic Information from Monolingual and Multiglingual corpora. London: Continuum, 2005: 154 - 165.

[34] KLAUDY K. Explication [C] //Baker Mona (eds). Routledge Encyclopedia of Translation Studies. Shanghai: Routledge, 1998/2004: 80 - 84.

[35] KRAUSE W D. Textsorten, Kommunikationslinguistische und konfrontative Aspekte [M]. Frankfurt: Peterlang, 2000.

[36] LAVIOSA S. Copus-based Translation Studies: Theory, Findings, Applications [M]. Amsterdam: Rodopi, 2002.

[37] LEECH G. The State of the Art in Corpus Linguistics [C] //Aijmer K, Altenberg B (eds.). English Corpus Linguistics. London: Longman, 1991: 8-29.

[38] LEMNITZER L, ZINSMEISTER H. Korpuslinguistik: eine Einführung [M]. 2., durchgesehene und aktualisierte Auflage. Tübingen: Narr, 2010.

[39] LINKE A, NUSSBAUMER M, PORTMANN P R. Studienbuch Linguistik [M]. 5., erweiterte Auflage. Tübingen: Max Niemeyer Verlag, 2004.

[40] MAKSYMIW R. Übersetzen - Kunst im Spannungsfeld des Patentrechts in Europa [C] //Braun Manfred (Hrsg.). Aspekte der Patentübersetzung (Sammelband). Berlin: BDÜ Fachverlag, 2014: 21-30.

[41] McENERY T, WILSON A. Corpus Linguistics [M]. Edinburgh: Edinburgh University Press, 1996.

[42] MOTSCH W, VIEHWEGER D. Sprachhandlung, Satz und Text [C] //Rosengren Inger (Hrsg.). Sprache und Pragmatik. Lunder Symposium. 1980 (= Lunder germanistische Forschungen 50). Lund: Liber Läromedel/CWK Gleerup, 1981: 125-153.

[43] MUNDAY J. Introducing Transaltion Studies [M]. London: Routledge, 2001.

[44] NEWMARK P. About Translation [M]. Clevedon, Philadephia: Adelaide, 1991.

[45] NIDA E A, TABER C R. The Theory and Practice of Translation [M]. Leiden: E. J. Brill, 1969.

[46] NORD C. Textanalyse und Übersetzen. Theoretische Grundlagen, Methode und didaktische Anwendung einer übersetzungsrelevanten Textanalyse [M]. 4. Überarbeitete Auflage. Tübingen: Julius Groos Verlag, 1991.

[47] NORD C. Translating as a Proposeful Activity [M]. Shanghai: Shanghai Foreign Language Education Press, 2001.

[48] PERKUHN R, KEIBEL H, KUPIETZ M. Korpuslinguistik [M]. München: W. Fink, 2012.

[49] SAUSSURE F D. Grundlagen der allgemeinen Sprachwissenschaft [M]. 2. Auflage. Berlin: Walter De Gruyter&CO, 1967.

[50] SCHERER C. Korpuslinguistik [M]. Heidelberg: Universitätsverlag WINTER Heidelberg, 2006.

[51] SHUTTLEWORTH M, COWIE M. Dictionary of Translation Studies [M]. Manchester: Routledge, 1997.

[52] SOWINSKI B. Textlinguistik: Eine Einführung [M]. Stuttgart: W. Kohlhammer,

1983.

[53] TEICH E. Cross-Linguistic Variation in System and Text: A Methodology for the Investigation of Translations and Comparable Texts [M]. Berlin, New York: De Gruyter, 2003.

[54] TEUBERT W. My Version of Corpus Linguistics [J]. International Journal of Corpus Linguistics, 2005 (1): 1-13.

[55] TIRKKONEN-CONDIT S. Translationese, a Myth or an Empirical Fact? A Study into the Linguistic Identifiability of Translated Language [J]. Target, 2002 (2): 207-220.

[56] TOGNINI-BONELLI E. Corpus Linguistic at Work [M]. Amsterdam: John Benjamins Publishing Company, 2001.

[57] TOURY G. Interlanguage and its Manifestations in Translation [J]. Meta, 1979 (2): 223-231.

[58] TOURY G. Descriptive Translation Studies and Beyond [M]. Shanghai: Shanghai Foreign Language Education Press, 2001.

[59] TRIBBLE C. Writing Difficult Texts [D]. Lancaster: Lancaster University, 1999.

[60] TYMOCZKO M. Computerized Corpora and the Future of Translation Studies [J]. Meta, 1998 (4): 652-660.

[61] VERMEER H J. Die Welt, in der wir übersetzen: Drei translatologische Überlegungen zu Realität, Vergleich und Prozess (Reihe Wissenschaft) [M]. Heidelberg: TEXTconTEXT, 1996.

[62] VERMEER H J. Skopos and Commission in Translation Action [M] //Venti. The Translation Studies Reader. London, New York: Routledge, 2000: 221-232.

[63] WEINRICH H. Thesen zur Textsorten-Linguistik [M] //Gülich Elisabeth, Raibe Wolfgang (Hrsg.). Textsorten: Differenzierungskriterien aus linguistischer Sicht (= Athenäum-Scripten Linguistik 5). Wiesbaden: Athenaion, 1972: 161-169.

[64] ZHAO J. Interkulturalität von Textsortenkonvention. Vergleich deutscher und chinesischer Kulturstile: Imagebroschüren [M]. Berlin: Frank & Timme, 2008.

中文文献

[1] 布斯曼. 语言学词典 [M]. 陈慧瑛，等编译. 北京：商务印书馆，2008.

[2] 卞建华. 传承与超越：功能翻译主义目的论研究 [M]. 北京：中国社会科学出版社，2008.

[3] 柴秀娟．Translationese 及相关概念探析［J］．当代外语研究，2012（3）：104－108.

[4] 陈鹤．中国德语学习者篇章写作中的词汇错误分析：一项基于语料库与三语习得的研究［D］．北京：北京外国语大学，2014.

[5] 陈琦．建构与互动：德国当代篇章研究的社会学理据［J］．德语人文研究，2013（1）：23－28.

[6] NORD C. 译有所为：功能翻译理论阐释［M］．张美芳，王克非，主译．北京：外语教学与研究出版社，2005.

[7] 戴光荣．译文源语透过效应研究［M］．上海：上海交通大学出版社，2013a.

[8] 戴光荣．汉语译文搭配特征研究："源语透过效应"个案探讨［J］．当代外语研究，2013（1）：50－55，77.

[9] 丁信善．语料库语言学的发展及研究现状［J］．当代语言学（试刊），1998（1）：4－12.

[10] 葛囡囡．从语言学视角谈语言和文化的关系［J］．语文学刊，2014（12）：33－35.

[11] 顾曰国．语料库与语言研究：兼编者的话［J］．当代语言学，1998（1）：1－3.

[12] 韩忠浩，STEINMÜLLER U．科技德语中动词名词化的研究［J］．西安外国语学院学报，1998（2）：58－63.

[13] 韩忠浩，田飞龙．科技德语的句法特点及其发展趋势［J］．外语教学，1989（1）：69－76.

[14] 何善芬．英汉语言对比研究［M］．上海：上海外语教育出版社，2002.

[15] 胡开宝．语料库翻译学概论［M］．上海：上海交通大学出版社，2011.

[16] 胡开宝．基于语料库的莎士比亚戏剧汉译研究［M］．上海：上海交通大学出版社，2015.

[17] 胡开宝，陶庆．汉英会议口译中语篇意义显化及其动因研究：一项基于平行语料库的研究［J］．解放军外国语学院学报，2009（4）：67－73.

[18] 胡开宝，吴勇，陶庆．语料库与译学研究：趋势与问题——2007 语料库与译学研究国际学生研讨会综述［J］．外国语，2007（5）：64－69.

[19] 洪堡特．语言与人类精神［M］．钱敏汝，译．北京：北京师范大学出版社，1997.

[20] 胡显耀．语料库翻译研究与翻译普遍性［J］．上海科技翻译，2004（4）：47－49.

[21] 胡显耀. 当代汉语翻译小说规范的语料库研究 [D]. 上海：华东师范大学，2006.

[22] 胡显耀，曾佳. 翻译小说“被”字句的频率、结构及语义韵研究 [J]. 外国语，2010 (3)：73－79.

[23] 胡壮麟. 语篇的衔接与连贯 [M]. 上海：上海外语教育出版社，1994.

[24] 黄昌宁，李涓子. 语料库语言学 [M]. 北京：商务印书馆，2007.

[25] 黄翀，赛音托娅. 专利文献翻译模式和翻译技巧探析 [J]. 中国翻译，2016 (2)：105－109.

[26] 黄国文. 语篇分析概要 [M]. 长沙：湖南教育出版社，1997.

[27] 黄国文，王宗炎. 语篇与语言的功能 [M]. 北京：外语教学与研究出版社，2002.

[28] 黄立波. 基于汉英/英汉平行语料库的翻译共性研究 [M]. 上海：复旦大学出版社，2007.

[29] 黄立波. 英汉翻译中人称代词主语的显化：基于语料库的考察 [J]. 外语教学与研究（外国语文双月刊），2008 (6)：454－459.

[30] 金胜昔，林正军. 译者主体性建构的概念整合机制 [J]. 外语与外语教学，2016 (1)：116－121.

[31] 柯飞. 汉语把字句特点、分布及英译研究 [J]. 外语与外语教学，2003 (12)：1－5.

[32] 柯飞. 翻译中的隐和显 [J]. 外语教学与研究（外国语文双月刊），2005 (4)：303－307.

[33] 来炯. 德语报刊评论的篇章理论研究 [M]. 北京：中国人民大学出版社，2007.

[34] 郎曼. 语用视角下的语篇宏观连贯研究：语篇宏观连贯构建中的宏观结构、超结构和语篇意图 [J]. 外国语文（双月刊），2012 (3)：57－61.

[35] 李涛，陈勇. 基于多样本学习者翻译语料库的源语透射效应研究 [J]. 解放军外国语学院学报，2015 (2)：116－124.

[36] 李文中. 语料库语言学的研究视野 [J]. 解放军外国语学院学报，2010 (2)：37－40.

[37] 李小龙. 基于语料库对《论语》卫礼贤德译本的跨文化研究 [D]. 北京：北京外国语大学，2017.

[38] 李小龙. 基于语料库对《论语》卫礼贤德译本的跨文化研究 [M]. 北京：外语教学与研究出版社，2020.

[39] 李艳，冯华丽. 国内基于语料库的翻译研究二十年综述（1999—2018）[J]. 成都理工大学学报（社会科学版），2020 (1)：105－110.

[40] 梁茂成. 理性主义、经验主义与语料库语言学 [J]. 中国外语, 2010 (4): 90 - 97.

[41] 梁茂成, 李文中, 许家金. 语料库应用教程 [M]. 北京: 外语教学与研究出版社, 2010.

[42] 梁镛, 钱敏汝. 专用语研究中的几个主要理论问题 [J]. 国外语言学, 1991 (1): 34 - 40.

[43] 刘彬. 基于语料库的进口药品商标名英汉翻译原则 [J]. 外语教学, 2014 (3): 102 - 105.

[44] 刘辰诞. 教学篇章语言学 [M]. 上海: 上海外语教育出版社, 1999.

[45] 刘磊. 中国德语专业大学生作文中的篇章衔接与连贯: 一项基于语料库与潜伏语义分析的研究 [D]. 北京: 北京外国语大学, 2014.

[46] 刘磊. 中国德语专业大学生作文中的篇章衔接与连贯: 一项基于语料库与潜伏语义分析的研究 [M]. 北京: 外语教学与研究出版社, 2016.

[47] 刘齐生. 德国篇章语言学: 源起与发展 [J]. 解放军外国语学院学报, 2005 (5): 11 - 14.

[48] 刘霞, 许家金, 刘磊. 基于 CiteSpace 的国内语料库语言学研究概述 (1998—2013) [J]. 语料库语言学, 2014 (1): 69 - 77, 112.

[49] 卢磊. 语料库语言学: 后现代语言学的兴起 [J]. 湖北大学学报 (哲学社会科学版), 2006 (4): 511 - 513.

[50] 罗晓蓉. 论异化翻译与翻译腔、翻译症、翻译体 [J]. 渭南师范学院学报, 2014 (24): 20 - 22.

[51] 吕俊, 侯向群. 英汉翻译教程 [M]. 上海: 上海外语教育出版社, 2001.

[52] 吕叔湘. 现代汉语八百词 [M]. 北京: 商务印书馆, 1994.

[53] 孟令霞. 从术语学角度看术语翻译 [J]. 中国科技翻译, 2011 (2): 28 - 30, 44.

[54] 孟向阳. 德汉被动语态结构比较研究 [J]. 杭州电子科技大学学报 (社会科学版), 2015 (4): 68 - 72.

[55] 倪仁福, 华崇德, 雷玛丽·奥特. 德语写作教程 I - II [M]. 南京: 南京大学出版社, 1995.

[56] 潘永樑. 语料库语言学的目的和方法 [J]. 解放军外国语学院学报, 2001 (2): 1 - 5.

[57] 齐冬冬. 中国德语专业大学生论证型篇章中的连贯关系: 一项基于语料库的对比研究 [D]. 北京: 北京外国语大学, 2011.

[58] 齐振海. 三代认知科学视域下的语言研究 [J]. 北京第二外国语学院学报，2014（8）：83.

[59] 钱多秀. 计算机辅助翻译 [M]. 北京：外语教学与研究出版社，2011.

[60] 钱敏汝，梁镛. 专用语研究的发展和现状 [J]. 国外语言学，1990（3）：35-40，46.

[61] 钱敏汝. 篇章语用学概论 [M]. 北京：外语教学与研究出版社，2001.

[62] 钱敏汝. 符号学与跨文化性 [C]. 林宏星，林晖执行主编. 复旦哲学评论（第二辑）. 上海：上海辞书出版社，2005：233-260.

[63] 钱文彩. 汉德语言实用对比研究 [M]. 北京：外语教学与研究出版社，2000.

[64] 秦洪武，王克非. 基于语料库的翻译语言分析：以 so...that 的汉语对应结构为例 [J]. 现代汉语，2004（2）：40-48.

[65] 秦洪武，王克非. 基于对应语料库的英译汉语言特征分析 [J]. 外语教学与研究，2009（2）：131-136.

[66] 濮建忠. 语料库与语言一元化研究 [J]. 解放军外国语学院学报，2010（2）：41-44.

[67] 汤春艳. 篇章类型语用研究：中、德招聘广告对比分析 [D]. 上海：上海外国语大学，2010.

[68] 唐进伦. 德语篇章语言学 [M]. 北京：外语教学与研究出版社，2013.

[69] 王春艳. 免费绿色软件 AntConc 在外语教学和研究中的应用 [J]. 外语电化教学，2009（125）：45-48.

[70] 王京平. 德语语言学教程 [M]. 北京：外语教学与研究出版社，2003.

[71] 王克非，等. 双语对应语料库研制与应用 [M]. 北京：外语教学与研究出版社，2004.

[72] 王克非. 语料库翻译学：新研究范式 [J]. 中国外语，2006（3）：8-9.

[73] 王克非，黄立波. 语料库翻译学的几个术语 [J]. 四川外国语学院学报，2007（6）：101-105.

[74] 王克非，黄立波. 语料库翻译学十五年 [J]. 中国外语，2008（6）：9-14.

[75] 王克非. 语料库翻译学探索 [M]. 上海：上海交通大学出版社，2012a.

[76] 王克非. 中国英汉平行语料库的设计与研制 [J]. 中国外语，2012b（6）：23-27.

[77] 王克非，黄立波. 国外双语库研制与应用评析 [J]. 外语电化教学，2012（6）：3-9.

[78] 王力. 中国现代语法 [M]. 北京：商务印书馆，1985.
[79] 王兆渠，等. 现代德语实用语法 [M]. 上海：同济大学出版社，2001.
[80] 卫乃兴，李文中，濮建忠，等. 变化中的语料库语言学 [J]. 解放军外国语学院学报，2014 (1)：1-9.
[81] 吴昂，黄立波. 关于翻译共性的研究 [J]. 外语教学与研究（外国语文双月刊），2006 (5)：296-302.
[82] 吴竞存，侯学超. 现代汉语句法分析 [M]. 北京：北京大学出版社，1982.
[83] 夏云. 基于语料库的英汉翻译小说常规化研究：历时的视角 [D]. 济南：山东大学，2010.
[84] 肖忠华. 英汉翻译中的汉语译文语料库研究 [M]. 上海：上海交通大学出版社，2012.
[85] 肖忠华，戴光荣. 寻求"第三语码"：基于汉语译文语料库的翻译共性研究 [J]. 外语教学与研究（外国语文双月刊），2010 (1)：52-58.
[86] 熊兵. 翻译研究中的概念混淆：以"翻译策略"、"翻译方法"和"翻译技巧"为例 [J]. 中国翻译，2014 (3)：82-88.
[87] 许家金. 许家金谈语料库语言学的本体与方法 [J]. 语料库语言学，2014 (2)：35-44，113.
[88] 徐永红. 德语被动句式在科技语言中的语义表达方式及应用 [J]. 山西大学学报（哲学社会科学版），1996 (2)：93-96.
[89] 叶本度. 朗氏德汉双解大词典（修订版） [M]. 北京：外语教学与研究出版社，2010.
[90] 叶蜚声，徐通锵. 语言学纲要 [M]. 4 版. 北京：北京大学出版社，2010.
[91] 余国良. 语料库语言学的研究和应用 [M]. 成都：四川大学出版社，2009.
[92] 张兴旺. 现代汉语被动句的界定及其分类 [J]. 阴山学刊，2008 (1)：47-50.
[93] 赵劲，汤春艳. 论篇章的"文化性" [J]. 解放军外国语学院学报，2012 (1)：24-30.
[94] 周抗美，王兆渠. 德语语法解析与练习 [M]. 上海：同济大学出版社，2004.
[95] 朱建华. 专业篇章：八十年代以来的专业语言研究方向 [J]. 同济大学学报（社会科学版），1991 (1)：109-114.
[96] 朱建华. 论科技德语的发展趋势 [J]. 上海科技翻译，1993 (4)：1-6.
[97] 朱建华，李佳. 德国术语标准化掠影 [J]. 中国科技术语，2010 (5)：19-23.
[98] 朱一凡，胡开宝. "被"字句的语义趋向与语义韵：基于翻译与原创新闻语料库

的对比研究［J］. 外国语，2014（1）：53－64.
［99］庄一方. 专利文献的英汉翻译［M］. 北京：知识产权出版社，2008.
［100］中国社会科学院语言研究所词典编辑室. 现代汉语词典（2012 年增补本）［M］. 北京：商务印书馆，2012.

附　录

附录1　专利文献德汉单向平行语料库一览表

组文件名	德语子库	汉语子库	所属技术领域❶
paratext_001	Parkassistent und Betriebsverfahren dafuer	泊车辅助系统及其运行方法	B（作业、运输）
paratext_002	Verfahren zur Routenberechnung eines Navigationsgeraetes	一种用于导航装置的路线计算的方法	G（物理）
paratext_003	Kraftfahrzeugschluessel und Verfahren zur Durchfuehrung einer Geldtransaktion	汽车钥匙和用于执行货币交易的方法	H（电学）
paratext_004	Sicherer Betrieb eines Kraftfahrzeug	车辆的安全运行	B（作业、运输）
paratext_005	Fahrzeuginformationssystem fuer Kraftfahrzeuge mit mindestens zwei Antrieben, Kraftfahrzeug und Verfahren	用于带两个传动系统的汽车的车辆信息系统、汽车及相关方法	G（物理）
paratext_006	Lithium-Ionen-Zelle, Lithium-Ionen-Akkumul ator sowie Kraftfahrzeug mit einem Lithium-Ionen-Akkumulator	锂离子电芯、锂离子蓄电池以及带有锂离子蓄电池的机动车辆	H（电学）
paratext_007	Temperiervorrichtung fuer ein Formwerkzeug	用于对模具进行调温的方法	B（作业、运输）

❶ 有些专利申请文件所要求保护的发明或实用新型属于多个技术领域，因此本表及附录2表列出的技术领域有多个，例如 paratext_009。

续表

组文件名	德语子库	汉语子库	所属技术领域
paratext_008	Kommunikatioinssystem fuer ein Luftfahrzeug	用于飞行器的通信系统	H（电学）
paratext_009	Akkumulatorzelle mit geschichtem Terminal	带有涂层的端子的蓄电池单元	H（电学）/C（化学、冶金）
paratext_010	Anordnung zur physischen Lokalisierung von Feldeinrichtungen in verfahrenstechnischen Anlagen	用于物理定位工艺设备中的现场装置的系统	G（物理）
paratext_011	Plasmaquelle	等离子体源	H（电学）
paratext_012	Magnetisch-induktives Durchflussmessgeraet und Verfahren zum Betreiben eines magnetisch-induktiven Durchflussmessgeraets	磁感应流量计和用于控制磁感应流量计的方法	G（物理）
paratext_013	Waeschebehandlungsgeraet mit entnehmbarem Fluessigkeitsbehaelter	具有可取出的液体容器的洗涤物处理装置	D（纺织、造纸）
paratext_014	Kamerasystem fuer ein Fahrzeug, Verfahren und Vorrichtung zum Steuern eines Bildbereichs eines Bildes einer Fahrzeugkamera fuer ein Fahrzeug	车用摄像系统、控制车载摄像头图像的图像范围的方法和装置	G（物理）
paratext_015	Rueckhaltevorrichtung insbesondere fuer Trainingszwecke	回弹装置，尤其是用于训练目的的回弹装置	A（人类生活必需）
paratext_016	Verfahren und Vorrichtung zur Vakuumdestillation von hochreinem Magnesium	真空蒸馏高纯镁的方法和装置	C（化学、冶金）
paratext_017	Kunststoff-Umreifungsband zum Umschlingen von einem oder mehreren Gegenstaenden und Verfahren zur Herstellung eines Kunstoff-Umreifungsbandes	缠绕一个或多个物品用的塑料缠绕带和塑料缠绕带的制造方法	B（作业、运输）
paratext_018	Vorrichtung und Verfahren zum Aufbringen eines aus wenigstens zwei Komponenten bestehenden, reaktiven Gemisches auf ein Traegermaterial	将至少两种组分构成的反应混合物涂覆到基材上的装置和方法	B（作业、运输）

续表

组文件名	德语子库	汉语子库	所属技术领域
paratext_019	Batteriesystem	蓄电池系统	H（电学）
paratext_020	Batteriemanagementeinheit mit einer Vielzahl von Ueberwachungs-IG Chips	带有多个监测 IC 芯片的电池组管理单元	H（电学）
paratext_021	Gehaeuse fuer ein galvanisches Element aus kohlenstofffaserverstaerktem Kunststoff mit feuchtigkeitsundurchlaessiger Schicht, galvanische Zelle, Akkumulator sowie Kraftfahrzeug	原电池的由碳纤维增强聚合物制造的具有防潮层的壳体，原电池，可充电的蓄电池和机动车辆	H（电学）
paratext_022	Gehaeuse fuer eine Batteriezelle mit einer Lackbeschichtung zur elektrischen Isolation Batteriezelle Batterie sowie Kraftfahrzeug	具有绝缘漆涂层的电池单体外壳、电池单体、电池组以及汽车	H（电学）
paratext_023	Batteriemanagementsystem, Kraftfahrzeug und Batteriemodul	蓄电池管理系统、汽车和蓄电池模块	H（电学）
paratext_024	Batteriezelle, Batterie und Kraftfahrzeug	电池单体、电池组和汽车	G（物理）
paratext_025	Kunststoff-Verdrehsicherungsbauteil fuer ein Stromkabel an einem Stromanschlussteil einer elektrischen Maschine	电机电流接线件上电源线用的塑料防旋转组件	H（电学）
paratext_026	Batterie, Kraftfahrzeug sowie Verfahren zum Betreiben der Batterie	蓄电池、机动车以及蓄电池的运行方法	H（电学）
paratext_027	Haushaltsgeraet mit einer Tuerblatt-Lagervorrichtung	具有门扇支承装置的家用电器	F（机械工程）
paratext_028	Kameramodul und Verfahren zum Herstellen eines Kameramoduls	摄像头模块和制作摄像头模块的方法	H（电学）
paratext_029	Reaktor und Verfahren zum Vergasen und/oder Reinigen eines Ausgangsmaterials	用于汽化和/或清洁原始材料的反应器和方法	C（化学、冶金）
paratext_030	Reaktor zum Vergasen und/oder Reinigen, insbesondere zum Depolymerisieren von Kunststoffmaterial, und zugehoeriges Verfahren	用于汽化和/或清洁，尤其用于解聚塑料材料的反应器和从属的方法	C（化学、冶金）

续表

组文件名	德语子库	汉语子库	所属技术领域
paratext_031	Niederdruckkochtopf	低压烹饪锅	A（人类生活必需）
paratext_032	Steuergeraet fuer ein verstellbares Fahrwerk-System	用于可调节的底盘系统的控制器	B（作业、运输）
paratext_033	Gehaeuse fuer eine Batteriezelle mit einer thermogeformten Aussenschale aus Kunststoff, Batteriezelle, Batteriemodul sowie Kraftfahrzeug	具有热成型塑料外壳的电池单体壳体、电池单体、电池模块以及汽车	H（电学）
paratext_034	Plausibilitaetspruefung eines Sensorsignals	检查传感器信号的真实性	G（物理）
paratext_035	Verfahren und Vorrichtung zum Visualisieren der Umgebung eines Fahrzeugs	使汽车周围环境可视化的方法和装置	G（物理）
paratext_036	Vortriebs – und Gewinnungsmaschine	掘进及采矿机	E（固定建筑物）
paratext_037	Verfahren und Vorrichtung zum Erkennen von Wechselverkehrszeichen	识别交变的交通标志用的方法和装置	G（物理）
paratext_038	Anordnung zum Entfernen von Kohlenstoffdioxid aus einem exkorporalen Blutstrom mittels lnertgasen	用于借助惰性气体从体外血流中去除二氧化碳的系统	A（人类生活必需）
paratext_039	Ausgleichskupplung zur Uebertragung von Drehmomenten	传递转矩用的补偿式耦联器	F（机械工程）
paratext_040	Verfahren zur Temperierungeines Formwerkzeugs sowie die Steuer – oder Regeleinrichtung	用于模具的调温装置和用于运行该调温装置的方法	B（作业、运输）/G（物理）
paratext_041	Verfahren und Vorrichtung zur Vakuumdestillation von hochreinem Magnesium	真空蒸馏高纯镁的方法和装置	C（化学、冶金）
paratext_042	Verfahren und Vorrichtung zur Steuerung des Energieverbrauches in einem Raum	用于控制空间内的能耗的方法和设备	F（机械工程）
paratext_043	Vorrichtung und Verfahren zum Aufbringen eines aus wenigstens zwei Komponenten bestehenden, reaktiven Gemisches auf ein Traegermaterial	用于将由至少两种组分构成的反应混合物涂覆到载体材料上的设备和方法	B（作业、运输）

续表

组文件名	德语子库	汉语子库	所属技术领域
paratext_044	Pharmazeutische Formulierungen	含有氟吡汀的药物制剂	A（人类生活必需）
paratext_045	Verfahren zur Entfernung radioaktiver Verunreinigungen aus Abwaessern	用于从废水去除放射性污染的方法	C（化学、冶金）
paratext_046	Verfahren und Vorrichtung zur Herstellung eines Seils	用于制造绳索的方法和设备	D（纺织、造纸）
paratext_047	Schiesseinheit fuer Spritzgieaemaschine	用于注塑机的合模单元	B（作业、运输）
paratext_048	Wartungssystem fuer ein Feldgeraet	用于现场仪器的维护系统	G（物理）
paratext_049	Vorrichtung zum Schaeumen einer Fluessigkeit	用于液体起泡沫的设备	A（人类生活必需）
paratext_050	Verfahren und Vorrichtung zum Pruefen stabfoermiger Tabakprodukte	用于检查棒状烟草产品的方法和设备	G（物理）/A（人类生活必需）/B（作业、运输）
paratext_051	Tankarmatur	箱体配件	B（作业、运输）
paratext_052	Querverbindungskamm	横向连接梳形端子板	H（电学）
paratext_053	Wasserspiel	喷泉装置	B（作业、运输）
paratext_054	Abdichtung zwischen einem feststehenden ersten Maschinenteil und einem um dieses drehenden zweiten Maschinenteil	在固定安置的第一机器构件和围绕该第一机器构件转动的第二机器构件之间的密封机构	F（机械工程）
paratext_055	Hydraulische Antriebseinheit fuer Spitzgiessmaschine	用于注射成型机的液压驱动单元	B（作业、运输）
paratext_056	Verfahren zur Herstellung eines Kunststoffkoerpers	设有嵌件的塑料体的制造方法	B（作业、运输）
paratext_057	Verfahren und Schleifmaschine zurn Schleifen von Rotationsflaechen	用于磨削旋转面的方法和磨床	B（作业、运输）
paratext_058	Projektionsmodul fuer Fahrzeuge	用于汽车的投射模块	F（机械工程）

续表

组文件名	德语子库	汉语子库	所属技术领域
paratext_059	Kamera fuer ein Kraftfahrzeug	用于机动车的摄像机	H（电学）/B（作业、运输）
paratext_060	Radialwellendichtring	径向轴密封环	F（机械工程）
paratext_061	Handwerkzeuggeraet	手工工具设备	B（作业、运输）
paratext_062	Schleifmaschine zum Schleifen von Nockenscheiben	用于研磨凸轮盘的磨床	B（作业、运输）
paratext_063	Druckmesszelle	压力测量单元	G（物理）
paratext_064	Ventilator	风扇	A（人类生活必需）
paratext_065	Planarantenne mit Abdeckung	配有盖板的平面天线	H（电学）
paratext_066	Hydrolager	液压支座	F（机械工程）
paratext_067	Projektionsscheinwerfer fuer Fahrzeuge	用于汽车的投射式前照灯	F（机械工程）
paratext_068	Flurfoerderzeug mit einein hoehenverstellbaren Lasttragmittel	具有高度可调节的物料承载装置的地面运输车	B（作业、运输）
paratext_069	Kochmesser	厨刀	B（作业、运输）
paratext_070	Systemrohr und Verfahren zum Haltern zylindrischer Elemente einer Endoskopoptik	系统管路和保持内镜光学系统的圆柱形元件的方法	G（电学）/A（人类生活必需）
paratext_071	Gestaenge zwischen einer die Ein – oder Ausfederung eines Kraftfahrzeugrades aufnehmenden, am Gestell eines Kraftfahrzeuges befestigten Radaufhaengung und einem an eine Steuergeraet angeschlossenen Drehwinkelsensor	在一个吸收汽车车轮向内或向外弹性跳动的固定在汽车车架上的车轮悬架和一个与一个控制装置连接的转向角传感器之间的拉杆	B（作业、运输）
paratext_072	Gutaufnahmebehaelter	储物容器	B（作业、运输）
paratext_073	Sensoranordnung zur kontaktlosen Ermittlung der aktuellen Winkelstellung einer Welle	用于无接触式确定轴实际角位置的传感器装置	G（物理）

续表

组文件名	德语子库	汉语子库	所属技术领域
paratext_074	Sensoranordnung zur Ermittlung der aktuellen Drehwinkelstellung einer Welle	用于确定轴的实际转角位置的传感器装置	G（物理）
paratext_075	Verfahren zur Regelung einer Antriebseinheit der Spritzgiessmaschine	用于调节压铸机的传动单元的方法	H（电学）/B（作业、运输）
paratext_076	Hochdruckregelventil	高压调节阀	F（机械工程）
paratext_077	Anschlussvorrichtung zum Anschliessen eines Druckbehaelters an einen Druckpruefstand in selbstverstaerkender Ausfuehrung	用于将压力容器连接到压力试验台上的连接设备	F（机械工程）
paratext_078	Laseranordnung	激光装置	G（物理）
paratext_079	Tablettenablauf	片剂出料装置	B（作业、运输）
paratext_080	Vorrichtung zur zugentlastenden Festlegung von Kabeln	用于去张力固定电缆的装置	H（电学）
paratext_081	Beruehrungsempfindlicher Bildschirm fuer eine tragbare Bedieneinheit	具有能移动的按键的接触敏感的屏幕	G（物理）
paratext_082	Getraenkezubereitungsmaschine	饮料配制机	A（人类生活必需）
paratext_083	Kaffeemaschine	咖啡机	A（人类生活必需）
paratext_084	Pumpenelement einer Kolbenpumpe mit einem Ventil	具有阀的活塞阀的泵元件	F（机械工程）
paratext_085	Pumpenaggregat	泵设备	F（机械工程）
paratext_086	Federtellerbefestigungsanordnung fuer einen Schwingungsdaempfer	用于减振器的弹簧座固定装置	F（机械工程）/B（作业、运输）
paratext_087	Vorrichtung und Verfahren zur Verschleissueberwachung einer Buerste eines Kommutatorsystems in einer elektrischen Maschine	用于监测电机中换向器系统的电刷磨损的设备和方法	G（物理）/H（电学）
paratext_088	Fahrassistenzsystem in einem Fahrzeug	机动车中的行驶辅助系统	B（作业、运输）
paratext_089	Navigationssystem und Navigationsverfahren mit Verkehrsbeeintraechtigungs-Erkennungsfunktion	具有交通阻塞识别功能的导航系统和导航方法	G（物理）

续表

组文件名	德语子库	汉语子库	所属技术领域
paratext_090	Verfahren zur Steuerung einer Informationsausgabe	用于控制信息输出的方法	B（作业、运输）
paratext_091	Vorrichtung aufweisend ein Display und ein metallisches Gehaeuse	具有显示器和金属壳体的装置	H（电学）
paratext_092	Lager	轴承	E（固定建筑物）
paratext_093	Rotationskoerperanordnung im Bereich der Papierherstellung oder Papierveredelung	在造纸或精制纸领域中的旋转体装置	D（纺织、造纸）
paratext_094	Ansaugtrakt einer Verbrennungsluft eines Fahrzeugs	发动机燃烧室进气管	B（作业、运输）/F（机械工程）
paratext_095	Profilschiene, Halteelement und damit gebildete Solarmodulanordnung, insbesondere fuer eine Quermontage von Solarmodulen	成型轨、固定元件和由此构成的太阳能模块装置	F（机械工程）
paratext_096	Hoergeraet mit amorpher Lautsprecherabschirmung	具有无定形的扩音器屏蔽装置的助听器	H（电学）
paratext_097	Kuehlmodul fuer Kraftfahrzeuge sowie Kraftfahrzeuge	用于汽车的冷却模块及汽车	B（作业、运输）
paratext_098	Hintere Bodenstruktur fuer ein Kraftfahrzeug	用于汽车的后底部结构	B（作业、运输）
paratext_099	Verfahren sowie eine Vorrichtung zur Dekodierung von in Rahmen empfangenen Daten	用于解码以帧接收的数据的方法以及装置	H（电学）
paratext_100	Freilaufeinrichtung in einer Startvorrichtung fuer Brennkraftmaschinen	内燃机起动装置内的自由轮装置	F（机械工程）

附录2 专利文献汉语类比语料库（原创子库）一览表

文件名	原创子库	所属技术领域
chi_001	用于凳子或椅子的支架以及设有这种支架的凳子或椅子	A（人类生活必需）
chi_002	一种自动转向装置	H（电学）/B（作业、运输）
chi_003	一种上行信号发送办法、移动终端、基站及无线通信系统	H（电学）
chi_004	一种气缸套	F（机械工程）
chi_005	触摸面板及其制作方法	G（物理）
chi_006	面向三维立体影像显示系统	G（物理）
chi_007	一种多任务运行系统中的任务管理方法	G（物理）
chi_008	识别适配器种类的充电装置及其方法	H（电学）
chi_009	一种高干度过滤机的进水结构	B（作业、运输）
chi_010	感应器电路及具有该感应器电路的电子装置	G（物理）
chi_011	机械手臂的检测装置与检测方法	B（作业、运输）
chi_012	轮胎生产设备	B（作业、运输）
chi_013	发光二极管驱动系统	H（电学）/F（机械工程）
chi_014	支撑装置	B（作业、运输）/E（固定建筑物）
chi_015	换热器	F（机械工程）
chi_016	一种洗衣机双头排水泵	D（纺织、造纸）
chi_017	智能家电	G（物理）
chi_018	基于机器视觉的车辆前向防撞自动紧急制动系统及方法	B（作业、运输）
chi_019	一种实现信道估计的方法及装置	H（电学）
chi_020	一种应急抢修车辆车载监控系统	H（电学）

续表

文件名	原创子库	所属技术领域
chi_021	发送方法、发送装置以及集成电路	H（电学）
chi_022	拍摄装置中的自动焦点调整办法	G（物理）/H（电学）
chi_023	固态成像装置及其驱动方法以及电子设备	G（物理）/H（电学）/A（人类生活必需）
chi_024	电子装置	G（物理）/H（电学）
chi_025	生物识别传感器及生物识别系统	G（物理）
chi_026	有价信息存储媒介的读写终端、系统	H（电学）
chi_027	消息的发送方法及系统	H（电学）
chi_028	驾车行为控制系统	H（电学）
chi_029	音乐文件搜索方法及多媒体播放设置	G（物理）/H（电学）
chi_030	机柜	H（电学）